AF233225

SOUS PRESSE

MANUEL PRATIQUE

Pour l'Organisation et le Fonctionnement

DES SOCIÉTÉS COOPÉRATIVES DE PRODUCTION

—

DEUXIÈME PARTIE

AGRICULTURE

Paris. — Imp. Nouv. (assoc. ouv.), 14, r. des Jeûneurs. — G. Masquin et Cⁱᵉ.

MANUEL PRATIQUE

POUR

L'Organisation et le Fonctionnement

DES

SOCIÉTÉS COOPÉRATIVES

DE PRODUCTION

Dans leurs diverses formes

PAR

SCHULZE DELITZSCH

Avec la collaboration

Du Dr **F. SCHNEIDER**

Traduit par M. E. SIMONIN

PREMIÈRE PARTIE

INDUSTRIE

Précédée d'une LETTRE AUX OUVRIERS ET AUX ARTISANS FRANÇAIS

PAR

Benjamin RAMPAL

Comment font-ils ?

UN ANONYME.

PARIS

GUILLAUMIN ET Cᵉ, ÉDITEURS

De la Collection des principaux Économistes, du Journal des Économistes
du Dictionnaire de l'Économie politique,
du Dictionnaire universel du Commerce et de la Navigation, etc.
14, Rue Richelieu, 14

—

Tous droits réservés.

MANUEL PRATIQUE

DES

SOCIÉTÉS COOPÉRATIVES

DE PRODUCTION

MANUEL PRATIQUE

POUR

L'Organisation et le Fonctionnement

DES

SOCIÉTÉS COOPÉRATIVES

DE PRODUCTION

Dans leurs diverses formes

PAR

SCHULZE DELITZSCH

Avec la collaboration
Du Dʳ F. SCHNEIDER

Traduit par M. E. SIMONIN

PREMIÈRE PARTIE

INDUSTRIE

Précédée d'une LETTRE AUX OUVRIERS ET AUX ARTISANS FRANÇAIS

PAR

Benjamin RAMPAL

Comment font-ils ?

UN ANONYME.

PARIS

GUILLAUMIN ET Cᵉ, ÉDITEURS

De la Collection des principaux Économistes, du Journal des Économistes
du Dictionnaire de l'Économie politique,
du Dictionnaire universel du Commerce et de la Navigation, etc.
14, Rue Richelieu, 14

Tous droits réservés.
1876

LETTRE

AUX OUVRIERS ET AUX ARTISANS FRANCAIS

Une Société s'était, il y a peu d'années, formée à Paris pour l'étude pratique des combinaisons coopératives. Nous assistions un jour à une de ses réunions, qui avait pour objet d'entendre le compte rendu d'un délégué envoyé par la Société au dernier Congrès coopératif d'Angleterre. Le délégué indiquait à grands traits les résultats considérables qu'avaient atteints nos voisins. Il citait, notamment, les Sociétés de production, au moyen desquelles les ouvriers anglais avaient pu aborder avec succès la grande industrie, et de l'auditoire, qui suivait avec le plus vif intérêt l'exposé des phases de cette évolution sociale, sortit une voix qui disait :

— *Comment font-ils ?*

Ces mots de l'épigraphe sont le vrai motif de cette publication. C'est donc à vous que ce livre s'adresse, c'est pour vous que nous l'avons fait traduire. Il résume plus de vingt années d'expérience. Il est l'œuvre d'un homme dont la haute valeur ne saurait être contestée en ces matières, et qui a su grouper autour de lui une foule d'esprits éminents, tels que le Dr Schneider, qu'il s'est adjoint pour l'œuvre présente.

On pourra regretter que le traducteur n'ait pas su donner à son travail une forme plus nette et plus française, mais ce défaut paraîtra, nous l'espérons, sans trop d'inconvénients dans un écrit purement pratique, et qui n'est, à vrai dire, qu'un outil forgé par un puissant organisateur.

Nous passons sur le reproche qui nous a été adressé d'être allé emprunter des enseignements à l'Allemagne. Il faudrait, s'il était fondé, faire un grief à nos ministres de la guerre et à nos officiers les plus distingués d'avoir fait traduire ou d'avoir traduit les ouvrages de stratégie contemporaine dus à l'Allemagne.

Dans la science, dans l'art, dans l'industrie, dans toutes les voies, en un mot, de l'activité humaine, les nations qui forment l'Europe ou qui en sont originaires ne vivent que d'échanges, et c'est à ces échanges, à cette communauté de vie intellectuelle qu'elles doivent leur civilisation supérieure et progressive.

Revenons au Manuel qui vous est présenté,

pour en marquer les caractères principaux. C'est un livre d'application pratique et non un exposé des principes généraux de la nouvelle évolution économique, qu'on désigne sous le nom de coopération. Les principes ont été exposés par nous dans un précédent ouvrage en deux volumes, dont le second est la traduction des conférences faites à ce sujet en Allemagne par Schulze Delitzsch. (*Cours d'Économie politique à l'usage des ouvriers et des artisans*, chez Guillaumin et C*, à Paris.)

Au point de vue de la pratique, la définition de la coopération dans ses combinaisons principales peut être résumée dans ces termes : *Devenir son propre fournisseur*, en participant à une Société de consommation ; *Être son propre banquier*, en entrant dans une Société d'épargne et de crédit (Banque populaire) ; *Produire pour son propre compte*, en concourant à une Société de production.

C'est aux diverses formes que peut prendre la Société de production qu'est consacré ce Manuel. L'œuvre se subdivise en deux parties, les combinaisons mixtes et la combinaison complète. Cette dernière est assez connue en France pour n'avoir pas besoin d'être exposée. Nos grandes villes en offrent des exemples. Il n'en est pas de même des combinaisons mixtes, lesquelles s'adressent aux artisans, ouvriers en chambre ou petits patrons, restés plus nombreux en Allemagne qu'en Angleterre et en France.

La constitution de la grande industrie en Allemagne et ses effets avaient frappé de bonne heure l'attention de Schulze Delitzsch. Il avait vu, comme on a pu l'observer en Angleterre et en France sur une échelle plus étendue, la grande industrie secondée par la concentration croissante des capitaux, tendre à l'absorption de la petite, et en réduire les chefs à la condition de salariés. Pour fournir les moyens à cette classe de producteurs de conserver leur position, Schulze Delitzsch leur conseilla de se grouper pour l'achat en gros des matières premières comme pour la vente collective de leurs produits, qu'ils continueraient à fabriquer séparément, faisant ainsi disparaître les inconvénients de l'achat et de la vente en détail. C'est à ces combinaisons que ces producteurs, dont les fabricants des *articles* dits *de Paris* donnent une idée assez exacte, ont dû de pouvoir se maintenir en Allemagne en face de la grande industrie.

L'auteur prend comme par la main chacun des membres du groupe industriel qui cherche à se former. Il s'inquiète auprès d'eux de savoir s'ils remplissent les conditions essentielles à leur entreprise, il leur explique les inconvénients et les avantages inhérents à chaque forme coopérative de la production, et il indique comment on peut parer aux premiers ou les atténuer. Son livre est à la fois un cours de gestion industrielle et commerciale, de droit appliqué et de comptabilité spéciale.

Vous avez, dit-il, à ceux dont il éclaire ou dirige la marche, des statuts à rédiger, des baux à passer, une comptabilité à tenir, en voici des modèles.

Cela fait, il explique le fonctionnement des statuts, en les rapprochant des dispositions de la loi de 1868 qu'il a préparée et fait voter dans son pays, et qui, fort supérieure à la nôtre de 1867, devra être consultée par nos pouvoirs législatifs, lorsqu'ils seront appelés à réviser .l'œuvre de leurs devanciers.

Aux statuts-types qu'il a donnés, il ajoute des Formulaires qui contiennent des modèles de tous les actes et de toutes les pièces nécessaires au fonctionnement des diverses Sociétés.

Après avoir ainsi posé les bases de l'organisation économique et légale des combinaisons coopératives, Schulze Delitzsch ne dédaigne pas de descendre aux plus menus détails ; il va jusqu'à donner, pour une association de cordonniers, un modèle du registre à tenir pour les morceaux de cuir restés sans emploi.

A ce soin des plus infimes détails, on reconnaît le grand organisateur.

Une question bien posée est, dit-on, à moitié résolue. Il faut donc marquer d'une manière précise les termes de celle qui nous occupe, d'autant que, dans aucune question, le vague ne saurait être plus dangereux et la clarté plus nécessaire. La phase agitée que traverse notre pays absorbant les esprits dans la discussion des questions politiques, il semble y avoir, notamment dans le parti démocratique, comme une entente tacite d'écarter les questions d'un autre ordre. Si les unes parlent encore de *péril social*, lorsqu'ils sont à bout d'arguments dans une question quelconque, ce qui fait assez bien l'office *du spectre rouge* sous le second Empire, d'autres ont dit *qu'il n'y avait pas de* QUESTION SOCIALE, ce qui peut être un mot de tactique politique, mais ce qui est aussi une erreur historique, chaque siècle ayant un problème à résoudre, et le problème du nôtre étant dans le paupérisme créé par la grande industrie. De là résultent des complications exagérées par les uns, niées par les autres, suivant les besoins de leur ligne politique, et dont beaucoup s'abstiennent systématiquement de parler, bien que tous y pensent.

Nous comprendrions cette abstention et ce silence, si les Sociétés de l'Europe occidentale se trouvaient en face d'un mal inconnu, auquel ni la théorie ni la pratique n'auraient indiqué les moyens de remédier; mais c'est ce qu'on ne saurait prétendre.

Nous avons, dans le premier volume de l'ouvrage déjà cité, essayé de donner la raison scientifique du mouvement coopératif. Nous avons signalé, parmi les économistes qui ont prêté à la coopération l'autorité de leur nom, Stuart Mill en Angleterre, aux Etats-Unis, Carey, dont l'influence s'accroît et s'étend en Europe par l'adhésion, des Peshine Smith, des Thompson, des Kelley, des Carey Baird et autres, notre regretté Bastiat, et, en Allemagne, Schulze Delitzsch et ses éminents amis. Ce sont là des autorités qu'il serait difficile, pour ne pas dire impossible, de récuser. Nous n'ignorons pas que des écoles rivales discutent une partie de leurs doctrines et de leurs conclusions. Ce sont l'école anglo-française et les économistes dits *de la chaire*. Le principe de la liberté économique des premiers, *leur laisser faire et leur laisser passer* est contredit par les seconds, qui demandent à l'Etat une intervention dont les limites ne sont pas encore définies. Qu'il nous suffise de dire, au point de vue auquel nous nous sommes placé, que ces deux écoles ne croient guère à la fécondité du principe coopératif, ce qui nous dispense d'analyser ici leurs doctrines, dont les divergences avec les nôtres n'ont rien qui doive étonner dans une science essentiellement mobile et progressive.

A la démonstration théorique est venue s'ajouter l'autorité indiscutable des faits : il n'y a qu'à jeter un regard sur ce qui se passe en Angleterre, en Allemagne, en Belgique, en Suisse et dans l'Italie du Nord. Les associations de diverses natures s'y comptent par centaines, et la Belgique, entrée une des dernières dans ce mouvement, possède déjà plus de vingt-cinq banques populaires. Sans vous renvoyer aux relevés aujourd'hui incomplets qui ont été donnés, il y a deux ans, par le *Cours d'économie politique* déjà cité, les revues et les journaux français marquent chaque année les progrès et l'extension que constate chez nos voisins chaque nouveau Congrès coopératif. *Nos Sociétés coopératives, dont la fortune est immense,* disait Schulze Delitzsch au Reichstag, dans la séance du 19 février 1874, et il citait, à l'appui de son assertion, des chiffres qu'on pouvait d'autant moins contester qu'ils étaient tirés des comptes rendus publiés chaque année.

L'état des faits est loin de présenter chez nous

un aspect aussi favorable. Entrés des premiers
dans le mouvement coopératif, les Français l'ont
vu deux fois entravé et quasi ramené à son point
de départ ; la première, au coup d'Etat du 2 décembre 1851, où la terreur impériale vint le
frapper ; la seconde, avant l'effondrement du
pouvoir qui avait cherché à se faire de sa re-
naissance un instrument politique. La même
erreur fut commise à ces deux époques. Au lieu
d'aller du simple au composé, c'est-à-dire, comme
les Anglais, de commencer par la Société de consommation, ou, comme les Allemands, par les
Banques populaires, pour arriver plus tard à la
forme supérieure et complexe de la Société de
production, on se dirigea sans transition vers
cette dernière, dépourvu de l'expérience et du
capital suffisants qu'auraient pu procurer les
formes élémentaires de la coopération. C'était
vouloir édifier la pyramide en la prenant
non par la base, mais par le sommet. Aussi,
peu de Sociétés de production ont-elles réussi
parmi nous. Il n'existe plus en France, par
exemple, que trois Banques populaires ; une
à Lyon, une à Saint-Etienne et l'autre à Lille.
Des quatre imprimeries fondées à Paris dans ces
dernières années, une seule, l'*Imprimerie Nouvelle*, a pu prospérer, grâce à son personnel
d'élite et à son habile direction. Ce livre, dont
nous lui avons confié l'impression, montre, dans
sa forme modeste, que cet établissement tient
honorablement son rang dans la typographie
parisienne. Les trois autres n'ont pu échapper à
une liquidation forcée. Il en existe quelques-unes

en province qui prospèrent à des degrés divers. Mais aujourd'hui, il faut le reconnaître, le mouvement coopératif est repris sur des bases plus rationnelles. Les Sociétés de consommation se propagent avec succès depuis quelques années, notamment à Paris et dans sa banlieue. Il en existe un certain nombre à Lyon et sur quelques autres points du territoire. Nous voilà entrés dans la bonne voie, sachons y persévérer.

D'heureux symptômes se manifestent aussi dans l'esprit des ouvriers français. Parmi les Chambres syndicales et les Sociétés de consommation récemment fondées, un certain nombre se disposent à former des associations de production, mais plusieurs sont détournées de ce but sérieux et pratique, d'un côté, par l'effet des anciennes prédications du socialisme, de l'autre, par les hommes politiques qui ont promis un peu légèrement, à notre avis, de résoudre et de régler législativement la question. C'est à ces deux causes, l'une déjà lointaine et l'autre récente, qu'il faut attribuer l'hésitation d'une partie des ouvriers à entrer dans le mouvement coopératif.

Les promesses anciennes aussi bien que les récentes sont également vaines. Le rêve détourne de la réalité.

Le socialisme, avons-nous dit ailleurs, vrai comme sentiment, est faux comme science; nous croyons pouvoir maintenir cette assertion. Aucune science ne saurait se fonder sur le sentiment, pas plus que sur l'imagination, cette muse de l'utopie, que Montaigne appelle si justement *la folle du logis.* Le socialisme a critiqué souvent avec justesse les défauts et les vices de notre état social (Quel état social fut jamais à l'abri de la critique ?), mais son œuvre organique est demeurée radicalement impuissante. Comme doctrine enseignée, il n'existe plus guère qu'à l'état de souvenir, sur cette terre française qui jadis fut pour lui comme une terre privilégiée, où ont fleuri dans ce siècle les utopistes les plus hardis, depuis Fourier et Saint-Simon jusqu'à Proudhon. Ce dernier, pour déblayer le terrain où il espérait voir germer ses propres idées, nous a, non sans utilité, légué dans ses *Confessions d'un révolutionnaire,* la plus impitoyable critique des divers systèmes socialistes. Un de nos amis, qui venait d'en achever la lecture, résumait ainsi ses impressions : « Proudhon, dont le système a pour base le monstrueux paradoxe de l'égalité des facultés, ressemble à cet aliéné qui, servant de guide à un visiteur, dans l'hospice où il était détenu, analyse avec justesse les divers genres de folie qui y sont représentés, et finit par dévoiler celui dont il est lui-même affecté, en s'écriant : « Quant à ce fou-là, il se croit Dieu, ignorant que c'est moi qui le suis. »

La plupart des organes du socialisme ont péri, ses tentatives pratiques ont échoué, mais son principe n'en est pas moins resté gravé dans le cœur du peuple des villes.

Dans ce qu'on appelle aujourd'hui les classes dirigeantes, c'est tout autre chose. En veut-on un exemple ? Nous nous trouvions, il y a peu d'années, dans un salon qui réunissait diverses notabilités de la politique et des lettres. Quelqu'un demanda, au cours de la conversation générale, ce que c'était que le socialisme. Sur quoi .. réponse se faisant attendre, nous crûmes devoir citer la formule de Saint-Simon, qui le définit ainsi : « L'amélioration physique, intellectuelle et morale de la classe la plus nombreuse et **la plus pauvre.** »

On voit combien peu de traces ont laissé dans les classes dirigeantes les écrits par lesquels les écoles socialistes s'étaient efforcées de propager leurs idées. Il n'en reste guère que le souvenir d'œuvres d'imagination ou de polémique, dont une génération a été plus ou moins charmée ou alarmée, et qui, après réflexion, lui ont paru dénuées de toute application sérieuse.

Nous ne nous inscrivons point au fond contre la formule qui précède, mais, profondément convaincu de l'impuissance des moyens gouvernementaux à améliorer par voie directe la condition humaine, à l'inverse de Saint-Simon, nous n'accordons à l'État que le droit d'agir par voie indirecte, c'est-à-dire par la diffusion de l'enseignement sous toutes ses formes, devoir de l'État et droit de l'individu, et par la suppression de toutes les entraves qui s'opposent au libre développement et à l'emploi des facultés de chaque citoyen.

Indépendamment des vices qui fourmillent dans l'ensemble de sa conception, l'erreur capitale de Saint-Simon fut de viser, comme moyen nécessaire, à une dictature, à une sorte de papauté, et de ne pas voir que l'avenir des

Sociétés modernes est dans la liberté, tant au point de vue politique qu'au point de vue social; semblable en cela à tous les socialistes français, dont la doctrine est à leur insu si profondément catholique.

Quant aux moyens de solution qui seraient procurés par voie législative, nous avouons notre incrédulité. Tout système d'impôt qui ferait la guerre au capital provoquerait immédiatement l'émigration de sa partie mobilière, et amènerait, pour sa partie immobilière, l'élévation du prix des services qu'on en retire, et si l'on taxait arbitrairement ces services, la dépréciation de cette partie de la richesse nationale.

Nous ne pensons pas que l'initiative législative puisse dépasser l'abolition des priviléges et des monopoles financiers, et que l'établissement de l'impôt puisse avoir une autre base que celle d'une parfaite proportionnalité entre tous les citoyens, sauf l'exemption accordée aux indigents.

Les hommes politiques qui promettraient plus, promettraient vainement; ils se tromperaient ou rentreraient dans la catégorie de ceux qui, récemment, émettaient publiquement cette doctrine : « Il est souvent du devoir de l'élu d'oublier les imprudentes promesses du candidat. »

Nous comprenons que le sentiment des souffrances humaines et les aspirations à une destinée meilleure puissent pousser les masses de nos grandes villes vers le socialisme autoritaire. Le peuple est enclin à tout juger par le cœur, mais, comme a dit La Rochefoucauld : « L'esprit est souvent la dupe du cœur », et certaines grandes popularités du moment en sont une preuve évidente. Faire par décrets la justice, ou ce qu'on croit être la justice, paraît si simple et si commode, mais cette voie est sans issue, par cette seule raison que le socialisme c'est le chaos, et que la science économique n'est, parmi nous, pas encore assez développée dans le sens des nouveaux besoins pour y faire la lumière.

Les moyens de salut sont ailleurs. « La question, a dit Schulze Delitzsch, n'est pas politique, elle est économique. Tout mal qui se produit dans l'ordre économique ne peut être combattu que par des remèdes empruntés à l'économie et non à la politique, et jamais on ne fera disparaître aucun obstacle, en soustrayant les choses à leur rapport naturel et en brisant les liens qui les unissent. » (*Cours d'Economie politique*, 2ᵉ volume, p. 180.)

Ce n'est donc ni de l'intervention législative, ni de l'utopie qu'il faut attendre les solutions nécessitées par les difficultés présentes. L'utopie a fait, par son appel au sentiment et par sa critique de l'état social du pays, son œuvre mêlée de bien et de mal. Le législateur n'est, nous l'avons dit, d'après la notion moderne des pouvoirs politiques, tenu qu'à supprimer les obstacles à l'évolution nouvelle et à stimuler l'initiative individuelle par une large diffusion de l'enseignement. L'initiative individuelle, tel est le principe fécond que la théorie et la pratique démontrent pouvoir seul rétablir, par la force du groupe, l'équilibre entre le capital et le travail et amener une meilleure distribution des produits.

Comment se fait-il que l'ouvrier français, supérieur à d'autres égards, se soit montré inférieur sur ce point à l'ouvrier des nations voisines?

Un mot d'abord sur ses éminentes aptitudes industrielles. En veut-on un témoignage irrécusable, qu'on écoute M. de Bismarck, dans la séance du 9 février dernier, au Reichstag. « L'ouvrier allemand, dit-il, ne fait pas, à salaire égal, le même travail que l'ouvrier français ou anglais ; bien plus, l'ouvrier français, non-seulement travaille plus que l'ouvrier allemand en un jour, mais il fournit aussi un travail plus habile. » Voilà qui explique les succès par nous obtenus dans les Expositions internationales, mais ces qualités ne suffisent pas pour les combinaisons coopératives.

On a conclu de l'insuccès des tentatives faites en 1848 et vers la fin du second Empire, que la race française était impropre à ces combinaisons.

Nous avons, dans notre précédente publication, suffisamment discuté cette assertion pour n'y point revenir ici. Nous ne croyons pas à la fatalité des races, surtout lorsqu'il s'agit d'un génie aussi souple que le génie français, qui, dans le cours de notre histoire, a su si bien s'approprier les progrès réalisés hors de son sein. Mais nous admettons l'influence des traditions nationales, et nous reconnaissons que la France, ayant vécu depuis plusieurs siècles sous le régime autoritaire en politique et en religion, est plus dépourvue que d'autres nations du sens de l'initiative individuelle. Est-ce à dire que ce sens lui manque? Non, sans doute; il n'est qu'engourdi, il n'y a qu'à le réveiller.

Parmi les causes que nous avons assignées, dans notre précédent ouvrage, aux insuccès coopératifs de nos ouvriers, il en est une que n'avons fait qu'indiquer en passant, et sur laquelle il nous paraît nécessaire d'insister.

Nous lisons, page 110, ce qui suit, dans le Manifeste et programme des socialistes garantistes de cette année : « *Les salaires de la plupart des travailleurs étant notoirement insuffisants pour la vie quotidienne, ne peuvent, à plus forte raison, permettre l'épargne.* »

Nous demandons comment l'épargne serait impossible à l'ouvrier français, alors qu'elle est possible aux ouvriers anglais et allemands, les salaires tendant de plus en plus à s'équilibrer proportionnellement, vu la facilité croissante des communications. Nous constatons, en outre, une différence radicale entre l'ouvrier et le paysan français, car il suffit d'avoir vécu quelque peu au milieu des populations rurales pour savoir de quels miracles d'économie privée est capable le cultivateur.

Les fortunes de la bourgeoisie n'ont pas d'autre origine à leur début que l'épargne. C'est, parmi les moyens de parvenir, l'axiome que les parents répètent de préférence à leurs enfants.

Qu'on y prenne garde, si l'épargne était impossible pour les ouvriers français, la coopéra-

tion le serait aussi, car la première est la base
de la seconde. C'est à elle que le paysan français
a dû son accession à la propriété.

L'ouvrier français, c'est un artiste, l'ouvrier
d'élite tout au moins, et, comme nous le voyons,
l'élite est nombreuse dans ses rangs. Il en a
l'inspiration intermittente, l'exécution fiévreuse,
et aussi l'imprévoyance et la prodigalité. Dans
les travaux dangereux, il a le courage du soldat,
une bravoure plus raisonnée et plus difficile, privée qu'elle est des excitations et des entraîne-
ments du champ de bataille.

Voici un exemple venu à notre connaissance
personnelle de ses mœurs et de ses habitudes.

Un négociant installant de nouveaux bureaux
désirait que ce travail, assez considérable, fût
exécuté dans le court laps de temps de deux
journées. Il en parla à son architecte qui lui dit :
« Il faut pour cela des ouvriers d'élite. J'en con-
nais deux à qui l'on pourrait confier ce travail;
seulement, il est assez difficile de mettre la main
dessus. Je m'en occuperai, et je sais où les rencontrer. »

Le lendemain, l'architecte s'achemine vers le
restaurant des boulevards extérieurs que fré-
quentaient ces deux ouvriers, et, après avoir assez
longtemps insisté sur les avantages que présentait ce travail à la tâche, il les décide à s'en
charger. Rendus quelques jours après sur les
lieux, nos deux ouvriers prennent connaissance
de la besogne à faire. Le travail consistait en
une boiserie assez compliquée devant former des
revêtements de murs à hauteur d'appui et se

raccorder avec des divisions intérieures de diverses dimensions. Il présentait les principales difficultés de la menuiserie appliquée à la construction. Munis de leurs instruments, les deux ouvriers tracent d'abord sur leurs cartons le plan réduit des travaux qu'ils vont exécuter. Ces préparatifs accomplis, les bois sont placés sur l'établi, et bientôt le négociant est stupéfait de la célérité vertigineuse et de l'étonnante précision avec laquelle nos deux menuisiers exécutaient leur œuvre. Les copeaux, disait-il plus tard, jaillissaient en gerbes à travers l'appartement. Un jour et demi suffirent au lieu de deux, et nos ouvriers purent, recevant la large rémunération due à l'accomplissement de leur tâche difficile, reprendre le repos agité auquel ils avaient l'habitude de se livrer une partie de la semaine.

Voilà les mœurs, les habitudes qu'il faudrait changer. De quelle utilité ne seraient pas à la nouvelle évolution sociale ces ouvriers d'élite, si, à l'esprit d'épargne qui leur manque, ils parvenaient à joindre l'esprit de direction et d'administration dans le groupe industriel! C'est, évidemment, parmi eux que devraient se recruter les gérants des Associations ouvrières.

Il ne nous reste plus qu'à ajouter quelques considérations sur les motifs qui nous ont déterminé à entreprendre la publication du présent Manuel et sur les résultats considérables qu'il peut vous aider à atteindre.

Nous avons eu en vue de compléter, au point de vue pratique, pour la partie la plus difficile de la coopération, pour celle vers laquelle incline de préférence l'ouvrier français, les travaux de nos devanciers.

Déjà MM. Seinguerlet et Véron, l'un dans son traité des *Banques du peuple*, et l'autre dans son volume sur les *Associations ouvrières*, en général, et notamment sur les Sociétés de consommation, ont exposé avec talent et d'une manière suffisamment détaillée les bases et les conditions de mise en œuvre des formes élémentaires de la coopération. Le présent volume répond d'une manière spéciale à la tendance qui se manifeste actuellement dans nos grandes villes de former des Sociétés de production.

Il nous a fallu être animé d'une foi peu médiocre pour reprendre l'enseignement commencé à deux reprises, et deux fois interrompu depuis 1848. Du groupe d'hommes qui s'étaient volontairement voués à cette tâche vers la fin du dernier Empire, nous restons presque seul. Les survivants se taisent ou s'abstiennent, et l'action, privée d'enseignement, est aujourd'hui circonscrite à la population ouvrière.

Cet état de choses n'a rien qui doive étonner. Les insuccès répétés ont lassé et découragé les uns, les questions politiques ont absorbé l'activité des autres. Ces bonnes volontés et ces dévouements vous reviendront, si vous persévérez, si vous suivez avec une prudente énergie la voie meilleure où vous venez d'entrer. D'ailleurs, il ne faut pas l'ignorer, et vous avez de bons exemples à y puiser, les familles bourgeoises appliquent la plupart, sans s'en douter, dans la mesure de leurs besoins et de leurs facultés, les principes de l'école coopérative. Pour leurs consommations, elles échappent, quand il leur plaît, à l'intermédiaire détaillant, en s'approvisionnant directement chez le producteur ou en achetant au demi-gros. Pour le crédit, il leur est procuré, aux conditions les plus modérées, par les institutions de banque faites à leur usage; et, quant à la production, elles la dirigent elles-mêmes pour leur propre compte, ou bien elles placent leurs capitaux dans les Compagnies à forme anonyme, sans s'y engager au-delà de la somme souscrite.

Notez qu'elles savent plus ou moins habilement grouper leurs capitaux et que vous n'avez point encore appris à grouper vos personnes. Ajoutez que les Compagnies anonymes sérieuses et les grandes industries individuelles sont, pour la plupart, dirigées par des capacités de premier ordre, tandis que le groupe électif sait trop rarement fixer son choix sur le plus capable et le plus honnête, et quand il l'a trouvé, semble ignorer qu'il doit lui obéir, comme au représentant de la loi contractuelle, jusqu'au jour où il prévarique et viole les statuts.

Comment voulez-vous que le travail manuel équilibre dans ces conditions le capital?

Il faut donc changer les conditions. L'œuvre est aussi nécessaire que difficile, mais elle n'est pas impossible, puisqu'elle est commencée chez les nations voisines et ébauchée chez nous.

Il faut aussi apprendre à vous garder des dangers dont elle est entourée.

Il y a quelques années, il s'était formé à Aix en Provence une Société coopérative d'ouvriers chapeliers. Ces ouvriers fabriquaient des chapeaux en feutre mou avec les poils plus souples et plus fins que produisent les départements du Midi. Leurs débouchés devenaient considérables pour les départements du Nord principalement, et la Société marchait vers une constitution de plus en plus viable. Ce que voyant, le gérant et l'agent de la vente à l'extérieur s'entendirent pour l'engager momentanément dans des opérations qui dépassaient son capital, et, après en avoir amené ainsi la liquidation forcée, ils se portèrent acquéreurs du matériel et du nom même de la Société, où ils n'admirent plus les associés évincés qu'à titre de salariés.

Cette manœuvre deshonnête s'est assez souvent reproduite, et le présent Manuel indique les moyens d'y parer, comme à toutes autres analogues. Que nos ouvriers d'élite, car c'est par eux seuls, qu'on ne l'oublie pas, que la Société de production pourra être abordée avec succès, en méditent bien les enseignements.

Après leur œuvre, celle des autres deviendra de plus en plus facile, et le pays tout entier comprendra bientôt qu'il ne saurait être indifférent à la prospérité générale qu'une partie considérable de sa population puisse ou non améliorer sa condition.

Il importe, en effet, au plus haut point à une nation que l'universalité des citoyens soit affranchie des premiers besoins, que son esprit soit cultivé selon la mesure des facultés de chacun, que sa moralité puisse grandir dégagée des entraves de la misère et de l'ignorance. C'est à quoi l'Association, aujourd'hui guidée] par une science supérieure et armée d'un organisme puissant, peut seule pourvoir.

L'état politique n'y gagnerait pas moins que l'état social. L'amélioration des conditions serait infailliblement suivie d'une amélioration correspondante dans nos mœurs publiques. L'atelier coopératif, atelier électif et de contrôle serait, une sorte d'école élémentaire d'administration et de gouvernement.

Constituer une société de production par des statuts soigneusement débattus, surveiller quotidiennement, et discuter dans les assemblées générales l'exercice des pouvoirs attribués au gérant et aux autres agents, confirmer ou remplacer ces agents, contrôler toutes les opérations nécessitées par les rapports intérieurs et extérieurs, établir et examiner un bilan, tous ces actes de la vie industrielle et commerciale auraient pour effet de donner à ceux d'entre vous qui en manquent encore les notions nécessaires pour apprécier par eux-mêmes les actes de la vie publique.

Le désaccord qui a été signalé entre notre état social et notre état politique, ne serait-il pas considérablement atténué par ce moyen d'initiation à la gestion des intérêts publics par la gestion des intérêts privés, au gouvernement de la collectivité nationale par le gouvernement de la collectivité particulière?

On disait autrefois avec un orgueil, que justifiaient jusqu'à un certain point les grandes choses accomplies par nos pères, que ce que la France faisait tout le monde n'était pas capable de le faire, nous ne saurions admettre qu'on pût retourner le mot contre nous, et dire que ce que font ses voisins, la France est aujourd'hui impuissante à le réaliser.

BENJAMIN RAMPAL.

Paris, août 1876.

AVANT-PROPOS

———

Vingt ans se sont écoulés depuis la publication du premier ouvrage où l'écrivain examinait dans son ensemble le système d'association suivi en Allemagne (1). Durant cette longue période, l'auteur, en sa qualité de syndic de la fédération universelle des Sociétés coopératives allemandes, dont la fin de ce volume contiendra un compte rendu, a eu l'honneur de tracer, tant au point de vue de l'organisation qu'à celui de la législation, la route où ce vaste mouvement devait aller grandissant de jour en jour.

Bien que le livre auquel il est ici fait allusion, depuis des années déjà, ne se trouvât plus dans le commerce de la librairie, il n'en convenait pas moins à l'auteur d'en faire paraître une nouvelle édition, par suite de la conviction où il était, qu'un traité spécial des divers genres de Sociétés coopératives, une série de monographies pouvant, dans la pratique, servir

———

(1) *Manuel de l'association à l'usage des artisans et des ouvriers allemands.* Leipzig, 1853, E. Keil, éditeur.

de fils conducteurs pour les tentatives qui se produisaient, répondraient mieux aux buts que les Sociétés avaient en vue. Ce n'est qu'en spécialisant de la sorte qu'il devient possible, eu égard à la quantité de matériaux accumulés par une pratique de chaque jour, de traiter à fond ce sujet, sans pour cela imposer aux personnes qui ont besoin de le connaître, l'achat et l'étude d'un ouvrage sommaire, n'ayant pour elles, à part quelques paragraphes, aucun intérêt et d'un prix relativement plus coûteux. Il fallait donc, pour se conformer à la marche même de l'évolution qui avait lieu dans les différentes et principales branches coopératives, commencer avant tout par des publications ayant trait aux Sociétés d'avances et de crédit, (Banques populaires), ce dont s'est occupé l'écrivain lui-même, puis ainsi que l'ont fait, à son instigation, MM. E. Richter et le docteur Schneider, en mettant à profit les documents au pouvoir du Syndicat, continuer par des instructions relatives aux Sociétés de consommation. En présence de l'essor survenu de nos jours dans tous les ordres de l'activité industrielle, la nécessité d'un traité spécial des Sociétés coopératives dans leurs diverses branches professionnelles ne pouvait échapper à l'auteur. L'urgence qu'il y a à s'assurer, au moyen du groupement coopératif et selon la nature des circonstances, l'indépendance de situation que donne seule la grande industrie, se fait vivement sentir parmi nos artisans et nos ouvriers. Cette situation réclame des mesures d'organisation au sujet desquelles il est fait appel au concours de l'écrivain, et qui, pour être suffisantes, exigent des instructions aussi étendues que celles que renferme le présent ouvrage. L'entrée des populations rurales dans le mouvement étant un fait accompli depuis quelques années, il faut aussi tenir compte des Sociétés coopératives formées en vue de l'exploitation agricole.

Le vaste champ qui nous paraît rester encore ouvert à leur développement et aux essais pratiques qu'il ne peut manquer d'amener, sera, sans contredit, défriché avec ardeur par les grandes unions territoriales. Ne sommes-nous pas surtout redevables à ces dernières, ainsi que nous le constatons dans les paragraphes spécialement consacrés à cette forme, d'un matériel d'expérimentation dont la source n'est certes pas près d'être épuisée.

La partie qui sert d'introduction générale fournit sur le plan du livre et sur sa distribution les éclaircissements voulus, et une table des matières, aussi complète que possible, facilite les recherches.

La partie relative à la comptabilité, avec les divers tableaux de tenue des livres que nécessitent les différentes catégories de Sociétés coopératives de l'ordre industriel, de même que le chapitre consacré aux groupes coopératifs agricoles, sont l'œuvre personnelle du docteur Schneider, qui s'est aidé dans ce travail des documents réunis par les associations elles-mêmes.

Puisse ce livre, au surplus, en recevant du public un sympathique accueil, aider à la création d'institutions sagement conçues, partant susceptibles de vivre; puisse-t-il prévenir l'apparition de combinaisons malsaines, qu'une connaissance imparfaite des lois économiques ne fait que trop souvent éclore dans ce champ de l'activité humaine; puisse-t-il surtout contribuer à élever une digue contre le charlatanisme dans l'ordre industriel, plaie honteuse de notre époque dont la contagion menace de s'étendre jusqu'au système coopératif!

H. SCHULZE-DELITZSCH,
Syndic de la Fédération générale des Sociétés coopératives de l'Allemagne.

Berlin, mai 1873.

PREMIÈRE SECTION

Bases générales et conditions indispensables à toutes les sortes de Sociétés coopératives dont il est question dans ce volume.

Si l'évolution coopérative dont l'Allemagne a été le théâtre présente, dès le début, des caractères aussi essentiellement différents de ceux qui ont marqué le mouvement analogue en Angleterre et en France, il n'en faut pas chercher la raison ailleurs que dans la diversité des circonstances économiques. La décomposition du système général des corps et métiers était loin d'être aussi avancée chez nous que dans les pays indiqués tout à l'heure, et nos ouvriers se cramponnaient encore avec l'énergie du désespoir aux débris de l'ancienne constitution industrielle. Ils la considéraient comme la sauvegarde de leur indépendance, tout insuffisante qu'elle leur parût dans la lutte contre la monstrueuse prépondérance des grandes manufactures modernes. Néanmoins, la nécessité de s'approprier, au moins partiellement, les avantages de la grande industrie pour rester en position de soutenir la concurrence vis-à-vis de celle-ci, ne tarda pas à se faire sentir. Or, le résultat qu'on se proposait ne pouvait être atteint qu'au moyen de groupes plus ou moins considérables formés en vue d'une action commune.

Cette action se borna, du reste, aux mesures nécessaires pour le fonctionnement des corporations, mais sans toucher au système en lui-même; car, en cherchant ainsi à sortir de l'isolement industriel où l'on avait vécu jusque-là, l'on craignait de compromettre tout à la fois et son indépendance et sa situation économique.

Les cas rares et isolés où l'on procéda sur-le-champ à la production en commun ne constituèrent que des tentatives sans consistance, et le mouvement ne se fut pas plus tôt étendu aux compagnons, artisans et aux ouvriers des fabriques, qu'il se trouva être complétement transformé.

Comme pour ces derniers il ne s'agissait pas de renoncer à d'anciens droits de possession, qu'au contraire il leur était presque impossible d'arriver à la liberté économique autrement qu'en se constituant à l'état de groupes industriels, les institutions encore existantes leur servirent précisément pour s'ouvrir un chemin vers le but auquel ils tendaient. De plus, le brusque établissement en Allemagne de la liberté de l'industrie porta ses fruits et enleva toute base aux tentatives des maîtrises et jurandes, en poussant de plus en plus l'évolution coopérative vers la solution des problèmes économiques.

Les artisans ont donc été les pionniers de la coopération en Allemagne; en effet, ils y furent tout d'abord conduits par les crises commerciales et les corporations leur offrirent, bien que dans un but tout différent, une école préparatoire où de longue main ils purent s'habituer à agir de concert; les populations agricoles se laissèrent aussi peu à peu entamer, à mesure que le morcellement des propriétés foncières et du sol faisait de nouveaux progrès.

Naturellement, dans le domaine rural, l'entente pour se procurer en commun les ressources nécessaires à la culture individuelle, matières premières, instruments aratoires et autres objets analogues, devait rester circonscrite dans des bornes beaucoup plus étroites que celles où se mouvaient sur le terrain industriel les autres Sociétés coopératives. L'exploitation collective, en raison des conditions inhérentes à la propriété foncière, offre positivement de si grandes difficultés qu'on n'est encore parvenu à les surmonter que dans quelques cas bien rares et exceptionnels.

Après cette courte exposition préliminaire sur les origines et la propagation du mouvement dans notre pays, nous commencerons par examiner, à l'égard des Sociétés coopératives, que dans ce volume nous nous donnons pour mission d'envisager au point de vue de leur spécialité industrielle, les principes fondamentaux qui leurs sont communs et qui doivent servir de règle dans leur organisation, de même que dans celle de toutes les autres.

<h2 style="text-align:center">1.</h2>

LE PRINCIPE COOPÉRATIF, SON IMPORTANCE ÉCONOMIQUE ET SOCIALE.

La première chose dont nous ayons à nous occuper ici, c'est de nous rendre exactement compte du principe auquel les Sociétés coopératives sont redevables de l'efficacité et de l'importance considérable qu'elles présentent au point de vue du développement général de notre Société moderne. Il ne s'agit, en somme, que de l'application de cet axiome si simple qu'on le retrouve dès les âges les plus reculés, au fond de toute association entre hommes : « Qu'à l'égard de ce qu'on ne peut exécuter soi-même individuellement, il faut se joindre à d'autres personnes ayant à cela le même intérêt. » Ce principe partant se confond avec celui-là même qui sert de base à la Société humaine. Le résultat que l'on obtient de la sorte, et qui consiste à former par la réunion de plusieurs faibles forces une force considérable, se produit encore ici même dans les directions les plus diverses, pour peu que la chose se pratique selon les règles de la prudence la plus ordinaire. Premièrement, à l'égard de la formation du capital nécessaire aux opérations commerciales, telles qu'achats en gros, etc. ; dans ce cas déjà, le versement en commun des petites réserves que possèdent les sociétaires aura pour effet la formation d'un capital qui, graduellement grossi par l'accumulation de cotisations régulières et continues, servira à constituer le noyau des fonds nécessaires à l'entreprise. La force qui résulte de l'union se révèle, en outre, d'une façon bien plus marquée ; car l'on aura ainsi acquis une base de crédit telle que pour leur part les membres isolés ne pouvaient jamais espérer l'obtenir. A la vérité, même l'individu le plus dénué de moyens d'existence représente en tous cas une valeur économique par les services dont son travail peut être la source.

Toutefois, cette *puissance de production*, cette aptitude au travail dont l'individu est doué, ne saurait, dans le cours ordinaire des transactions commerciales, être considérée comme une garantie suffisante pour le placement des capitaux, attendu qu'elle est exposée à de trop nombreuses éventualités dont les suites ne dépendent pas d'elle. Le crédit, par ces motifs, ou échappe entièrement à l'individu, ou ne lui est accordé qu'à des conditions si onéreuses que les avantages sur lesquels il comptait en retour s'en trouvent complétement annulés. Mais la situation change incontinent si l'on groupe par l'association les forces productives des individus. Dès que, sous ce rapport, un groupe considérable de travailleurs, en acceptant la solidarité des engagements, vient à assumer les chances et les insuccès auxquels est exposé tout individu, et organise ainsi la responsabilité mutuelle de tous pour chacun, les motifs qui s'opposaient au crédit disparaissent aussitôt, et la garantie exigée par les créanciers est dès lors trouvée. La société ne tenait aucun compte de l'individu, car en définitive elle peut se passer de lui; mais les facultés productives de grandes associations comprenant même des catégories entières d'ouvriers lui sont aussi indispensables que le sol et la propriété foncière, et ont partout la valeur d'une hypothèque.

Mais cette même augmentation de valeur que reçoit de l'association un capital matériel, se produit aussi à l'égard du capital immatériel, indispensable à l'exploitation collective.

La formation dans la caisse commune d'une quote-part de capital graduellement croissante, l'amélioration des conditions professionnelles et domestiques exercent déjà une influence bienfaisante sur la conduite générale des individus dans la vie. Toutefois, les affaires commerciales et les opérations industrielles, entreprises de concert, contribuent plus directement encore à relever le niveau *intellectuel* et *moral* des associés. L'industrie collective dépassant le cercle local et très circonscrit où se trouvait confinée l'activité individuelle, les membres des associations acquièrent une vue plus étendue et leur horizon s'élargit d'autant.

L'habitude des grandes affaires rend plus vif chez eux le goût de la spéculation, surexcite l'esprit d'entreprise et leur enseigne à profiter de toutes les améliorations et institutions du haut commerce, sans lesquelles il deviendra désormais impossible, dans n'importe quelle branche d'industrie, de diriger une entreprise susceptible de donner des bénéfices. Les délibérations et discussions au sujet des affaires de la communauté provoquent un échange d'idées, un conflit d'opinions qui contribue puissamment à redresser les vues erronées et fournit de plus aux capacités l'occasion de faire connaître leur valeur, et aux membres peu éclairés, le moyen de s'instruire. Les circonstances que nous venons d'énumérer ont à leur tour un rapport intime avec la moralité et la conduite générale des sociétaires. En même temps que le sentiment de sa dignité personnelle va grandissant chez l'individu qui se sait membre d'une communauté engagée pour parvenir dans une lutte difficile, la nécessité de s'observer s'impose vivement en lui et le préserve des fautes où il lui arriverait souvent de tomber. La solidarité, cette base fondamentale de l'association, n'entraîne-t-elle pas tout naturellement une surveillance mutuelle des membres entre eux?

Chacun n'est-il pas intéressé, au plus haut point, à ce que les autres aient, avec la capacité, l'amour de l'ordre et l'honorabilité voulue, puisque ceux qui se ruinent accroissent aussi les obligations qui pèsent sur les autres sociétaires ? Ce qui toutefois paraît être le véritable fruit du système coopératif, c'est l'amour croissant des intérêts publics. Cet attachement prend sa source dans le système même, pour de là se communiquer, de la façon la plus satisfaisante, à tous les rapports des coopérateurs. Ceux-ci, par la fédération avec les groupes professionnels ou industriels les plus rapprochés du leur, apprennent à rattacher leurs propres intérêts aux intérêts généraux, et à trouver dans la prospérité des autres un gage de leur propre bien-être. D'autant plus, en effet, un groupe coopératif comptera de membres aisés, d'autant plus le crédit de ceux-ci exercera une influence favorable à l'extension des affaires de la Société.

L'esprit de corps, la communauté de but et des moyens, le besoin de s'entr'aider, l'appui que l'on se prête mutuellement, enseignent à chacun à savoir se respecter dans un autre.

Ce sentiment, à son tour, éveille l'amour du bien public et des œuvres d'utilité générale, et ce penchant, constamment entretenu par les rapports qui existent au sein de l'association, se manifeste encore, à l'occasion, dans de plus vastes sphères.

2.

LES FORMALITÉS LÉGALES SPÉCIALES AUX SOCIÉTÉS COOPÉRATIVES.

Nous aurons tout à l'heure à citer les articles qu'il importe de connaître, par rapport aux formalités juri-

diques, auxquelles les Sociétés coopératives sont tenues de se conformer pour s'assurer dans les transactions commerciales la capacité de posséder et le droit
d'exercer des poursuites judiciaires.

La différence, qui, sous le rapport légal, existe entre les Sociétés coopératives et les Compagnies, depuis longtemps reconnues par notre Code commercial,
consiste principalement en ceci, que les premières ne
se rattachent pas comme les autres au système d'association, où, en vertu du droit romano-allemand, le
nombre des personnes doit être limité. Loin de là, les
modifications que le va-et-vient créé par les entrées
et les sorties des membres apporte dans l'effectif de
ces Sociétés, ne les atteignant aucunement, elles s'appuient sur la continuité de leur existence légale. Or,
d'après ce trait si caractéristique à l'égard des personnes qui se trouvent faire partie de ces Sociétés, il faut
ranger nos établissements au nombre de ces associations spécialement désignées dans le langage légal de
plusieurs pays de l'Allemagne et notamment en Prusse,
par les termes de *Compagnies particulières autorisées*
(Code général de Prusse, section II, titre VI). C'est à
ces Compagnies tendant à revêtir les formes privilé-
giées des corporations que se rapporte la nouvelle
législation allemande relative aux Sociétés. Cependant,
si, au point de vue juridique, les rapports intérieurs
des membres d'une Société coopérative, relativement
par exemple aux délibérations en commun ou autres
cas analogues, ont été réglementés d'après les lois
auxquelles nous faisons allusion, ces lois en revanche
n'offrent pas le moindre point d'appui en ce qui concerne les relations extérieures avec le monde commercial ou industriel. Les législateurs, en effet, à l'égard

des associations ou des *Compagnies privées autorisées*
qui appartiennent auxdites associations, ont songé, à
la vérité, à tous les buts qu'elles pouvaient poursuivre, sauf celui d'exercer un commerce ou d'exploiter une industrie. Or, c'est précisément là ce qui
forme le signe caractéristique de toutes les Sociétés
coopératives; aussi, n'est-ce que dans les rangs de
celles-ci qu'on peut penser à classer les Sociétés qui
ont précisément pour objet l'exercice d'un commerce
ou d'une industrie.

On nous renvoie sur ce point une fois de plus à la
Societas des Romains et aux prescriptions juridiques
qui la concernaient et qui étaient établies d'après des
rapports de droit tout différents de ceux de nos associations. C'est là une source d'inconvénients nombreux, dont le principal consiste dans la difficulté de
rendre légitime l'acquisition, l'abandon et l'exercice
du droit de posséder. Car, supposons même que les
statuts puissent et doivent régler le point relatif à la
procuration générale, celle-ci n'en resterait pas moins
et presque toujours un acte privé. La rédaction par
voie légale de ce document, en raison des centaines,
disons mieux, des milliers d'individus dont se composent les associations prises isolément, se trouverait
dès le début accompagnée de nombreuses difficultés.

Mais il serait tout à fait impossible de calculer les
frais et les conséquences qui se produiraient si l'entrée
et la sortie incessante des membres nécessitaient le
renouvellement d'actes de cette nature. D'ailleurs, ni
valeurs ni propriétés d'aucun genre ne peuvent être
acquises au nom de la collectivité, qui, de même, ne
saurait contracter d'engagements, sauf pour les membres en faisant partie au moment même, et comme le

nombre de ces derniers varie constamment, le droit qu'ont les associations de posséder court de nombreux dangers et se trouve généralement exposée à bien des difficultés. En tout cas, l'absence de règles juridiques qui leur soient spécialement applicables, les maintient dans une situation équivoque, soumise aux appréciations variables des tribunaux, trop souvent aussi au bon ou au mauvais vouloir des parties opposantes. Elles se voient forcées de recourir à des fictions et à des voies détournées pour n'obtenir, en somme, que la protection légale absolument indispensable. Cet état de choses, au plus haut point critique, entraîne pour elle des dangers de toute sorte, des frais inutiles et des complications sans fin.

D'après les lois jusque-là en vigueur, l'unique expédient qui offrît, dans ces circonstances, un remède durable, consistait en définitive à accorder aux associations les droits des anciennes corporations. Grâce à la personnalité juridique dont à leur tour elles se trouvaient ainsi investies, les inconvénients que nous venons de signaler disparaissaient complétement. Naguère encore, cette concession était toutefois chez nous soumise au bon plaisir des gouvernements, qui pour la plupart ne la faisaient qu'à contre-cœur. Aussi ne manquait-elle jamais d'être partout accompagnée de la part de l'Etat, fort des droits maintenus, d'une surveillance et d'une immixtion dans les affaires des Sociétés, au grand danger de la liberté de l'évolution économique, liberté indispensable au développement de ces associations.

3.

LA LOI DE L'EMPIRE D'ALLEMAGNE DU 4 JUILLET 1868, ET LES AVANTAGES QU'ELLE OFFRE AUX SOCIÉTÉS COOPÉRATIVES.

L'auteur, placé à la tête des coopérateurs allemands, ne pouvait manquer, d'après les considérations qui précèdent, d'être amené à agir en vue de remédier, dans l'ordre législatif, aux inconvénients que nous venons d'exposer. Il y réussit d'abord en Prusse, où, dès l'année 1867, il soumettait à l'Assemblée nationale un projet de loi à cet effet. Ce même projet, amplifié et amélioré dans la forme, fut plus tard, par un vote du Parlement de l'Allemagne du Nord, érigé en loi, à la date du 4 juillet 1868, et à ce titre se trouve actellement en vigueur dans l'Empire germanique.

Par cette raison, dans l'exposition des points de vue généraux devant servir de règle à l'organisation des Sociétés coopératives dont il est ici question, nous aurons soin de nous reporter à cette loi. Les avantages que les associations, en s'y soumettant, sont appelées à en retirer, nous frappent au point que nous ne saurions trop insister en les signalant à l'attention des Sociétés déjà existantes ou en voie de formation.

Le premier avantage que l'on réalise par là, c'est *la concession de la personnalité juridique au point de vue commercial*, d'où découlent, à raison de son nom collectif, les droits et les obligations de chaque Société. En même temps, l'on obtient ainsi, et de la manière la plus simple, une légitime représentation de la Société par ses directeurs, en *faisant inscrire celle-ci par le tribunal sur le registre des associations coopératives*, conformément à la loi (1).

Par contre, pour le pacte social (statuts) et *les délibérations du groupe*, il suffit tout simplement d'un procès-verbal et de la légalisation de cet acte par la remise que les directeurs en font aux tribunaux.

Au surplus, toutes les facilités possibles, par exemple relativement à la déclaration d'entrée et de sortie des membres, sont pareillement accordées aux Sociétés coopératives ; mais cette loi fait surtout disparaître deux graves inconvénients se rattachant à la situation légale qui jusque-là leur avait été faite.

Une considération bien autrement importante, c'est que les formalités les plus vexatoires et les plus dangereuses, en vue de rendre effective la garantie solidaire des coopérateurs à l'égard des dettes des associations, se trouvent, grâce à cette loi, rejetées à l'arrière-plan. D'après le droit commun de l'Allemagne, cette responsabilité solidaire de tous les membres d'une association ne saurait faire le moindre doute. Elle est énoncée à l'article 269 du Code général de commerce pour l'Allemagne à l'égard de tous les intéressés dans une entreprise spéciale de commerce, lorsque, d'après l'article 271 du même Code, il s'agit d'acheter des marchandises en vue de les revendre plus tard, et c'est

---

(1) Le Code bavarois a reproduit presque textuellement la loi de l'Empire, et ce n'est que dans une annexe qu'il a introduit une nouvelle sorte de Sociétés coopératives à *responsabilité limitée*, voulant laisser le choix entre les deux catégories. On peut consulter, à ce sujet, l'ouvrage de l'auteur qui a pour titre : « *La Législation concernant les rapports juridiques spéciaux des Sociétés coopératives de production et d'épargne*, etc. — Berlin, Herbig, éditeur. »

précisément là le cas où sont, pour la plupart, nos Sociétés coopératives; mais que celles-ci, jusqu'à ce moment dégagées de tous liens, en tant que les droits de corporations ne leur ont pas été accordées, dussent être considérées comme de simples participants aux opérations faites pendant la durée de leur existence à l'état de réunion ou d'association, puisqu'elles se présentaient non pas comme une unité légale, tout au contraire comme une collectivité de personnes.

C'est là, d'après ce qui a été dit ci-dessus, un fait évident, aussi le Code national prussien (tome II, titre VI, §§ 12, 13) n'a pas manqué de l'énoncer formellement. En conséquence, chaque sociétaire répond sur la totalité de ses biens du montant intégral des dettes de la communauté, et le créancier du groupe coopératif auquel il appartient peut même exercer des poursuites contre ce groupe.

Cette dette éteinte de ses propres deniers, il ne reste, par contre, au membre en question que le droit d'exiger de ses co-sociétaires, au besoin par voie de justice, le payement de leurs quote-parts, jusqu'à concurrence de la somme par lui payée.

C'est à quoi la loi a remédié en décidant que les créanciers devront, tout d'abord, prendre leurs recours sur l'avoir de la Société, et au cas seulement où, dans la procédure à laquelle donnera lieu l'ouverture de la faillite, l'insuffisance de l'actif social serait prouvée, alors ils pourront, à raison des pertes subies par leurs créances, actionner les coopérateurs. Le déficit, réparti parmi ceux-ci d'après une procédure légale rendue exécutoire par le tribunal, pourra être comblé au moyen du recouvrement des quote-parts respectives, sans autres formalités judiciaires (1). Le danger que couraient les individus, surtout ceux dans l'aisance, de devoir payer pour la communauté et de se trouver, quant à l'exercice du droit de reprise, engagés dans un dédale de formalités vexatoires et coûteuses, disparaîtra du moment où l'on en fera usage, pourvu que ce soit dans les délais légaux, des mesures prescrites en vue de remédier à ces difficultés.

D'un poids tout au moins aussi grand est la courte période établie par la loi pour la prescription, et qui limite la responsabilité des coopérateurs à deux ans, à compter soit de la dissolution de la Société, soit de leur sortie de son sein. N'était-elle pas gênante au suprême degré, cette période de trente années pour la prescription en vigueur jusqu'à nos jours dans presque toute l'Allemagne, et qui, dans le cas dont il s'agit, avait encore été prolongée? Combien peu les expédients que la nécessité nous avait contraints d'introduire dans les statuts valaient à la conjurer!

L'autorisation qui permettait aux membres sortants d'exiger, dans l'espace d'une année ou deux, leur libération de toutes les dettes sociales, plaçait la Société dans une très fausse situation, car il était facile d'abuser de ce droit pour élever des difficultés, et elle pouvait se trouver amenée à liquider.

La loi fait dépendre la jouissance de ces avantages entièrement indispensables à la prospérité commerciale des associations, dès qu'elles sont sorties de

---

(1) Ainsi, la solidarité qui pesait jadis sur la personne même, en raison de la contrainte par corps, n'apparaît plus qu'en seconde ligne, et, se trouvant ainsi transformée en une simple garantie civile, pèse aujourd'hui sur les biens.

l'humble phase de leurs débuts, uniquement et exclusivement de l'existence dans les statuts de certaines clauses réglementaires. Elles sont, en grande partie, empruntées au Code commercial, dont relèvent les Sociétés coopératives, par suite des droits de *personnes commerçantes*, qui leur ont été conférés.

Ces clauses contiennent, d'une part, des stipulations qu'à l'égard d'établissements de cette nature il est d'usage, au point de vue de la législation actuelle, d'établir, pour assurer la loyauté des transactions commerciales. Elles tendent, d'autre part, à légitimer en termes formels et à sanctionner légalement les prescriptions nécessaires pour fournir des garanties réelles vis-à-vis d'une administration négligente ou coupable de malversations. De plus, elles sont partout si bien adaptées aux besoins des Sociétés coopératives, que celles-ci, sans y être contraintes par des nécessités légales, se trouvent ramenées à l'observance des règlements.

En conformité de ce qui précède, et ainsi que nous en avons déjà fait la remarque, nous supposerons comme reconnue la soumission à cette loi dans nos renseignements pratiques au sujet des projets de statuts, des instructions nécessaires à la conduite des affaires et à l'organisation des Banques. Beaucoup de points, surtout en ce qui a trait à une saine et forte organisation de la partie administrative des affaires, méritent également l'attention de ces Sociétés qui ne *veulent pas se conformer* à la loi en question. En effet, en ce qui concerne cette organisation et à d'autres égards analogues, ces Sociétés, d'après l'annexe que nous donnons à l'appui, peuvent

facilement se soustraire à la dépendance des tribunaux de commerce.

4.

DES CONDITIONS QU'ON EST TENU DE REMPLIR
POUR SE CONFORMER A LA LOI

Nous allons donc, en vue du but que nous nous
proposons, grouper méthodiquement les conditions et
les démarches dont la loi fait dépendre, pour les Sociétés coopératives inscrites sur le registre *ad hoc*, les
tribunaux de commerce, l'obtention de la qualité de
« Société coopérative enregistrée. »

En premier lieu il faut, à cet effet, une copie de la
minute du contrat social, c'est-à-dire des statuts de
l'association (§ 2 de la loi). En outre, laissant de côté
une légalisation quelconque, il suffit, jusqu'au moment où le contrat de Société sera remis au tribunal,
que les membres adhérents souscrivent purement et
simplement aux nouveaux statuts ou à la révision des
anciens, comme nous l'avons déjà expliqué.

Il ne sera exigé, quant aux adhésions ultérieures,
qu'une simple déclaration écrite, que l'apposition de
la signature rendra effective.

Même lorsqu'il s'agira de l'administration générale
d'une Société coopérative déjà existante et constituée
sur les bases de l'ancien système, l'adhésion aux
nouveaux statuts et la signature des membres seront
nécessaires. Ces deux actes devront être discutés dans
une assemblée générale, à cet effet convoquée dans
la forme prescrite par les anciens statuts. Au cas où
l'on voudrait procéder, dans une certaine mesure,
d'une façon plus expéditive et s'épargner de nouvelles

signatures, les précédents règlements devront, en vue de l'enregistrement, être transformés en un même nombre d'articles fondamentaux, afin d'éviter aux coopérateurs toute confusion et incertitude matérielle, quant aux points maintenus en vigueur. L'on conservera ainsi les anciens statuts auxquels il avait déjà été souscrit et l'on ajoutera, sous forme de résolutions prises en assemblée générale, les modifications nécessaires à chaque paragraphe. Ceux des membres qui, par hasard, n'auront pu assister à l'assemblée générale, pourront, postérieurement, souscrire aux nouveaux statuts, jusqu'au moment où l'acte devra être remis au tribunal. La qualité de membre, même après cette remise, pourra être constatée en souscrivant à une déclaration d'adhésion. En attendant, le nombre des membres que comptent les Sociétés coopératives dont il est ici question, étant, la plupart du temps, très restreint, la difficulté de souscrire aux nouveaux statuts est, par conséquent, si faible que, sans aucun doute, cette opération pourra, dans tous les cas, être aisément menée à bonne fin.

Les statuts ainsi signés seront ensuite communiqués au tribunal de commerce, soit par une députation des administrateurs au complet, soit au moyen d'un double ou d'une copie à la presse, si faire se peut, de l'acte original passé par-devant notaire ou légalisé judiciairement, et l'on remettra en même temps un rôle détaillé des sociétaires. De même, tous les administrateurs seront tenus, en cette occasion, de se faire reconnaître comme tels auprès du tribunal, afin de faire valider leur nomination dans le document ci-dessus, sur lequel ils apposeront leurs signatures, ou bien encore ils devront remplir ces diverses formalités par la présentation d'un acte dûment légalisé. La validation des fonctions s'effectue, conformément aux statuts, au moyen d'une simple copie du procès-verbal des élections. L'acte original des statuts qui aura été présenté sera retiré, après enregistrement, par la Société coopérative.

La liste des membres devra être d'accord avec les signatures apposées au bas des statuts et avec les déclarations d'adhésions que l'on pourrait avoir déjà remises.

Les formules d'affiliation signées postérieurement n'auront de valeur qu'aux époques des notifications trimestrielles, réglementairement fixées par le conseil d'administration, conformément au paragraphe 25 de la loi.

Les membres ayant ainsi adhéré plus tard n'en seront pas moins, en vertu du paragraphe 12 de la loi, solidairement responsables de toutes les dettes contractées, avant leur entrée, par la Société coopérative.

La liste elle-même, disposée par ordre alphabétique (page 25 de la loi), devra être dressée d'après le modèle que nous en donnons. L'administration répond, sous les pénalités édictées par la loi, paragraphe 60, de l'authenticité de ce document et de l'omission qu'il pourrait y avoir, de même qu'en général de l'exactitude de toutes les notifications qu'elle est tenue de faire aux tribunaux.

Un autre point à examiner est relatif à la signature sociale que chaque groupe est tenu de choisir et qui, sans mentionner les noms des personnes, devra être emprunté au but de l'entreprise, être distincte de la raison de commerce de tous les établissements analo-

gues, et être suivie, enfin, de cette formule-ci :
« Société coopérative enregistrée. »

En ce qui concerne les anciennes associations, c'est ici le cas d'avoir égard à bien des choses, si, dans leur passage à son nouveau mode d'organisation, l'on veut que le capital, dont le nouveau, d'après l'ancien système, restait immuable, soit à l'abri de contestations multiples et que la continuité du droit puisse être maintenue.

Bien que, même à cet égard, d'après la disposition du paragraphe 71, alinéa 1er, de la loi de l'Allemagne du Nord sur les Sociétés coopératives, les choses aient été rendues de beaucoup plus faciles, il est toutefois préférable de conserver autant que possible l'ancienne dénomination ou raison de commerce, naturellement sans omettre l'indispensable mention de « Société enregistrée. » On commencera ensuite, et sur-le-champ, à porter au compte du nouvel établissement aussi bien les créanciers qui figuraient à l'actif que les dettes inscrites au passif de l'ancienne Société. La situation, au point de vue du droit spécial qui régissait cette dernière, se trouve cependant dans son ensemble modifiée par la concession de la personnalité légale, grâce à laquelle cette Société est devenue collectivement capable d'exercer des droits, de prendre des engagements, d'actionner en son nom collectif et d'être actionnée. Il peut donc facilement arriver que les anciens titres soient insufflants, si jamais l'on a à faire voir les créances en sa faveur ou contre elle, dans la forme que comporte sa situation légale par suite des modifications survenues.

Avant tout, en ce qui concerne les créances sociales envisagées à l'égard des débiteurs du groupe, elles ne pouvaient, les effets de commerce et les hypothèques surtout, être portées au compte de la Société, à moins que celle-ci, par exception, ne fût investie des droits des corporations. Ces créances, au contraire, devaient être inscrites au compte des mandataires du groupe, considérés comme créanciers nominatifs. En pareille circonstance, il sera facile d'opérer le transport de ces titres à la Société par *endossement* ou par *cession*, bien que, dans le dernier cas, cela n'ait pas lieu sans frais. Il est toutefois possible d'en modérer le chiffre, en comprenant sous une seule cession générale les diverses reconnaissances et créances hypothécaires. A l'égard des obligations contractées par la Société, c'est l'inverse qui a lieu. Les créanciers eux-mêmes, en vue d'une plus grande garantie de leurs droits, presque toujours exigeront de nouveaux titres qui les mettront, en effet, complétement à couvert, la loi sur les Sociétés coopératives rendant solidairement responsables la collectivité et les membres individuels. Opposer un refus, ce serait dans bien des cas provoquer une demande de remboursement immédiat. Au surplus, en ce qui concerne le timbre applicable aux nouveaux titres d'obligations qu'il y aura lieu de délivrer, une concession qui n'est pas sans une certaine importance a été faite aux Sociétés prussiennes, par une ordonnance du directeur général des contributions, en date du 10 juillet 1868, et portant que « dans le cas où une ancienne association, après s'être transformée en Société corporative enregistrée, délivrerait à ses créanciers de nouvelles reconnaissances en y apposant, suivant le tarif réglementaire, le timbre voulu, si l'on fournit la preuve qu'un timbre a déjà été appliqué pour cette dette sur les anciens titres qui doivent être remis, pour l'annulation, à l'employé des contributions, le montant devra en être remboursé par ce dernier.

5.

ÉLECTION ET RAPPORTS DES DIRECTEURS ET DES COMITÉS (CONSEILS DE SURVEILLANCE ET D'ADMINISTRATION).

Bien que le choix entre les organes que nous avons signalés, comme nécessaires au fonctionnement des Sociétés coopératives appartienne à la première section de cet ouvrage, puisque ce choix doit être rangé au nombre des mesures préliminaires exigées par la loi, nous avons nécessairement préféré traiter ce sujet d'une manière spéciale, car nous aurons par la même occasion à faire ressortir une modification essentielle dans les rapports qui existaient précédemment entre ces deux organes.

Naturellement, il faut s'occuper de nommer les directeurs et les membres de la Commission, c'est-à-dire le Conseil de surveillance ou d'administration, au moment même de la fondation. Comme nous l'avons vu paragraphes 4, 17, 76, de la loi, toute communication des statuts et du rôle des adhérents, toute demande d'inscription sur le registre des Sociétés coopératives, ne sauraient émaner que de l'initiative des directeurs, qui, seuls, ont qualité pour représenter leur groupe judiciairement et extrajudiciairement. Le tribunal de commerce peut même d'office et au moyen de dispositions pénales les obliger à remplir ces formalités. Par ces motifs, l'installation des directeurs doit donc, en tout cas, précéder les notifications à faire au tribunal dans le but précédemment énoncé. Mais à cette raison vient s'ajouter encore cette autre considération que la Société coopérative, avant l'établissement de l'organisme nécessaire, d'après la loi aussi bien que d'après les statuts, pour les opérations commerciales n'est nullement en état de fonctionner, ne peut à l'extérieur donner le moindre signe de vie, ni prendre part au commerce général. Il faut surtout, dans ce cas, quelque simple que soit la chose pour la Société nouvellement naissante, songer aux rapports qui la rattachent à celle qui existait précédemment, en supposant que cette dernière eût déjà des directeurs et un Comité dont l'époque de renouvellement coïncide avec le changement de constitution de la Société.

La question suivante se pose évidemment en même temps : Si, dans de pareilles circonstances, l'on devra procéder immédiatement ou seulement après l'expiration du mandat électoral aux nouvelles élections. Nous conseillons de faire sur-le-champ les nouvelles élections.

La raison en est dans le changement complet de situation qu'amène la loi sur les Sociétés coopératives et dans les droits conférés aux deux oganes. Les directeurs, par exemple, encourent une responsabilité bien plus grande, mais ils sont aussi investis de pouvoirs beaucoup plus étendus qu'auparavant ; de plus, l'on se montre autrement exigeant touchant leur capacité à gérer les affaires et les services qu'ils sont appelés à rendre. D'autre part, les Commissions sont dépouillées d'une partie des fonctions qui, jusqu'à ce jour, leur avaient été généralement dévolues au point de vue administratif ; par contre, leurs droits de contrôle, dont l'importance est si grande, se trouvent augmentés et vont jusqu'à la faculté de suspendre provisoirement les directeurs ; joignez à ces raisons la nécessité d'établir sur des bases entièrement nouvelles la rétribution proportionnelle des fonctions. En effet, l'indemnité jusqu'ici allouée aux directeurs ou sera considérée comme insuffisante en raison de l'augmentation de responsabilité et des devoirs qu'entraîne la gestion, ou il ne paraîtra plus possible de percevoir et de répartir de la même manière le montant des allocations, par suite du changement d'organisation de ces Sociétés. Mais les engagements pris antérieurement se trouvant périmés tant en ce qui concerne la gestion des directeurs que pour les rétributions consenties en échange de leurs services, les rapports établis entre les deux ordres de fonctions toucheront en général également à leur terme. Les nouveaux rapports ne peuvent, partant, être réglés que par de nouvelles conventions avec la Société, d'où il suit que cette dernière doit avoir pleine liberté d'action dans le choix des personnes avec qui elle sera appelée à contracter.

En ce qui concerne le changement signalé dans les rapports qui, aujourd'hui, engagent les directeurs et les membres de la Commission les uns vis-à-vis des autres, ces rapports exercent une influence si profonde sur la marche des affaires intérieures de la Société que, lorsqu'il s'agira d'organiser, il sera nécessaire d'y apporter un examen des plus rigoureux. La pratique si bien adaptée à l'ancienne constitution des Sociétés, et en vertu de laquelle les directeurs et les membres de la Commission réunis formaient en réalité le conseil administratif du groupe, possédaient en commun la gestion des affaires, les directeurs se bornant, en ce qui les concernait spécialement, à faire exécuter les décisions de ce Conseil, se trouve maintenant, par suite de la loi sur les associations coopératives, complétement rejetée. Bien plus, l'administration est confiée aux directeurs, qui seuls en assument la responsabilité, les membres de la Commission n'exerçant qu'un droit de contrôle ; les attritions des uns et des autres étant ainsi nettement et juridiquement délimitées, et cela avec juste raison.

En effet, même sans une grande expérience des affaires, on sera forcé de reconnaître ce fait que si, dans une administration quelconque, la direction de l'entreprise est distincte du droit de surveillance qu'elle exige, et qu'il y ait un organe spécial pour la gestion et un autre pour le contrôle, les fonctions assignées à chacun de ces deux organes ne devront amener entre eux aucun empiétement, si l'on ne veut manquer le but que l'on s'est proposé en les établissant séparément. Surtout lorsqu'il s'agit d'un dignitaire désigné pour surveiller l'administration industrielle d'une entreprise, il faut bien se garder de lui confier cette même administration. Il ne ferait d'ailleurs que se contrôler lui-même, ce qui rendrait absurde tout le système. Par ce motif, dans nos Sociétés coopératives, l'on ne doit pas déléguer à la Commission le droit de proposer de son côté des mesures réglementaires ayant trait à l'administration. Elle peut bien, en tant que les règlements doivent être soumis à son approbation, s'y opposer, mais sans pour cela y prendre part directement. Comment alors faire peser sur la direction le poids de la responsabilité pour des mesures qui pourraient bien être prises contre sa volonté, car la Commission ne manquerait pas de l'emporter par un plus grand nombre de voix? Or, sur ces vérités fondamentales, qui ont leur base dans la nature même des choses, tous les coopérateurs se trouvent d'accord. Ce n'est qu'aux directeurs, pour la généralité des cas et aux agents et fondés de pouvoirs, dans les circonstances spéciales, qu'est confié le soin de représenter la Société et de gérer les affaires. Quant à la Commission, son rôle se borne à contrôler. (Consulter les §§ 17, 20 et suivants, ainsi que le § 8.)

La direction seule, d'autre part, est déclarée responsable de ses propres agissements (§§ 27 et 33), et d'après le paragraphe 9 de la même loi, les statuts ne peuvent l'affranchir de cette responsabilité, sauf les cas expressément admis par le législateur.

En réalité, il a fallu, au moyen du paragraphe 29, admettre une dérogation à la loi et donner à la Commission le droit de représenter les Sociétés coopératives dans des cas tout à fait spéciaux; à savoir, lorsqu'il s'agit de contrats à passer avec la direction ou de procès à soutenir contre elle : c'est ce qui prouve bien que la Commission ne doit pas étendre plus loin son intervention. Précisément, parce qu'en pareille circonstance la représentation de la Société par les directeurs deviendrait impossible, attendu que ceux-ci agissant ici à l'égard du groupe comme *partie adverse*, l'on devait, mais dans ce cas seulement, établir une exception.

6.

SYSTÈME DE COMPTABILITÉ. — CITATION DES DIRECTEURS DEVANT LES TRIBUNAUX.

L'importance d'un système de comptabilité sagement organisé, en tant qu'élément essentiel d'une bonne administration, n'a tout d'abord nul besoin de démonstration spéciale.

L'auteur avait donc, dans de précédentes occasions déjà, posé des règles très sévères à cet égard, dont les Sociétés coopératives, en conformité des dispositions légales qui les régissent, devront accroître la rigueur. D'après le paragraphe 11 de la loi qui régit les Sociétés coopératives, celles-ci sont comme *personnes commerçantes*, dans le sens établi par le Code général de commerce pour l'Allemagne. Elles doivent, en cette qualité, obéir aux prescriptions de ce Code relatives à la *tenue des livres*, à la conservation de la *correspondance*, à la publication annuelle de l'*inventaire* et du *bilan* des opérations.

Nous avons cru, par suite, devoir reproduire dans l'annexe ci-après les articles respectifs de ce Code. De plus, la loi sur les Sociétés coopératives se préoccupe, elle aussi (§ 26), des conditions dans lesquelles les Livres devront être tenus, et elle impose aux directeurs en ce qui concerne le Bilan, l'obligation de le publier dans les six mois qui suivront la clôture de l'année commerciale, ce à quoi les tribunaux pourront le contraindre par des pénalités en vertu du paragraphe 66. La manière dont il devra être procédé à l'inventaire annuel et dont le bilan qui lui sert de base devra être dressé, est plus que suffisamment indiquée par les articles 29-31. D'autre part, cette même loi donne à l'article 28, par rapport aux livres à tenir, la disposition suivante, qu'il sera possible, en les consultant, de se rendre un compte *exact des affaires et de la situation financière.*

Nous aurons à appliquer cette disposition en la mettant d'accord avec les besoins, la nature des diverses formes coopératives dont il est ici question, ainsi qu'avec les principes spéciaux qui les régissent, lorsque le moment sera venu de traiter chacune d'elles en particulier. C'est ici le cas, en raison de l'analogie du sujet, de mentionner les autres notifications et publications, qui, d'après les paragraphes 25 et 26 de la loi, sont également obligatoires pour les directeurs.

Ainsi, à la fin de chaque trimestre, les entrées et les sorties des membres devront être signalés au tribunal, et chaque année, au mois de janvier, il lui sera remis le rôle complet et par ordre alphabétique des coopérateurs. Enfin, en même temps que le bilan, l'on publiera dans les feuilles désignées par les statuts le nombre, mais non les noms des membres reçus ou démissionnaires depuis la publication de la précédente année, de même que le chiffre total des sociétaires actuels.

Les notifications collectives à remettre aux tribunaux le seront par tous les directeurs en personne, et ceci est de la plus haute importance, car c'est en se basant sur ces notifications qu'ont lieu, sous la *foi publique,* l'enregistrement officiel des Sociétés coopératives, les certifications de *légitimité* et les autres constatations.

De pareilles illégalités entraînent par suite, conformément aux paragraphes 67 et 68 de la loi, des peines pécuniaires.

Or, en présence de négligences aussi graves de la part des directeurs, ces amendes ne sauraient être mises par les statuts à la charge de la caisse sociale.

Mais notre attention se fixe tout particulièrement sur les graves pénalités dont le Code pénal du 31 mai 1870 menace (§§ 281 et 283) en cas de suspension de payement, les commerçants qui auront omis de dresser aux époques fixées leur bilan, ou négligé de tenir les livres de commerce proscrits par la loi, ou bien encore les auront fait disparaître, détruits ou tenus dans un désordre tel qu'ils ne présentassent aucun gage de sécurité au point de vue de l'examen de la situation financière; si l'hypothèse prévue par le Code se réalise, et en admettant qu'aucune intention frauduleuse n'eût inspiré les accusés, ceux-ci n'en seront pas moins passibles d'un emprisonnement pouvant aller jusqu'à deux ans. Au cas ensuite où il existerait une pareille intention, les coupables seront condamnés à la détention dans une maison de force pour un laps de temps qui ne pourra être moindre d'une année.

APPENDICE DE LA PREMIÈRE SECTION

ANNEXE N° 1

Loi pour la Confédération de l'Allemagne du Nord, aujourd'hui loi de l'Empire germanique, concernant les rapports juridiques propres aux Sociétés coopératives de production et d'épargne du 4 juillet 1868, *Bulletin des lois fédérales*, n° 24, p. 415 (1).

Nous, Guillaume, par la grâce de Dieu, roi de Prusse, etc., ordonnons au nom de la Confédération de l'Allemagne du Nord, avec l'assentiment du Conseil et de la Diète fédérale, pour toute l'étendue du territoire de la Confédération, ce qui suit :

ARTICLE PREMIER

De la fondation des Sociétés coopératives.

§ 1. — Les associations dont le nombre des membres n'est pas limité et qui ont pour but de favoriser, au moyen d'une exploitation collective, le développement du crédit ou des diverses industries exercées par leurs sociétaires ainsi que l'épargne domestique (Sociétés coopératives), à savoir :

1° Les Sociétés d'avances et de crédit;

2° Les Sociétés pour achats de matières premières et de magasinage en commun;

3° Les Sociétés pour la fabrication d'articles de

---

(1) Voir, pour la législation française, l'Appendice complémentaire placé à la fin du volume.

commerce et pour la vente en compte commun des articles fabriqués (Sociétés coopératives de production);

4° Les Sociétés pour l'acquisition collective et en gros des objets de première nécessité et pour la vente au détail à leurs adhérents (Sociétés de consommation);

5° Les Sociétés pour la construction des maisons destinées à leurs membres, acquièrent les droits stipulés dans la présente loi en faveur de « la Société coopérative enregistrée, sous les conditions énoncées ci-après.

§ 2. — Pour l'établissement d'une Société coopérative, il faut :

1° La copie de l'original du contrat d'association (statuts);

2° L'adoption d'une raison commerciale collective. La raison de commerce de la Société coopérative doit être empruntée à l'objet de l'entreprise et doit contenir la mention additionnelle de *Société coopérative enregistrée*.

Ni le nom des membres, c'est-à-dire des coopérateurs, ni celui d'aucune autre personne ne doivent figurer dans la raison sociale. Toute nouvelle raison commerciale doit se différencier nettement de celles des autres établissements analogues existants dans la même localité ou dans la même commune.

Tout coopérateur peut faire acte d'adhésion au moyen d'une simple déclaration écrite.

§ 3. — Le contrat d'association indiquera :

1° La raison sociale et le siège de la Société coopérative;

2° Le but de l'entreprise;

3° Le temps que devra durer la Société au cas où son existence serait limitée à une période de temps déterminée ;

4° Les conditions d'entrée et de sortie des membres ;

5° Le montant des quotités individuelles destinées à l'entreprise et le mode de formation de ces quotités ;

6° Les principes fondamentaux d'après lesquels il faut dresser le bilan et évaluer les bénéfices, ainsi que le système et les usages suivis quant à la vérification du bilan ;

7° Le mode d'élection et les conditions dans lesquelles les directeurs tiendront séance, ainsi que les formalités nécessaires pour valider la nomination des directeurs et celle de leurs suppléants ;

8° Le mode de convocation des coopérateurs ;

9° Les conditions auxquelles les coopérateurs acquièrent le droit de suffrage et la façon d'exercer ce droit ;

10° Les objets sur lesquels on sera appelé à délibérer, non à la simple majorité de quelques voix sur le nombre des membres qui auront répondu à la convocation, mais bien à une très forte majorité, ou en se conformant à d'autres conditions ;

11° Les formalités suivant lesquelles ont lieu les notifications émanant de la Société coopérative, de même que les feuilles publiques où elles devront être insérées ;

12°. La mention formelle que tous les coopérateurs répondent solidairement, et sur tous leurs biens, des engagements contractés par la Société coopérative.

§ 4. — Le contrat d'association, ainsi que la liste des membres remise par la direction, devront se trouver inscrits au tribunal de commerce, et par les soins du magistrat sur le registre des Sociétés coopératives qui forment partie du registre de commerce, là où il en existe un; il en sera de plus publié un extrait.

Cet extrait doit contenir :

1° La date du contrat d'association;

2° La raison sociale et le siége de la Société;

3° L'objet de l'entreprise ;

4° La durée de l'association, si elle doit être limitée à un temps déterminé ;

5° Les noms et le domicile des membres actuels de la direction;

6° Les formalités suivant lesquelles ont lieu les notifications émanant de la Société ainsi que les feuilles publiques désignées pour leur insertion.

L'on informera en même temps le public que le rôle des Sociétaires pourra être consulté à tout moment au tribunal de commerce.

Au cas où il existerait dans le contrat d'association une formule spéciale servant aux directeurs pour signifier leurs décisions ou accompagnant la signature sociale, cette disposition devra être également portée à la connaissance du public.

§ 5. — La Société coopérative n'acquiert pas, par le fait seul de l'enregistrement, les droits d'une Société coopérative enregistrée.

§ 6. — Toute modification du pacte d'association doit se faire par écrit et être notifiée au tribunal de commerce, au moyen de la remise d'un double exemplaire de la délibération tenue par la Société.

A l'égard des délibérations ayant pour effet d'apporter tel ou tel changement aux statuts, on procédera de la même manière que pour le contrat original d'association. Toutefois, il n'y aura lieu à la publication qu'autant que les articles compris dans les notifications précédentes se trouveront avoir été modifiées.

La résolution votée ne saurait avoir aucun effet légal tant qu'elle n'aura pas été inscrite sur le registre des Sociétés coopératives par le tribunal de commerce dans le ressort duquel se trouve placé le siége de la Société.

§ 7. — La décision ci-dessus, en raison de l'insertion dans le registre des Sociétés coopératives, sera notifiée à tout tribunal de commerce dans le ressort duquel la Société aura une succursale, et l'on devra, dans ce cas, observer toutes les formalités prescrites par les paragraphes 4 et 6, relativement à la Société mère.

§ 8. — Le registre des Sociétés coopératives est public, et à son endroit les dispositions écoucées par le Code général de commerce sont également en vigueur.

ART. 2

Des rapports légaux des coopérations entr'eux ainsi que des rapports légaux de ceux-ci et de la Société coopérative vis-à-vis des tiers.

Les rapports légaux des coopérateurs entr'eux se règlent, en premier lieu, d'après le contrat d'association. En second lieu, l'on ne pourra s'écarter des dispositions énoncées dans les paragraphes suivants que sur les points où cette dérogation sera autorisée en termes formels. A défaut de disposition contraire contenue dans le contrat d'association, les bénéfices seront répartis entre les coopérateurs en raison du chiffre des quotités individuelles versées dans l'entreprise; il en sera de même pour la perte, en supposant que le montant général des quotités suffise au payement de celle-ci. Dans l'hypothèse opposée, lorsque le capital de la Société aura été absorbé, les coopérateurs réunis devront fournir, au prorata et par tête, la somme nécessaire à la liquidation du solde restant.

Les coopérateurs qui, conformément aux statuts, auront payé sur leurs quotités de sociétaires les à-compte auxquels ils sont réglementairement tenus, ne pourront être, par le seul fait d'avoir payé davantage, soumis aux réclamations que prétendraient exercer, par voie de reprise, les autres membres de l'association, à moins que le contrat d'association ne stipule autrement.

§ 10. — Les droits reconnus aux coopérateurs relativement aux affaires de la Société, et surtout à l'égard de la gestion commerciale ou industrielle, de l'inspection et vérification du bilan ainsi que des décisions concernant le partage des bénéfices, seront exercés par les coopérateurs réunis en assemblée générale.

Chaque coopérateur, dans ces occasions, a droit à une seule voix, à moins que les statuts n'aient décidé autrement.

§ 11. — La Société coopérative peut, sous sa signature, exercer des droits et contracter des obligations, acquérir des lots de terrain ou avoir sur ceux-ci d'autres droits réels, enfin actionner et être actionnée.

Elle est généralement soumise à la juridiction du tribunal du district judiciaire où elle a son siège.

Les Sociétés coopératives jouissent des mêmes

droits que les commerçants dans le sens consacré par le Code de commerce de l'Allemagne, mais tout autant que les prescriptions contenues dans ce Code ne s'en écartent pas.

§ 12. — Tous les coopérateurs seront solidairement responsables et sur tous leurs biens des pertes que pourraient éprouver les créanciers de la Société, mais dans la mesure où ceux-ci ne parviendraient pas à se payer sur le capital social, sans qu'ils aient pour cela le droit de s'opposer à la répartition. Les créanciers toutefois ne pourront se prévaloir de cette solidarité de garanties que si la faillite se produisant, les hypothèses prévues par le paragraphe 51 se réalisaient, ou si l'ouverture de la faillite ne pouvait avoir lieu. Toute personne qui se fait recevoir membre d'une Société coopérative déjà existante répond, ni plus ni moins que les autres sociétaires, pour toutes les obligations contractées par le groupe avant son admission.

Des statuts contraires sont sans effet légal vis-à-vis des tiers.

Les personnes du sexe féminin qui adhéreront à une Société coopérative ne peuvent, sous le rapport des engagements contractés à cette occasion, invoquer les priviléges légaux qui leur sont accordés dans les États de l'Allemagne.

§ 13. Les créanciers privés d'un coopérateur ne sont pas autorisés à se saisir des biens matériels faisant partie d'une Société coopérative et ne peuvent prétendre aux créances, droits ou qualités à celle-ci appartenant sous prétexte de remboursement ou de cautionnement. Ne peut être, en ce qui les concerne, objet de l'exécution, de l'arrêt ou de la saisie que ce que le coopérateur lui-même a droit de réclamer sous forme d'intérêts ou de part dans les bénéfices et ce qui lui revient, en cas de dissolution du groupe coopératif, à la suite de sa sortie par suite de désagrégation.

§ 14. — La disposition du précédent paragraphe subsiste même à l'égard du créancier privé en faveur duquel il existera, en vertu de la loi, ou par tout autre motif juridique, une hypothèque ou un droit de nantissement sur les biens d'un coopérateur. L'hypothèque ou le droit de nantissement ne s'étend pas aux biens, créances et titres faisant partie du capital d'une association ou aux quotités versées, mais seulement à ce qui est indiqué dans la dernière phrase du précédent paragraphe.

Toutefois, si un coopérateur a contribué au capital social en apportant un bien mobilier ou immobilier sur lequel, au moment même de l'apport, il existait déjà des droits, ces droits resteront intacts, nonobstant les précédentes dispositions.

§ 15. Une compensation intégrale ou partielle entre les créances de la Société et les créances privées d'un débiteur du groupe coopératif sur un des membres, ne pourra avoir lieu durant la durée de l'association. La compensation en est toutefois permise, lorsqu'à la dissolution de celle-ci, la créance de la Société aura été endossée au membre en question, mais dans la mesure où elle l'aura été.

§ 16. Si le créancier privé d'un coopérateur, après une saisie exécutoire sans résultats, opérée sur les biens d'un coopérateur, poursuit l'exécution sur les bénéfices auxquels son débiteur pourrait avoir droit lors de la prochaine dissolution de la Société, soit qu'elle doive avoir lieu à une époque fixe, ou après un laps de temps non déterminé, il est autorisé, à raison du remboursement de sa créance, mais après qu'il en aura préalablement donné avis, à exiger l'expulsion de ce membre.

Cet avis doit être notifié au moins six mois avant l'expiration de la période formant pour cette Société l'année commerciale.

ART. 3.

De la direction du Conseil de surveillance et de l'Assemblée générale.

§ 17. — Chaque Société coopérative doit avoir des directeurs élus parmi les sociétaires. Elle sera représentée par eux judiciairement et extrajudiciairement.

Le Comité de direction peut être composé de plusieurs membres ou n'en avoir qu'un seul. Ces membres peuvent être salariés ou non salariés.

Leurs fonctions sont en tout temps révocables, sans préjudice des dommages qui pourront être réclamés en vertu des statuts existants.

§ 18. — Aussitôt après que les membres de la direction auront été élus, il devra être donné connaissance de leur nomination au tribunal de commerce, pour qu'il en soit fait mention sur le registre des Sociétés coopératives. La notification devra être faite par les directeurs en personne, en y joignant le procès-verbal de ratification, ou bien elle devra être transmise au moyen d'un acte dûment légalisé. En même temps, les membres de la direction devront se rendre au tribunal de commerce pour y donner leurs signatures, ou, comme dans le cas précédent, faire parvenir ces signatures légalisées.

§ 19. — La direction doit, dans la forme déterminée par les statuts, publier ses résolutions et donner sa signature pour la Société. S'il n'y rien de spécifié sur ce dernier point, la signature de tous les membres de la direction est indispensable ; ce qui devra avoir lieu de façon à ce que les signataires apposent leur signature à la suite de la raison commerciale de la Société coopérative, ou après la formule de nomination des directeurs.

§ 20. — Les stipulations légales dans lequelles intervient la direction au nom de la Société coopérative confèrent des droits à celle-ci ou l'engagent.

Peu importe que les affaires de cette nature aient été formellement conclues au nom de la Société, ou que, d'après les circonstances, elles n'aient dû l'être du consentement des parties contractantes que pour la Société.

L'autorisation donnée à la direction de représenter le groupe coopératif s'étend même aux affaires et agissements légaux pour lesquels une procuration est spécialement requise. Pour que les actes de la direction soient valides dans toutes les affaires ou propositions relatives au registre des hypothèques, il suffit d'un certificat du tribunal de commerce, constatant que toutes les personnes ayant signé à cette occasion figurent dans le registre des Sociétés coopératives en qualité de membres de la direction.

§ 21. — La direction contracte vis-à-vis de la Société l'engagement de se maintenir dans les bornes fixées par les statuts ou par les décisions de l'assemblée générale à l'étendue des pouvoirs qui lui ont été conférés pour représenter l'association. Toutefois, à l'égard des tiers, la limitation des pouvoirs représentatifs des directeurs n'a aucun effet légal.

Ceci a surtout trait au cas où le droit de représentation ne s'étendrait qu'à de certaines catégories d'affaires, à de certaines éventualités, à un certain temps, et ne serait autorisé que pour des localités spéciales, ou bien encore au cas où l'adhésion de l'assemblée générale d'un Conseil de surveillance, ou de tout autre organe de la coopération serait requise pour les affaires spéciales.

§ 22. — Le Comité de direction prêtera serment au nom de la Société coopérative.

§ 23. — Tout changement complet ou partiel dans le personnel de la direction devra, par le Comité de direction complétement ou partiellement renouvelé, être communiqué au tribunal de commerce, ordinairement par les directeurs en personne, ou bien encore au moyen d'un acte légalisé, afin qu'il en soit fait mention sur le registre des Société et afin qu'il soit porté à la connaissance du public. On aura donc soin d'observer, dans ce cas, pour la remise de l'acte de validation et des signatures des membres entrants en charge, ce qui a été ordonné par le paragraphe 18.

La même disposition s'applique au cas où l'on nommerait des remplaçants intérimaires d'un ou de plusieurs membres du Comité de direction.

On ne peut opposer à des tiers le changement ci-dessous que tout autant qu'à l'égard de ce changement les hypothèses décrites à l'article 46 du Code général de commerce touchant la cessation des pouvoirs viendrait à se réaliser.

§ 24. — Pour qu'il y ait remise à la Société des citations ou de tous autres actes, il suffit que ces documents parviennent aux mains d'un des directeurs autorisé à signer ou à contresigner à la fin de chaque trimestre.

§ 25. — Les directeurs sont tenus de faire connaître au tribunal de commerce, par des déclarations écrites, les admissions et sorties des membres, et ils devront remettre chaque année une liste exacte, et par lettre alphabétique, des coopérateurs.

Le tribunal de commerce rectifie et complète, d'après cette note, la liste des coopérateurs.

§ 26. — Les directeurs sont obligés de veiller à la tenue des livres nécessaires aux Sociétés coopératives. On devra, dans les six mois au plus tard de l'année commerciale, publier, avec le bilan de l'année écoulée, le chiffre des adhésions et des sorties survenues depuis la publication de la précédente année, ainsi que le nombre des membres composant actuellement la Société.

§ 27. — Les membres de la direction qui, en cette qualité, agiront en dehors des limites assignées à leurs fonctions ou des prescriptions de la présente loi et des règlements statutaires, répondent personnellement et solidairement des dommages qui en résulteraient.

Au cas où leurs agissements seraient dirigés en vue d'autres buts commerciaux que ceux mentionnés dans la loi actuelle, ou si, dans l'assemblée générale, ils permettaient ou n'empêchaient pas la discussion de motions ayant trait aux affaires publiques, dont l'examen dépasserait les droits des réunions et des associations, ils seront passibles d'une amende pouvant s'élever à 200 thalers.

§ 28. — Les statuts peuvent placer auprès de la direction un Conseil de surveillance (Conseil d'administration, Comité), lequel sera choisi par les coopérateurs dans leur sein même, mais avec exclusion des membres de la direction.

Nomme-t-on un Conseil de surveillance?... Celui-ci est autorisé à se rendre compte de la façon dont les intérêts du groupe coopératif sont gérés dans toutes les branches de l'administration. Il peut s'informer de la marche des affaires de la Société, inspecter à tout moment les livres et écritures, vérifier la situation de la caisse et convoquer les assemblées générales. Il peut, dès que cela lui paraît nécessaire, suspendre temporairement de leurs fonctions les membres du Comité de direction et les employés, toutefois jusqu'à la décision de l'assemblée générale, qui devra se réunir à bref délai, prendre enfin, provisoirement, toutes les mesures nécessaires à la continuation des opérations commerciales ou industrielles.

Il a les comptes de l'année, les bilans et les projets de répartition des bénéfices à examiner et il doit, chaque année, présenter là-dessus un rapport à l'assemblée générale.

Il est tenu de convoquer l'assemblée générale toutes les fois que cela est nécessaire dans l'intérêt de la Société coopérative.

§ 29. — Le Conseil de surveillance est autorisé à diriger la marche des procès intentés, à la suite de décisions de l'assemblée générale, contre les membres de la direction.

Il représente également la Société dans les contrats à conclure avec le Comité de direction. A l'égard des formalités relatives au mode de validation, les statuts devront prendre les dispositions nécessaires.

Si la Société plaide contre les membres du Conseil de surveillance, elle sera représentée par des fondés de pouvoirs choisis en assemblée générale. Tout coopérateur a le droit d'intervenir dans un procès de ce genre, mais à ses frais.

§ 30. — La direction des affaires d'une Société coopérative, ainsi que la représentation de cette Société en ce qui concerne ladite administration industrielle ou commerciale, peuvent être déléguées à des fondés de pouvoirs ou à des employés de la Société spécialement désignés à cet effet. Dans ce cas, leurs pouvoirs sont définis par la procuration qui leur aura été donnée ; toutefois, dans le doute, ils s'étendent à toutes les mesures légales qu'entraîne avec soi une telle gestion.

§ 31. — Les assemblées générales des coopérateurs seront convoquées par le Comité de direction, sauf les cas où d'autres personnes encore y sont autorisées, soit par les statuts, soit par la présente loi.

Une assemblée générale devra être convoquée, en dehors des cas formellement spécifiés par les statuts, toutes les fois que cela paraîtra nécessaire aux intérêts de la Société.

L'assemblée générale devra être convoquée sans retard, lorsque la dixième partie au moins des membres, par une demande portant leurs signatures, en fera la proposition aux directeurs, en indiquant le but et les motifs de la réunion. Si les statuts attribuent à une fraction plus ou moins grande de membres le droit de convoquer une assemblée générale, il faudra alors se conformer à cette disposition.

§ 32. — La convocation d'une assemblée générale doit avoir lieu selon les formalités spécifiées par les statuts.

Le but de la réunion doit toujours être déclaré en adressant l'avis de convocation. Aucune décision ne pourra être prise sur les points dont les débats n'auront pas été annoncés à l'avance.

Toutefois, on en excepte les délibérations relatives au fonctionnement de la réunion, ainsi que celles concernant les propositions de convocation d'une assemblée générale extraordinaire.

Quant il s'agit de propositions et de débats ne devant être l'objet d'aucune résolution, la notification est superflue.

§ 33. — La direction est tenue d'observer et d'exécuter les dispositions statutaires et les décisions qui, en conformité de celles-ci, se trouveront avoir été légitimement prises par l'assemblée générale. Les directeurs sont, par suite, responsables vis-à-vis de la Société.

Les délibérations des assemblées générales doivent être relatées sur le livre des procès-verbaux, et il doit être permis à tout coopérateur, ainsi qu'aux autorités de l'État, d'en prendre connaissance.

ART. 4.

De la dissolution de la Société coopérative et de la sortie des coopérateurs, au point de vue individuel.

§ 34. — La Société sera dissoute :

1° Par l'expiration du temps fixé dans les statuts ;

2° Par une décision de la Société elle-même ;

3° Par l'ouverture du concours des créanciers (faillite).

§ 35. — Si une Société coopérative se rend coupable d'agissements contraires à la loi ou de désobéissance à celle-ci, ce qui constituerait un danger pour la sécurité publique, ou si elle poursuit des buts autres que les buts commerciaux ou industriels spécifiés dans la loi actuelle, elle pourra être dissoute, sans que pour cela il y ait lieu de réclamer une indemnité.

La dissolution ne peut, dans ce cas, avoir lieu qu'en vertu d'un jugement rendu par les tribunaux, à la suite d'une action intentée par les fonctionnaires de l'administration supérieure.

On doit considérer comme compétent le tribunal dans le ressort judiciaire duquel se trouve régulièrement la Société.

La sentence sera, par le tribunal compétent, communiquée au tribunal qui tient le registre des Sociétés coopératives, pour y être insérée et pour être ensuite publiée, conformément au paragraphe 36.

§ 36. — La dissolution de la Société coopérative doit, si elle n'est pas le résultat de l'ouverture du concours des créanciers, être notifiée par le Comité de direction pour être mentionnée sur le registre des Sociétés coopératives ; elle doit aussi, à trois reprises différentes, être insérée dans les feuilles désignées pour les publications de la Société.

Les créanciers sont en même temps, par cette publication, invités à faire valoir leurs droits auprès du Comité de direction.

§ 37. — Le tribunal appelé à prononcer la faillite doit, d'office, inscrire l'ouverture de la faillite sur le registre des Sociétés. La publication de l'enregistrement pourra être différée, grâce à un simple avis dans les feuilles spécifiées, paragraphe 4, n° 6. Si le registre des Sociétés coopératives n'est pas tenu par le tribunal qui aura prononcé la faillite, l'ouverture de celle-ci sera sur-le-champ notifiée, par les soins dudit tribunal, au tribunal de commerce qui est chargé de l'enregistrement des groupes coopératifs, afin qu'il soit procédé à cette formalité.

§ 38. — Tout coopérateur a le droit de sortir de la Société, même au cas où le contrat d'association aurait été conclu pour un temps déterminé.

Dans l'hypothèse où les statuts ne contiendraient rien de précis, ni au sujet des délais dans lesquels il devra être donné avis de la sortie, ni sur l'époque où elle pourra se réaliser, celle-ci ne pourra avoir lieu qu'à la fin de l'année commerciale, après avis notifié au moins quatre semaines à l'avance.

La Société peut toujours exclure un coopérateur de son sein pour les causes spécifiées dans les statuts, ou s'il a eu le malheur d'encourir la perte de ses droits civils.

§ 39. — Les membres ayant quitté la Société ou qui en auront été exclus, de même que les héritiers d'un coopérateur, demeurent responsables vis-à-vis des créanciers du groupe coopératif pour tous les engagements contractés par l'association avant leur sortie, et jusqu'au terme de la période de prescription, paragraphe 63. A moins que les statuts ne renferment des dispositions contraires, les membres ci-dessus désignés n'ont aucun droit sur le fonds de réserve, pas plus que sur le capital que la Société pourrait, d'autre part, déjà posséder ; bien mieux, ils ne peuvent légalement prétendre qu'au payement, dans les six mois après leur sortie, de leur quote-part dans l'entreprise, telle que cette quote-part résulte des livres de comptabilité.

La Société ne peut se soustraire à cette obligation que si elle prend la décision de se dissoudre et de procéder à sa liquidation.

ART. 5.

De la liquidation de la Société coopérative.

§ 40. — La dissolution de la Société, hors le cas de faillite, doit être suivie de sa liquidation, dont les directeurs seront chargés, sauf le cas où celle-ci, par les statuts ou par une délibération de la Société, se trouverait confiée à d'autres personnes.

La nomination des liquidateurs est toujours révocable.

§ 41. — La direction devra, pour les formalités de l'enregistrement sur le livre des Sociétés coopératives, communiquer au tribunal de commerce les noms des liquidateurs.

Ces derniers devront donner personnellement, en présence des magistrats, leurs signatures ou bien les transmettre par un acte dûment légalisé.

La sortie d'un liquidateur ou l'expiration de ses pouvoirs devront également être notifiées, afin qu'il en soit fait mention sur le registre des Sociétés coopératives.

§ 42. La nomination des liquidateurs, de même que leur démission individuelle, ou l'expiration des pouvoirs conférés, ne peuvent être opposés à des tiers, qu'autant qu'à l'égard de ces faits se réaliseraient les hypothèses en vertu desquelles, d'après les articles 25 et 36 du Code général de commerce de l'Allemagne, un changement dans le personnel d'une raison sociale ou l'expiration d'une procuration produit des effets légaux vis-à-vis des tiers.

Existe-t-il plusieurs liquidateurs, les mesures nécessaires à la liquidation n'auront d'effet légal que prises collectivement, à moins qu'il ne soit formellement spécifié qu'ils pourront agir individuellement.

§ 43. — Les liquidateurs sont chargés d'expédier les affaires courantes, de satisfaire aux engagements de la Société, de recouvrer les créances lui appartenant et de réaliser les valeurs qu'elle pourra posséder ; ils devront la représenter judiciairement et extra-judiciairement, et sont autorisés à stipuler en sa faveur des conventions et à se soumettre à des transactions. Dans le but de terminer les affaires en suspens, les liquidateurs peuvent s'engager dans de nouvelles opérations

L'aliénation des biens immobiliers, au cas où rien n'aurait été décidé à ce sujet, ni dans les statuts ni dans les délibérations de la Société, ne pourra avoir lieu de la part des liquidateurs qu'aux enchères publiques.

§ 44. — Une restriction à l'étendue du mandat de gérance conféré aux liquidateurs (§ 42) reste sans valeur légale vis-à-vis des tiers.

§ 45. — Les liquidateurs devront donner leurs signatures de façon à ce qu'elles viennent s'ajouter à la raison sociale, qui n'a maintenant de valeur que comme signature de liquidation.

§ 46. Les liquidateurs, dans la gestion des affaires, sont tenus, vis-à-vis de la Société, d'exécuter les décisions prises par l'assemblée générale. En cas contraire, ils sont personnellement et solidairement responsables, à l'égard de la Société, des dommages provenant d'agissements en désaccord avec leurs devoirs.

§ 47. — Les sommes existantes à l'époque de la dissolution de la Société, de même que celles recouvrées durant la liquidation, devront être appliquées comme suit :

1° On payera en premier lieu les créanciers de la Société, en ayant égard, toutefois, aux échéances des titres. Les sommes nécessaires à la liquidation des créances non encore échues seront ensuite mises en réserve ;

2° Sur l'excédant qui restera à ce moment, l'on procédera au remboursement des quotes-parts revenant aux sociétaires dans les opérations. Si le montant ne suffit pas au payement intégral, le surplus en question sera distribué au prorata du chiffre des bonis individuels, à moins que les statuts ne disposent autrement ;

3° Sur le reliquat qui, après payement des dettes sociales, ainsi que des quotes-parts appartenant aux membres, restera acquis, on versera d'abord aux sociétaires les bénéfices du dernier exercice annuel, en conformité des prescriptions réglementaires. Le solde ultérieur, à défaut de dispositions contraires, sera réparti par tête entre les coopérateurs.

§ 48. — Les liquidateurs devront, au début de la liquidation, dresser sans retard un bilan. Si de ce bilan, ou de tout autre dressé postérieurement, il résulte que le capital de la Société (y compris le fonds de réserve et les quotes-parts des membres dans l'entreprise) est insuffisant pour le payement des dettes sociales, les liquidateurs, sous leur responsabilité personnelle, devront aussitôt convoquer une assemblée générale.

Ils devront ensuite, et tout autant que les coopérateurs, huit jours après la séance, n'auraient pas versé comptant la somme totale nécessaire pour couvrir le déficit, demander au tribunal de commerce l'ouverture du concours des créanciers (de la faillite) à l'égard des biens de la Société.

Le ressort judiciaire dont dépendait le groupe coopératif au moment de la dissolution, reste maintenu jusqu'au terme de la liquidation pour cette même Société dissoute. La remise aux mains d'un des liquidateurs d'actes quelconques concernant la Société a lieu avec plein effet légal.

§ 50. — La liquidation achevée, les livres et les papiers de la dissoute Société coopérative seront confiés en dépôt à l'un des ex-membres, ou bien à une tierce personne. Le membre dépositaire ou le tiers sera, à défaut d'entente légitime, désigné par le tribunal de commerce.

Les sociétaires et les personnes qui succèdent à leurs droits conservent la faculté de consulter les livres et papiers, et de s'en servir.

§ 51. — Le concours des créanciers à l'égard du capital sera ouvert (c'est-à-dire la faillite déclarée), même en dehors du cas prévu par l'article 48, dès que la Société aura suspendu ses payements, que ce soit avant ou après la dissolution. Les lois du pays fixeront la procédure à suivre dans ce cas.

Le devoir de notifier publiquement la suspension des payements est obligatoire pour les directeurs et pour les liquidateurs, si cette suspension a lieu après que la Société s'est ou a été dissoute.

A l'instar du Comité de direction, les liquidateurs représentent la Société coopérative. Ils sont tenus de comparaître en personne et de fournir les renseignements voulus dans tous les cas où cette mesure est prescrite aux simples débiteurs collectifs. Ils sont, d'autre part, autorisés à protester à l'égard de toute créance qui sera présentée, et cela en dehors du syndic (curateur, administrateur) de la faillite. Cette protestation n'empêchera pas le maintien de la créance au concours des ayants-droit, ni son payement sur la masse des biens. Un arrangement forcé (concordat) ne saurait avoir lieu.

Le concours des créanciers (ou déclaration de faillite) à l'égard du capital social n'entraîne pas le concours de ceux-ci ou la déclaration de faillite à l'égard de la fortune privée des coopérateurs pris individuellement.

L'arrêté relatif à l'ouverture du concours, c'est-à-dire à la déclaration de faillite, n'a pas à contenir les noms des coopérateurs, bien que solidairement responsables. Dès que les opérations relatives au concours des créanciers ou à la faillite sont terminées, les créanciers sont autorisés, toutefois à la condition que leurs titres aient été présentés et examinés durant la procédure du concours ou faillite, à exercer pour le montant de leurs pertes, y compris les intérêts et les frais, leur recours contre chaque coopérateur qui, vis-à-vis d'eux, est solidairement responsable en compagnie de ses coassociés.

Les coopérateurs peuvent, s'ils sont poursuivis en raison des pertes susdites, faire opposition contre les seules créances à l'égard desquelles la protestation mentionnée ci-dessus (troisième verset) aura été formulée avant la vérification des titres par la direction, agissant en qualité de liquidateurs.

§ 52. — La procédure de concours ou faillite achevée, et tout autant qu'on aura réussi à maintenir le projet final de répartition, le Comité de direction sera obligé à préparer le compte ou projet de répartition, qui fera connaître pour quel chiffre chaque coopérateur devra contribuer au payement des créanciers, en raison des pertes que ceux-ci auront subies dans la faillite.

Si le payement des cotisations est refusé ou retardé, la direction devra remettre le projet de répartition au tribunal saisi de la faillite, en présentant requête pour qu'il lui plaise de déclarer exécutoire le projet en question. A cette requête on devra joindre une copie à la main, ou à la presse, des statuts de la Société, et une note détaillée des pertes subies par les créanciers, ainsi que la liste des coopérateurs qui, d'après le projet de répartition, auraient encore à verser leurs quotes-parts de contribution.

§ 53. — Avant que le tribunal prenne une décision au sujet de la requête qui lui aura été adressée, un terme d'audience sera assigné à l'effet d'entendre les coopérateurs sur les objections qu'ils pourraient par hasard avoir à élever à l'égard du projet de répartition. En même temps que l'on fixera le jour de comparution, le tribunal saisi de la faillite, s'il s'agit d'un tribunal supérieur, déléguera un de ses membres en qualité de juge-commissaire. Les coopérateurs pourront être cités sans qu'il soit besoin de communiquer le projet de répartition ; il suffit que ce projet, affiché au greffe du tribunal trois jours avant le terme, puisse y être consulté par les coopérateurs, et que ceux-ci en aient avis en même temps que leur parviendra l'assignation. On devra aussi faire connaître aux directeurs le jour fixé pour l'audience.

Une nouvelle citation n'est pas nécessaire à l'égard des intéressés qui négligent de comparaître. Si, au cours de l'audience, il se produisait des objections, on s'efforcera, autant que possible, d'élucider les points de fait et de droit, de manière à pouvoir prononcer un jugement sommaire sur la gravité de ces objections.

§ 54. La procédure retracée dans le paragraphe 53, une fois terminée, le tribunal, se basant sur les pièces écrites qui auront été produites pendant les débats et sur les explications accueillies par le juge-commissaire, soumettra le projet de répartition à un nouvel et plus sévère examen, le rectifiera dans la mesure nécessaire, et prononcera l'arrêté qui déclarera ce projet comme exécutoire. Le tribunal, avant de prendre cet arrêté, peut exiger de la direction, s'il y a lieu, des éclaircissements plus précis et la communication de ceux parmi les documents en sa possession qui pourraient servir à résoudre les points douteux.

Dans les localités soumises aux Provinces rhénanes, l'arrêté sera pris par la Chambre de justice sur la proposition d'un des rapporteurs.

Aucun moyen légal en opposition avec l'arrêté n'est admissible.

§ 55. — Une expédition du projet, ainsi que l'arrêté par lequel l'exécution en aura été décrétée, sera transmise aux directeurs.

A défaut de l'original, une deuxième expédition

devra rester affichée au greffe du tribunal, pour y être consultée par les intéressés ; connaissance devra en être donnée à tous les coopérateurs.

Le Comité de direction est autorisé, en cas de refus ou de retard obligé, même après que l'exécution du projet aura été décrétée, à recouvrer de chaque coopérateur, par voie d'exécution, le montant des cotisations qui seront encore dues.

§ 56. Tout coopérateur est autorisé à attaquer par les voies judiciaires le projet de répartition ; l'action intentée devra être dirigée contre les autres coopérateurs ayant intérêt dans cette affaire, et ceux-ci seront, pendant le cours du procès, représentés par les directeurs.

Est compétent pour juger le litige ce même tribunal de la juridiction duquel la Société coopérative se trouvait dépendre ordinairement (§ 11). L'exécution, toutefois, ne pourra être suspendue, ni par l'introduction de la plainte, ni par l'instruction du procès.

§ 57. — L'exécution dirigée contre plusieurs coopérateurs pris individuellement demeure-t-elle sans résultat ? Alors la direction devra répartir la part qui n'aura pu être couverte entre les coopérateurs restants, et à cet effet elle devra dresser un nouveau projet. La procédure ultérieure est spécifiée par les prescriptions des paragraphes 52-56.

§ 58. — La direction a le droit de percevoir les cotisations que doivent verser les coopérateurs, et elle est tenue à en disposer pour les buts auxquels elles sont destinées.

§ 59. — Si l'avoir de la Société coopérative se présente comme insuffisant, sans que l'ouverture du concours des créanciers puisse s'ensuivre (§ 12), on aura dans ce cas à appliquer, en ce qui concerne la rentrée des quotes-parts nécessaires au payement des pertes, les dispositions des paragraphes 52-58 avec cette clause, toutefois, qu'au lieu du tribunal de la faillite, ce sera le tribunal dans le ressort duquel la Société coopérative se trouve avoir généralement eu son siége qui aura à intervenir.

§ 60. — Si la direction n'est pas en position de remplir les devoirs qui lui incombent, d'après les paragraphes 52-29, ou en néglige l'accomplissement, dans ce cas, le tribunal, sur la requête d'un des coopérateurs intéressés, pourra déléguer un des coopérateurs ou plusieurs et même d'autres personnes aux fonctions de directeur.

§ 61. — La charge de directeur est-elle remplie par des liquidateurs? dans ce cas, les dispositions des paragraphes 52-60 restent en vigueur, à l'égard de ces derniers, sur les points qui concernent la direction.

§ 62. — La procédure instituée par les paragraphes 52-61, ne modifie en rien le droit dont jouissent les créanciers de la Société coopérative d'exercer leur recours, en raison des pertes subies sur leurs créances, contre les coopérateurs solidairement responsables.

ART. 6.

De la prescription des actions judiciaires dirigées contre les coopérateurs.

§ 60. — Les actions contre un coopérateur résultant de droits contre la Société coopérative se poursuivent deux ans après la dissolution du groupe, ou deux ans après la sortie de ce membre ou son exclusion de la Société, à moins qu'en raison de la nature de la créance, le terme de prescription ne soit légalement plus court.

La prescription commence à partir du jour où la dissolution de la Société a été relatée sur le registre des Sociétés coopératives, ou encore du jour où la sortie du coopérateur, ou bien son exclusion, a été notifiée au tribunal de commerce. Si, toutefois, l'échéance du titre était postérieure à cette époque, la prescription commencerait alors à la date de l'échéance même. Pour les créances qui doivent être signifiées, le délai de signification vient s'ajouter au délai de prescription.

Si l'avoir de la Société coopérative n'a pas encore été réparti, les deux années de la prescription ne pourront être opposées au créancier, pourvu toutefois qu'il ne réclame le remboursement que sur le capital social.

§ 64. — La prescription en faveur d'un coopérateur sorti ou exclu de la Société ne sera pas interrompue par les mesures légales dirigées contre un autre coopérateur, mais bien par la procédure judiciaire dirigée contre les liquidateurs; en d'autres termes, contre la Société dont ils personnifient la continuation.

La prescription après la dissolution de la Société, et en faveur d'un coopérateur qui en faisait partie, ne sera pas interrompue par les agissements légaux dirigés contre un coopérateur, mais bien par les actes judiciaires visant les liquidateurs; en d'autres termes, le syndicat de la faillite.

§ 65. — La période de prescription court également à l'égard des mineurs et de tous individus en tutelle, de même qu'à l'égard des personnes civiles auxquelles la loi confère les droits appartenant aux mineurs, sans que le rétablissement dans la situation première soit autorisé ; mais, cependant, sous réserve de recours contre les tuteurs et administrateurs.

DISPOSITIONS FINALES.

§ 66. — Le tribunal du commerce devra d'office, par des ordonnances renfermant des dispositions pénales, contraindre le Comité de direction, et au besoin les liquidateurs à l'exécution des prescriptions contenues dans les paragraphes 4, 6, 18, 23, 25, 26 (verset 2), § 31, verset 3, §§ 33, verset 2, §§ 36, 41, 41, 48, 52 à 59 et 61.

C'est aux divers gouvernements des Etats de la Confédération qu'appartient le soin de spécifier, dans les ordonnances ampliatoires qu'ils auront à publier en vertu de l'article 72, les formalités qui devront être observées en pareil cas.

§ 67. — Les irrégularités dans les notifications auxquelles la loi actuelle oblige le Comité de direction ou dans toute autre déclaration relative à la gestion seront punies d'une amende, pouvant s'élever à 20 rixdales.

§ 68. — La disposition que renferme le paragraphe 67 n'exclut pas l'application de pénalités plus sévères, si celles-ci sont, d'après les Codes des divers Etats, motivées par la nature des faits.

§ 69. — L'enregistrement sur le registre des Sociétés coopératives est exempt de frais.

§ 70. — Dans les cas où cette loi désigne le tribunal de commerce, à défaut d'un tribunal de ce genre, ce sera le tribunal civil ordinaire qui le remplacera.

§ 71. — Rien ne sera changé à la situation financlère d'une Société coopérative déjà existante, par le fait de son inscription sur le registre des Sociétés coopératives.

Les dispositions de la présente loi ne sont pas applicables aux Sociétés coopératives non enregistrées.

§ 72. — Les dernières dispositions en vue de l'exécution de la présente loi seront promulguées par voie d'ordonnances par les gouvernements des différents Etats de la Conférédation.

§ 73. — La présente loi entrera en vigueur à dater du 1er janvier 1869.

En foi de quoi nous avons signé de notre main impériale et fait apposer le sceau de la Confédération.

Donné au château de Babelsberg, le 4 juillet 1868.

(Loco sigilli.) GUILLAUME,

Comte de BISMARK-SCHÖNHAUSEN.

ANNEXE N° 2

Les articles 28 à 33 du Code général du commerce de l'Allemagne.

ART. 28.

Tout commerçant est obligé de tenir des livres dont l'inspection fasse exactement connaitre ses affaires commerciales et sa situation financière.

Il est obligé de conserver les lettres de commerce qu'il reçoit et de garder une copie à la main ou imprimée des lettres de commerce qu'il envoie, de les réunir ensemble dans un livre des copies.

ART. 29.

Tout commerçant doit, au début de ses affaires, faire

un relevé détaillé et exact de ses immeubles, créances, dettes, du total des espèces métalliques qu'il possède, et des autres objets faisant partie de sa fortune.

Il doit, en outre, calculer la valeur des différentes parties de son capital et dresser un arrêté de compte établissant le rapport existant entre son avoir et son passif ; il doit ensuite préparer, chaque année, un inventaire analogue et un bilan pareil, constatant sa situation financière.

Si le commerçant a des marchandises en magasin et qu'en raison du genre de commerce, ce soit chose difficile à faire chaque année, il suffira que le recensement de ces marchandises ait lieu tous les deux ans.

Ces dispositions sont applicables aux Compagnies commerciales, en ce qui concerne le capital social.

Art. 30.

L'inventaire et le bilan devront être signés par le commerçant. S'il existe plusieurs associés personnellement responsables, ils seront tous tenus de signer.

L'inventaire et le bilan peuvent être inscrits sur un livre *ad hoc*, ou dressés chaque fois séparément. Dans ce dernier cas, ces documents devront être réunis en un cahier et classés dans un ordre méthodique.

Art. 31.

Au moment de dresser l'inventaire et le bilan, il faudra faire l'estimation de tous les biens mobiliers et immobiliers formant partie du capital, ainsi que des créances, d'après la valeur qui leur sera reconnue à cette époque.

Les créances douteuses seront estimées d'après leur valeur présumée; quant aux créances irrecouvrables, elles devront être rayées.

Art. 32.

Dans la tenue des livres de commerce, ainsi que pour les autres documents écrits, le commerçant devra faire usage d'une langue vivante et des signes usuels d'écriture.

Les livres doivent être reliés et chaque feuillet en devra être marqué par des chiffres formant des séries de nombres.

Dans les passages où l'on doit écrire sur la réglure, aucune interligne, ne saurait être permise. Il est défendu de rendre illisible, en le biffant ou de toute autre façon, le libellé original d'un article ou compte; il est également défendu de raturer ou de se permettre des changements qui, par leur nature, rendraient douteux le point de savoir si elles ont été faites en même temps que le libellé original ou seulement plus tard.

Art. 33.

Les commerçants sont tenus de conserver leurs livres de commerce durant dix ans, à compter du jour où ont été passées les dernières écritures.

Cette même disposition reste en vigueur à l'égard des lettres de commerce reçues par eux, de même qu'à l'égard des inventaires et bilans.

ANNEXE N° 3

Modèle d'une déclaration d'adhésion à une Société coopérative enregistrée.

Attendu que j'adhère, en qualité de membre, à la Société coopérative existante en cette ville, sous la raison sociale..., je déclare me soumettre, sur tous les points, aux Statuts (contrat d'association), tels qu'ils ont été admis, après discussion, et définitivement adoptés par l'assemblée générale, tenue le...

X... le...   N. N.

ANNEXE N° 4

Modèle d'un rôle des Membres.

NOTE DÉTAILLÉE DES MEMBRES DONT SE COMPOSE LA SOCIÉTÉ COOPÉRATIVE ENREGISTRÉE...

N° Année courante	Noms et prénoms Professions et Industries.	Résidence.	Date de la sortie.
1	2	3	4

ANNEXE N° 5

Modèle de procès-verbal d'une assemblée constitutive à l'occasion de la fondation d'une Société de coopérateurs.

Délibéré à N..., le... 187...

L'assemblée générale, convoquée suivant avis publié par le journal, le... (ou suivant circulaire), pour aujourd'hui, dans le local de... à l'effet de fonder en cette ville une Société coopérative de... et à laquelle assisteront les 55 personnes inscrites sur la note ci-jointe, sera ouverte ce soir, à... heures, par le président du comité de fondation, M. A..., qui choisit pour secrétaire M. S..., cosignataire.

Conformément à l'ordre du jour publié dans l'avis d'invitation, a eu lieu :

1° La lecture des statuts (contrat d'association), déjà précédemment élaborés, d'après lesquels la fondation d'une Société coopérative, sous la raison de... Société coopérative enregistrée, a été décidée à l'unanimité, après adoption des statuts (contrat d'association), dont lecture a été faite par 53 des personnes présentes, lesquelles ont signé lesdits statuts. Deux des assistants, MM. Y... et X..., n'ont pas adhéré, et se sont, par suite, retirés ;

2° L'on a procédé ensuite, au moyen de bulletins de vote, à l'élection du Comité d'administration, formé de trois membres, et cela toujours par scrutin séparé. On a commencé tout d'abord par nommer le président (directeur-gérant). Le dépouillement a donné 53 bulletins; la majorité absolue était donc de 27 voix. Sur ces voix :

MM. A. en a obtenu............ 32
    C.   —   10
    D.   —   8
    E.   —   2

Deux bulletins ont été annulés, attendu qu'ils contenaient deux noms au lieu d'un. M. A... est donc élu.

Puis, l'on est passé à l'élection du *caissier*. 53 bulletins ont été remis, la majorité absolue restant ainsi de 27 voix. Sur ces voix :

MM. B. en a obtenu......... 33
    C.   —   10
    D.   —   8
    E.   —   2

M. B... doit donc être considéré comme élu.

Au troisième tour de scrutin, on a procédé à l'élection du troisième membre de l'administration (directeur de l'entrepôt, contrôleur ou autre fonction analogue). 53 bulletins de vote ont été déposés, de sorte que, dans ce cas encore, la majorité absolue se compose de 27 voix.

Des voix données :

25 ont été obtenues par M. C.
14   —   — D.
14   —   — E.

Cette fois, aucune des personnes en question n'ayant eu la majorité, l'on passera à un nouveau scrutin où le choix sera circonscrit aux deux candidats qui auront obtenu le plus de suffrages.

Mais, vu le nombre égal de voix qui se sont portées sur MM. D... et E..., le tirage au sort décidera à cet égard lequel d'entre eux devra être admis à prendre part au scrutin plus restreint qui doit suivre. Le sort a favorisé M. E..., et maintenant MM. C... et E... ont seuls été admis à concourir pour la nouvelle élection et où

28 voix ont été données à M. C.
25 — — E.

M. C... est par conséquent élu.

Le président de la réunion a alors proclamé, après acceptation de la part de ces messieurs :

M. A..., président (directeur ou gérant) du Conseil d'administration de la Société coopérative ;

M. B..., caissier,

Et M. C..., contrôleur de la même.

3° L'on s'occupe ensuite de désigner par un même scrutin les sept membres devant former le Comité de surveillance. A cet effet, les assistants sont invités à inscrire toujours les noms de sept personnes sur leur bulletin de vote.

Les votants étant comme précédemment au nombre de 53, le chiffre 27 est toujours celui de la majorité absolue.

Les suffrages exprimés se décomposent ainsi :

43 voix à M. D.
39 — — E.
36 — — F.
34 — — G.
28 — — H.
24 — — J.
23 — — K.

20 voix à M. L.
11 — — M.
10 — — N.

Sont élus, partant, MM. D..., E..., F..., G..., H.... Par contre, aucune majorité absolue n'a été obtenue pour le sixième et le septième membre du Comité. Il a donc fallu soumettre à un scrutin restreint l'autre moitié des candidats ayant obtenu le plus de suffrages. L'élection, par conséquent, n'a plus porté que sur les personnes de MM. J..., K..., L..., M..., et comme 46 votants seulement y ont pris part cette fois, la majorité absolue n'a plus été que de 24 voix. Voici quel a été le résultat :

29 voix en faveur de M. J.
28 — — K.
22 — — L.
12 — — M.

MM. J... et K... sont donc élus.

4° En dernier lieu, l'Assemblée a pris les mesures voulues pour l'exécution des formalités de notifications et de signatures exigées par le Tribunal en vue de l'entérinement du Conseil d'administration. Elle a également enjoint à la Commission de surveillance de procéder à son organisation, et, à cet effet, d'entrer, au sujet de ses fonctions, de ses honoraires et du cautionnement à fournir, en négociations avec le Conseil de direction. Cette Commission devra aussi présenter audit Conseil, dans le plus bref délai, le projet de conventions proposées et qui devront être soumises aux décisions de la prochaine assemblée générale.

Ont été requis de signer le présent procès-verbal,

outre le président de la réunion et le secrétaire,
MM. les membres élus des deux organes de l'association, et en dehors de ces personnes, trois autres assistants à la séance, MM. O., P. et N.

Lu, approuvé et ratifié,

> A..., S..., B..., T..., D..., E..., F...,
> G..., H..., J..., K..., O..., P...,
> H...

DEUXIÈME SECTION

Sociétés coopératives dont le but collectif est de procurer à leurs membres les ressources et les avantages nécessaires à l'exercice et au développement de leur industrie privée.

Parmi les formes de la coopération que nous nous proposons d'examiner dans cet ouvrage, nous allons, avant tout, traiter de ces Sociétés dont le but est de faciliter aux *artisans* l'achat en gros des matières premières destinées à être manipulées, ou à la vente, dans des magasins communs, d'articles confectionnés, car, outre qu'elles ont devancé les autres, elles sont de nos jours encore passablement répandues. Nous y joindrons les *Sociétés agricoles et horticoles*, qui reposent sur des bases analogues, et dont le but est l'acquisition en commun de semences de tous genres, d'engrais et autres articles analogues.

A ces deux groupes se rattachent les Sociétés connues sous le nom de *Sociétés coopératives d'outillage*, et qui se proposent, soit de fournir aux groupes industriels ou agricoles les outils, machines et forces dynamiques dont ils peuvent avoir besoin, soit d'exploiter en commun ces mêmes instruments de travail.

Que ce fût l'imminence du danger qui amena les artisans de notre pays à inaugurer le nouveau mouvement économique en se bornant à créer d'abord des *Sociétés coopératives pour l'achat des matières brutes* ou pour l'établissement de magasins en commun, c'est un fait que nous avons signalé dès les premières pages de la première section de cet ouvrage. Nous nous bornerons donc, pour plus de précision, à ajouter ici quelques renseignements historiques. A la vérité, ces renseignements n'ont trait à la marche de cette évolution qu'en ce qui concerne les Sociétés coopératives d'artisans dont nous aurons à nous occuper. Les autres sont de date trop récente pour donner lieu à un exposé historique.

Relativement au fait que nous venons de rappeler, ce fut le besoin de se procurer les matières premières destinées à la fabrication qui tout d'abord fit sentir la nécessité d'utiliser les procédés de la grande industrie.

En raison de la hausse imprévue extraordinaire et presque générale des prix, le bénéfice proportionnel que laissaient à l'ouvrier les petits lots des matières brutes achetées chez l'intermédiaire, fut absorbé pour une fraction si considérable, que l'ouvrier se vit dans l'impossibilité de soutenir la lutte. Bien plus, de ces circonstances jointes à la possession d'un capital d'exploitation insuffisant, surgissait la nécessité, pour conserver le bénéfice proportionnel dont il est question plus haut, de recourir au crédit. L'ouvrier tombait alors dans une telle dépendance vis-à-vis du fournisseur, que ce n'est qu'en acceptant de *mau-*

vaises marchandises à prix élevés, qu'il parvenait à se dégager des engagements contractés dans d'aussi mauvaises conditions et qui, le plus souvent encore, ruinaient le client.

C'est là ce qui amena, tout d'abord, un certain nombre de petits patrons, appartenant pour la plupart aux métiers qui se trouvaient ainsi lésés, et notamment *les cordonniers* et *les menuisiers* de la ville de Delitzsch (1849-1850), aidés en cela par l'auteur même de cet ouvrage, à se constituer à l'état de groupes coopératifs, à l'effet d'acheter en totalité et en gros les matières premières de leur industrie.

L'idée trouva d'abord de l'écho dans les villes voisines ; bientôt après, elle se propageait dans des circonscriptions beaucoup plus étendues, car le besoin partout y inclinait les esprits. Il ne pouvait donc manquer d'arriver que l'exemple donné rencontrât des imitateurs dans d'autres métiers manuels, et c'est ce qui eut lieu, en effet, pour les *tailleurs*. Or, du moment où l'essai de se grouper eut été fait, on ne pouvait, dans l'application, en rester aux premiers pas tentés dans cette voie. Aussi, peu de temps après, l'on en était déjà venu, pour les industries manuelles dont le public aime à voir les articles étalés dans des locaux accessibles à la foule des acheteurs, à l'établissement de magasins communs où avait lieu la vente générale des marchandises livrées par chaque travailleur pour son compte particulier. On se trouvait ainsi, sous le rapport de l'assortiment et de la variété, sur le même pied que les concurrents les mieux placés. Comme l'approvisionnement se trouvait de là sorte dépendre le plus souvent des produits fabriqués, il était naturel, partant, que la Société coopérative de matières premières ne formât qu'une seule et même Société avec celle de magasinage. De même, la nécessité devait amener, dans quelques grandes localités, ou dans celles qui, d'ailleurs, offraient sous ce rapport une activité spéciale, différentes industries à se concerter en vue de créer, pour la vente commune de leurs produits, une série de magasins se rattachant les uns aux autres. C'est ainsi que ces industries, en s'organisant coopérativement, fondèrent de véritables bazars, pré.entant au vendeur et à l'acheteur tous les avantages qui résultent de la centralisation dans un même local.

Toutefois, ce genre de Sociétés coopératives n'a pas pris le développement que l'on avait lieu d'espérer d'après les premiers débuts. Il en faut chercher la cause dans la conduite même des intéressés. Cette observation est applicable surtout aux Sociétés pour l'achat des *matières premières*.

On s'était précisément efforcé de conserver de l'ancien système économique et des anciens priviléges tout ce qu'il était possible. Le véritable esprit d'association, dans la plupart des groupes, n'avait pas encore acquis assez de puissance pour qu'on s'engageât franchement et sans retour dans les nouvelles voies. Un assez grand nombre d'entre eux avaient bien aperçu l'avenir économique qui devait être la conséquence de ce mouvement; ils étaient même parvenus à s'approprier les avantages que présentait, au point de vue commercial et industriel, le nouveau mode d'association, mais sans pouvoir satisfaire aux conditions économiques qu'il exigeait. Aussi arriva-t-il qu'en grande partie ces Sociétés coopératives, après quelques années de prospérité passagère, finirent par dépérir et se virent forcées, non sans pertes de toute nature, à arrêter leurs opérations. Que ce soit là la marche suivie par l'évolution dont nous parlons, c'est ce qu'attestent les relevés statistiques embrassant une période de quinze ans, et remontant même au-delà, que l'auteur a publiés chaque année à partir de 1859, dans « Ses Comptes-rendus annuels concernant les Sociétés coopératives allemandes, de production et d'épargne, basées sur l'aide mutuelle. » (Leipzig, Jules Klinthardt, éditeur.)

Tandis qu'en 1865 le nombre connu des Sociétés coopératives pour achat de matières premières s'élevait à 143, le plus haut chiffre qu'elles aient atteint, ces mêmes Sociétés avaient été depuis en diminuant d'année en année, si bien qu'en 1870 on n'en comptait plus que 121, et ce n'est que grâce à l'essor général que prirent les affaires vers la fin de 1871 qu'on vit leur chiffre remonter à 129 (1).

Des Sociétés de magasinage, joignant ou non à leurs opérations l'achat des matières premières, on en signale dans les comptes-rendus précédemment mentionnés pour la dernière période de 1871, 47, dont 8 Sociétés exploitant plusieurs grands bazars et 2 Sociétés agricoles.

Si, pour les Sociétés coopératives de matières premières, le principal contingent est fourni par les cordonniers, comptant 68 Sociétés, et en seconde ligne par les tailleurs, qui en ont 29, l'on voit, par contre,

---

(1) Il est vrai que le compte-rendu de 1870 donne le chiffre de 138 Sociétés de matières premières, et celui de 1871 en indique même 157. Seulement il faut déduire d'abord les Sociétés coopératives agricoles comprises dans les listes dressées à partir de 1868. Elles sont au nombre de 14 pour l'année 1870, et 28 pour 1871. Nous aurons à en faire mention plus loin.

t dans une mesure faite pour frapper l'attention, fi-gurer en tête des associations coopératives de maga-sinage diverses industries sœurs, celles, par exemple, les *menuisiers, fabricants de pianos, chaisiers* et *tapis-siers*, ayant à elles seules 19 Sociétés ; ici encore les *ailleurs*, avec 12 Sociétés, occupent le second rang.

De Sociétés coopératives agricoles pour l'acquisi-tion de *semences d'engrais* et autres articles analo-gues, le compte-rendu annuel en cite 28, et 36 pour l'achat du bétail de race.

On cite 48 Sociétés coopératives agricoles, la plu-part fondées pour l'achat d'instruments aratoires, et autres de même nature.

Pour plus de détails, consultez les comptes-rendus de l'auteur, dont il a été parlé ci-dessus.

Nous allons maintenant examiner, en ce qui con-cerne la fondation et la gestion, les points essentiels relatifs à chaque catégorie de Sociétés dont il va être question. Nous ferons suivre ensuite chaque section d'annexes contenant des modèles de statuts et d'actes ayant trait aux affaires des Sociétés, etc.

CHAPITRE PREMIER

Sociétés cooperatives d'artisans pour l'acquisition des matières premières.

Les considérations générales auxquelles nous nous sommes livré dans la première section de cet ouvrage au sujet de l'organisation légale des Sociétés coopératives qui se conforment à la législation de l'Empire d'Allemagne, sont également applicables aux Sociétés pour l'achat des matières premières.

Nous allons donc passer sur-le-champ à la discussion des règlements qui sont utiles ou indispensables à ces dernières pour atteindre, dans le domaine économique, le but qu'on se propose par leur formation. Nous prendrons pour point de départ des développements dans lesquels nous allons entrer, le modèle de statuts annexés à la suite de ce chapitre. Dans un ensemble synoptique, il offre le tableau complet de l'organisation desdites Sociétés, telle que nous la concevons et conformément aux nombreux résultats pratiques déjà obtenus. Notre tâche se trouve singulièrement facilitée, car nous nous sommes appliqué à apporter dans l'agencement de ce tableau la plus grande précision, jointe aux explications les plus mi-

utieuses. En effet, l'on ne saurait supposer chez les
embres composant les associations de ce genre ni
ne connaissance approfondie de la loi, ni du moins
ans les commencements, ce degré d'expérience et de
irconspection que demande la gestion d'un établisse-
ent commercial, et qui est le fruit de l'intérêt per-
onnel aussi bien que des lois. Aussi, il paraît néces-
aire de leur faire connaître, autant que possible, au
oyen des dispositions statutaires elles-mêmes, les
roits et les obligations qui découlent pour eux de
la loi, ainsi que les règles d'une administration com-
erciale bien ordonnée. A cet égard, il va de soi que
ous n'entendons nullement demander une adhésion
ans restriction à toutes les clauses des statuts don-
és comme modèle; que, bien plus, nous sommes
enus de ne prescrire que ce qui constitue la base et
ndique l'étendue des stipulations essentielles dans la
édaction d'un acte aussi important. Les besoins
péciaux seront par suite consultés quant aux dispo-
tions qui exigeront des changements.

Nous allons, par conséquent, exposer dans les pages
uivantes et dans un ordre méthodique, ce que nous
geons nécessaire, d'après les principaux points de
ue auxquels nous nous sommes placé.

1

LES ORGANES DE LA SOCIÉTÉ COOPÉRATIVE

Il s'agit ici, avant tout, des organes au moyen
esquels la Société coopérative doit fonctionner, et
ous n'avons besoin, à cet égard, que de suivre les
dications de la loi qui s'accordent complétement avec
la nature des choses. A côté d'un Comité de direction

qui gère les affaires de la Société et la représente vis-à-vis des tiers, fonctionne, en tant qu'autorité chargée du contrôle, un Conseil de surveillance ou d'administration, en d'autres termes, une Commission dont l'adjonction et le consentement peuvent être exigés par les mesures de nature à entraîner de plus grands risques. Au-dessus de ces deux organes se trouve placée l'assemblée générale, c'est-à-dire les représentants naturels de la communauté. Par suite, c'est d'elle seulement que peuvent provenir, vu sa qualité de maîtresse de l'entreprise, les dispositions qui doivent régir la Société, la fondation et la dissolution de celle-ci, l'approbation ou la modification des statuts, le choix et le changement des directeurs. C'est encore à elle qu'incombe le soin de prendre les arrêtés de délibération et les décisions que comportent les affaires les plus importantes. Tout cela est clairement démontré par les règlements contenus dans le modèle de statuts que nous donnons plus loin, et a déjà eu lieu maintes fois dans la pratique.

A. — *La Direction*.

D'importants motifs nous ont amené à fixer à trois le nombre des membres chargés de la direction, bien que la loi autorise un plus grand nombre encore de personnes à y prendre part. Les droits excessifs et non révocables que le législateur confère à ce Comité dans la représentation de la Société vis-à-vis des tiers font qu'il est inadmissible d'en voir investir une seule et même personne. Alors même que la direction agirait contrairement aux instructions qui lui servent de règle ainsi qu'aux statuts et aux décisions de l'assemblée générale, les affaires qu'elle aurait conclues n'engageraient pas moins la Société coopérative, si bien que, non-seulement le capital de l'association, mais, dans la proportion où celui-ci serait insuffisant, l'avoir même privé de tous les membres répondraient à l'égard des engagements contractés, tandis que le Comité ne serait, lui, passible que de dommages et intérêts (§§ 20 et 21 du Code générale). Une garantie capitale contre de pareils inconvénients consiste à *nommer plusieurs directeurs*. L'on est ainsi à même d'exiger, pour la conclusion de chaque affaire et notamment pour la signature de documents constitutifs d'engagements, le concours d'au moins deux d'entre eux ; au cas contraire, de tels actes ne sauraient devenir, au point de vue légal, obligatoires pour la Société, le tout conformément à l'autorisation du paragraphe 19 de la loi. Par suite de cette mesure, les décisions à prendre ne dépendent plus uniquement du caprice d'un individu, et l'on empêche qu'à lui seul et de son propre mouvement il n'engage frauduleusement ou légèrement la Société, en contractant des obligations dont on a mal calculé la portée. Bien que la nomination de deux directeurs suffise à atteindre ce but, ce n'en est pas moins en parfaite connaissance de cause que, dans le modèle des statuts, l'on a maintenu à trois le nombre des membres composant le Comité de direction. Au surplus, ce n'est pas sans inconvénient que l'on pourrait descendre au-dessous de ce nombre.

En effet, là surtout où il n'y a que deux directeurs nommés, si l'un d'entre eux vient à se trouver momentanément empêché, ce qui n'arriverait que trop facilement, il sera impossible d'obtenir les deux signatures requises ; toutes les opérations pourraient être arrêtées et il faudrait recourir, peut-être pour plusieurs jours, à une substitution de mandataires en se conformant, à cet effet, aux formalités voulues par la loi, ce qui entraînerait des frais et des complications. Il est aisé d'obvier à ces difficultés par la nomination de trois directeurs, dont deux formant une majorité suffisent à représenter la Société, de sorte que l'empêchement casuel d'un seul n'interrompt pas la marche des affaires. En vertu du paragraphe 23 du Code général, la substitution ne sera pas un fait accompli par cela seul, que, conjointement à l'élection des directeurs, on leur aura désigné des remplaçants; bien plus, il est de rigueur que l'entrée en charge de ces derniers et la cessation de leurs fonctions soient notifiées au tribunal; aussi avons-nous décrit avec la plus grande précision, au paragraphe 20 du modèle des statuts, les démarches à faire sous ce rapport.

En faveur d'un Comité de direction composé de trois membres, il existe en outre le motif suivant qui est d'un grand poids : c'est que les affaires qui engagent la responsabilité des administrateurs se divisent réellement et naturellement en trois sections principales, et l'on peut donc ainsi confier d'une façon spéciale à chaque directeur, en dehors des fonctions qui leur sont communes, une de ces trois principales branches d'opérations, ainsi qu'on pourra s'en rendre compte dans le modèle des statuts.

On rencontrerait en outre un obstacle, si l'on voulait élever davantage le nombre des membres de la direction, dans les difficultés même que présenteraient, d'une part, l'entente à établir entre un plus grand nombre de personnes au sujet des mesures réglementaires à prendre, et, de l'autre, les besoins de la signature ; car sur ces deux points il faudrait, pour la régularité des décisions obtenir la majorité. Mais, de plus, les appointements considérables qu'il faudrait allouer, s'opposeraient également à l'augmentation du personnel dirigeant.

Il est, en vérité, impossible, dans n'importe quelle circonstance, de marchander aux membres de la direction le chiffre de leurs émoluments. En raison des pouvoirs extraordinaires à eux conférés et qui entraînent une responsabilité proportionnelle, on est en droit d'émettre les plus fortes exigences quant aux services dont ils sont, à tous égards, tenus de s'acquitter pour que les affaires soient dirigées avec la prudence que comporte une administration bien organisée et si l'on veut que la Société ne soit pas exposée à des pertes.

Mais, montrer de telles exigences vis-à-vis de personnes qui, portées de bonne volonté, consentiraient à se charger de ces fonctions, dans la seule intention de rendre service à la Société, c'est tout simplement inadmissible. Nous traiterons plus tard, lors de la discussion sur le système de vente, les points de détail relatifs au mode de rétribution et au chiffre des allocations qui, naturellement (voyez paragraphe 23 des Statuts), devront être l'objet d'une convention. Ici, nous devons, pour en finir avec ce qui regarde la direction, parler des *agents et fondés de pouvoirs* qui, en vertu du paragraphe 30 du *Code général*, peuvent, dans certaines transactions spéciales et pour de certaines branches d'affaires, être appelés à gérer les intérêts de la Société et à la représenter. On devra, en tout cas, déterminer, suivant la nature du mandat dont on aura chargé ces personnes, leurs devoirs et leurs droits, et cela sous forme de procurations.

Celle-ci ne sera pas verbale, mais bien rédigée par écrit; autrement, les agissements des individus nommés n'auraient pas pour effet d'engager la Société. Naturellement, la question est de savoir si l'on aura recours, pour le fonctionnement de l'administration à ce rouage supplémentaire, et de quelle façon l'on s'y prendra. Cette question sera diversement envisagée, selon l'étendue des affaires et les autres circonstances locales ou de personnes. C'est pourquoi les statuts se bornent à mentionner l'autorisation qui en est donnée, et les formalités relatives aux mesures (voir paragraphe 23) à prendre dans ce cas. Que les ordres, les procurations et les instructions relatives aux fonctions, qu'il y aura lieu de rédiger pour ces employés auxiliaires et ces fondés de pouvoir, doivent être signés par les directeurs, en la forme établie pour tous actes constituant engagement, c'est chose si évidente qu'à peine croyons-nous devoir l'indiquer.

En ce qui concerne la pratique suivie jusqu'à ce jour relativement à cette catégorie d'agents, il est d'usage de nommer, dans quelques grandes Sociétés coopératives, un fonctionnaire particulier, sous le titre de *chef des magasins*, dont la charge est permanente, et qui se trouve muni d'instructions spéciales. Nous nous sommes inspiré de la nature de ces instructions dans les passages du modèle des statuts qui ont rapport à cet emploi.

Il est arrivé aussi, par exemple, dans les Sociétés des cordonniers, qu'un découpeur est attaché au service de l'établissement d'une manière permanente en échange d'un salaire fixe et quotidien. Cet employé a soin, pour les cuirs, des rognures de peaux, qui ont tant d'importance pour la vente au détail, et il exerce, à cet égard, une espèce de surveillance. Il se charge de même assez souvent, moyennant une *commission*, dont le taux est réglé à l'avance, des achats à opérer sur les principaux marchés et dans les principales foires. S'il s'agit de diriger une affaire litigieuse, il est de règle, au cas où elle devra être plaidée, de recourir à un homme de loi, auquel on donne une procuration générale; de même, pour la vérification des écritures et des comptes annuels, l'on prend très souvent un expert-comptable en dehors du personnel de la Société.

B. — *La Délégation.*

Les fonctions qu'est appelée à remplir la *Délégation* ou en d'autres termes le *Conseil de surveillance ou d'administration*, en raison du rôle de *Pouvoir contrôlant* qui lui est assigné, ont été, ainsi que les droits qui s'y rattachent, si bien prévus par le législateur. paragraphe 28, que les statuts n'ont ici qu'à suivre les dispositions édictées par lui. L'autorité que la loi confère à la délégation dépasse celle qu'elle accorde aux organes analogues dans les *Sociétés ou Compagnies par actions*, au point d'aller jusqu'à la *suspension provisoire de la direction.* Toutefois, ces dispositions paraissent tout à fait justifiées par l'immense danger où se trouveraient vis-à-vis d'une direction qui, systématiquement, se livrerait à des agissements frauduleux, les coopérateurs soumis pour les engagements de la Société à une responsabilité illimitée, tandis que les membres des Compagnies par actions n'exposent que le capital souscrit. Or, admettons le cas où un déficit de caisse ou de marchandises se produirait, si l'on ne pouvait obtenir, en ce qui concerne les directeurs, leur éloignement immédiat des fonctions administratives, ceux-ci trouveraient, de façon ou d'autre, le moyen de décamper et le remède viendrait après coup.

Il convenait, par contre, de donner dans les statuts des indications spéciales concernant l'autre aspect du rôle de la délégation, que signale le paragraphe 21 de la loi. Il est, en effet, non-seulement de l'intérêt de la Société coopérative, mais encore de la direction elle-même — si l'on ne veut pas faire peser sur elle une trop lourde responsabilité — pour les mesures importantes sortant du cadre des affaires courantes et entraînant de grands risques, telles que celles relatives à des arrangements organiques et permanents ou des règlements administratifs, d'obliger les directeurs à obtenir l'approbation de la délégation ou de l'assemblée générale.

Dans le paragraphe 31 des statuts-types, nous avons énuméré les affaires qui, sous ce rapport, doivent être, de plein droit, réservées à la connaissance de la délégation. En vérité, suivant les circonstances locales, la limite établie par le paragraphe 47 des statuts relativement à la compétence de l'assemblée générale pourra paraître vague, de sorte que dans telle localité certaines affaires seront jugées être du ressort de la délégation, qu'ailleurs on réservera à l'assemblée générale. Toutefois, on se basera ordinairement, quand il s'agira de se prononcer en faveur de l'une ou de l'autre, sur les considérations suivantes : la délégation se trouvant placée à côté de la direction, en qualité de pouvoir permanent, et étant tenue de se préoccuper incessamment de la marche de l'entreprise, tandis que l'assemblée générale ne peut être convoquée que de temps à autre et dans un but défini à l'avance, les questions ou affaires qui, dans l'ordre administratif, se présentent fréquemment ou même d'une façon régulière, surtout si les délibérations dont elles devront être l'objet ne peuvent être facilement différées ou si elles exigent une connaissance non interrompue de la situation des affaires, devront donc être, pour la plupart, renvoyées à la susdite délégation. Au besoin, il faudra donner, dans une certaine mesure, connaissance à l'assemblée générale de ces sortes d'affaires, notamment dès que cela est nécessaire pour fixer au mouvement de transactions de la Société de certaines bornes au-delà desquelles, dans l'intérêt commun, les risques généraux ne doivent pas s'étendre.

Les dispositions contenues dans les statuts et relatives à la formation et au mode de fonctionnement de la délégation résultent de sa nature de corps délibérant, et, par conséquent, de sa composition multiple. Ces prescriptions réglementaires n'ont donc besoin d'aucun éclaircissement.

C. — *L'assemblée générale.*

Venant enfin à la discussion des questions relatives à l'assemblée générale, nous ferons remarquer que, si nous la considérons en tant que le représentant de la collectivité des coopérateurs, c'est-à-dire des propriétaires de l'entreprise, l'essentiel a déjà été dit au sujet de ses droits et des pouvoirs dont elle doit être investie à raison de sa souveraineté.

De même que d'elle émanent tous les statuts et

toutes les mesures de réglementation qui délimitent le champ d'action de la Société coopérative, de même c'est elle encore qui délègue tous les pouvoirs et tranche en dernier ressort tous les différends. Il faut ajouter ici, ainsi que nous l'avons précédemment expliqué, la nécessité de son approbation dans toutes les affaires de nature à engager d'une façon particulière la responsabilité ou à compromettre radicalement l'existence de la Société. Ces droits ont été établis dans le paragraphe 47 des statuts-types avec une précision telle, et d'après les expériences faites à de si nombreuses reprises, qu'il faudrait plutôt ajouter sur bien des points à ces prescriptions, qu'en retrancher quoi que ce soit. Quant à ce dernier parti, nous ne conseillons nullement de s'y arrêter.

A l'égard du droit de prendre part à l'assemblée générale, tout commande de ne pas donner à des tiers la faculté d'émettre des votes. En effet, il arriverait, d'une part, que des personnes étrangères à la Société, et n'en faisant partie à aucun titre, s'immisceraient dans les débats et y porteraient le plus grand trouble et, d'un autre côté, si on permettait à un individu de disposer de plusieurs voix, on lui assurerait ainsi, dans de certaines circonstances et de la façon la plus regrettable, une influence prépondérante.

Tout ce qui concerne, d'ailleurs, la convocation de l'assemblée, l'ordre du jour, la présidence, le mode de vote, de même que la validité des délibérations et la transcription des procès-verbaux relatifs aux décisions prises, est conforme à la loi sur les Sociétés coopératives (paragraphes 31 à 33) ainsi qu'aux principes fondamentaux du droit d'association ; aussi ne nous reste-t-il, quant aux points de détail que peu de choses à dire. Que pour les décisions relatives aux *modifications* des statuts et à la *dissolution* de la Société coopérative, on n'ait pas cru devoir considérer la majorité absolue des membres réellement présents à la réunion générale comme suffisante au point de faire dépendre des dispositions réglementaires d'une si haute importance d'une majorité de ce genre due parfois à des circonstances défavorables ne permettant pas la présence en nombre considérable des sociétaires, c'est là une mesure qui n'a nul besoin d'être justifiée. On a, du reste, recours à cette précaution dans presque toutes les grandes Compagnies et la loi même qui régit les Sociétés coopératives en fait mention au paragraphe 3, n° 10. Enfin, quant au nombre de coopérateurs qu'il y a lieu d'exiger pour les motions relatives à la convocation de l'assemblée générale, il doit être, dans tous les cas, fixé d'après le chiffre des sociétaires, de façon toutefois à ne pas dépouiller de ce droit une fraction considérable de la Société, le quart ou même le sixième par exemple.

2

ENTRÉES ET SORTIES DES MEMBRES, DÉCÈS ET CAS D'EXCLUSION, DROITS ET DEVOIRS DES SOCIÉTAIRES.

Les dispositions énoncées dans les statuts-types, paragraphes 48 et suivants, au sujet de l'obtention de la qualité de sociétaire, de la renonciation aux droits qu'elle confère, ou enfin de la perte de ces droits, s'appuient, à leur tour, sur les prescriptions de la loi relative aux Sociétés coopératives et sur les intérêts directs du groupe. S'agit-il de la sortie volontaire ou du décès d'un sociétaire? la qualité de membre de l'association cessera d'exister à l'expiration de la période annuelle de comptabilité, c'est-à-dire à partir du moment où, en raison de l'établissement du bilan, l'on peut se rendre compte de la situation financière et connaître par suite les obligations du membre sortant. Ceci aura d'autant moins besoin d'être justifié qu'il aura été fait abstraction du cas d'exclusion. Dans ce dernier cas, il y a, en effet, une considération décisive, c'est qu'on ne saurait tolérer qu'un membre dont la conduite a forcé la Société à prendre un parti aussi extrême puisse même un seul instant de plus se mêler des intérêts de la communauté. Toutefois, le payement intégral de la part sociale et du capital de garantie auxquels l'individu exclu aura droit, pourra, de même que s'il s'agissait de sorties occasionnées par tout autre motif, être différé jusqu'au troisième mois qui suivra la période annuelle de comptabilité. C'est également à cette époque qu'en raison du règlement et du redressement des écritures de l'année, il est possible de fixer les retenues que le sociétaire expulsé devra subir sur le montant qu'il aura à percevoir. Au surplus, si on lui refuse une quote-part dans le dividende, ce n'est pas seulement en raison de sa faute, mais l'on se fonde aussi sur ce que, pour parvenir à la lui accorder (ce droit de participation ne pouvait s'étendre qu'à une portion de l'année, c'est-à-dire, jusqu'au jour où l'exclusion a été prononcée), il faudrait se livrer à des calculs faits à cette seule fin, et dresser dans la forme prescrite un état de situation générale, en l'arrêtant à la date en question. Or, comme à la fin de l'exercice courant l'on se verrait forcé d'entreprendre une fois de plus et en entier une semblable besogne, l'on se trouverait ainsi s'être chargé d'un surcroît de travail hors de toute proportion et qu'en pareil cas rien ne justifie.

Mais si, comme nous l'avons démontré dans la première section de cet ouvrage, il est de la nature même de la Société coopérative qu'en aucun temps, et sous aucun rapport, il ne puisse être permis de s'opposer à la sortie volontaire des sociétaires, ce que la loi sur les Sociétés coopératives, paragraphe 38, même si le contrat d'association fixe un laps de temps déterminé, maintient à bon droit, il faut néanmoins faire dépendre cette sortie d'un avis ou notification suivie d'un délai raisonnable. C'est là un point non-seulement nécessaire, pour que les intérêts du groupe ne se trouvent plus mêlés à ceux des sociétaires sortants, mais encore pour que les mesures relatives à la direction générale des affaires commerciales ou industrielles de la Société coopérative puissent être convenablement prises d'avance.

Dans l'adoption de ces mesures, l'on est obligé d'avoir égard à la diminution des fonds engagés dans l'entreprise, circonstance qui, au cas surtout où, par des raisons diverses, beaucoup de sociétaires se retireraient, pourrait avoir les plus dangereuses conséquences.

Une période de trois à quatre mois, entre l'avis de sortie et le jour où celle-ci s'effectuerait, paraît donc répondre au but. Il peut, en effet, être question de livraisons de marchandises commandées, de retraits de capitaux signifiés, ou d'emprunts contractés, toutes choses auxquelles il ne serait pas facile de parer avec un plus court délai. Mais il importe surtout ici de faire ressortir la nécessité, pour l'existence durable de l'association, de *maintenir intact le fonds de réserve*, dont, par conséquent, la moindre parcelle ne saurait être distraite en faveur d'aucun membre sortant. Cette réserve forme, à nos yeux, le capital appartenant réellement à la collectivité sociétaire. Il ne saurait donc être permis, au rebours de ce qui a lieu pour les parts sociales, que, par suite du départ des membres, ce capital lui fût enlevé; loin de là, il devra être retenu jusqu'à l'époque de la dissolution. Le but en vue duquel ce capital est formé consiste surtout à empêcher, dans la mesure du possible, au cas où des pertes devraient être remboursées, que les parts sociales des membres ne soient réduites à néant. Il doit donc être considéré comme une sorte d'assurance au profit des sociétaires, tant que ceux-ci continuent à faire partie du groupe, ce qui s'oppose à ce que plus tard, venant à se retirer, ils puissent, en opposition avec ce point de vue, prétendre y avoir des droits. Au surplus, on ne ferait que favoriser la sortie des membres, qui saisiraient les prétextes les plus futiles, si l'on consentait à payer au sociétaire qui vient de se retirer, en sus de sa part sociale et de son capital de garantie, une quote-part sur ce fonds de réserve.

Enfin, une autre garantie, à l'égard des membres sortis, c'est de leur interdire toute immixtion dans les affaires de la Société pour le cas où ils prétendraient le faire, par la raison qu'en vertu de la loi, paragraphe 63, ils demeurent solidairement responsables sur leurs biens particuliers, durant deux autres années après leur sortie, des engagements contractés, jusqu'à l'époque où elle a eu lieu, par la Société coopérative.

Les *droits* et les *devoirs* des sociétaires proviennent, en grande partie, du but même qu'on s'est proposé en continuant l'association, et du caractère légal qu'elle revêt. Nous les avons groupés, dans les paragraphes 54 et 55 des statuts-types, d'après les dispositions que renferme la loi, et en mettant à profit les expériences déjà faites. Nous jugeons, toutefois, nécessaire d'entrer dans des explications plus précises au sujet des mesures que nous croyons devoir proposer, en vue d'arriver, par les versements que les membres seront tenus de faire, à la formation du capital d'exploitation indispensable à la Société coopérative, et non remboursable pendant la durée de celle-ci.

Nous discuterons donc, dans les pages qui vont suivre, ces mesures, en les rattachant aux questions de répartition des bénéfices et des pertes avec lesquelles elles ont d'inséparables rapports.

3

PARTS SOCIALES ET CAPITAUX DE GARANTIE. — RÉPARTITION DES BÉNÉFICES ET DES PERTES.

Dans la plupart des autres Sociétés coopératives, en dehors de quelques faibles cotisations, souvent même d'un seul et unique versement, destiné au fonds de réserve, il suffit, pour constituer le capital primitif, d'obtenir des membres la *formation de parts sociales*. C'est là, du reste, une mesure obligatoire, d'après le paragraphe 3, n° 5, de la loi sur les groupes coopératifs.

Ces quotités d'association étant considérées comme une partie du *capital d'exploitation* qui, ainsi que son nom l'indique, est engagé, comme premier fonds, dans les opérations de l'entreprise, il résulte de cette notion même :

1° Que ces parts sociales, en cas de pertes faites par l'association, servent, en premier lieu, de garantie aux créanciers du groupe coopératif si le fonds de réserve est insuffisant ; donc, en cas de liquidation de l'entreprise ou de faillite, elles ne peuvent être prélevées sur la masse qu'*après le remboursement des dettes et tout autant qu'il existera encore un excédant.*

2° Que les membres de la Société coopérative ne pourront être actionnés à raison de la responsabilité personnelle et solidaire qu'ils encourent pour les pertes subies par les créanciers du groupe, qu'autant que le montant desdites parts sociales aura été absorbé. (Comparez les paragraphes 9 et 47 de la loi sur les associations coopératives.)

En vertu du principe suivant universellement admis dans le monde des affaires et fondé en droit et équité : « que les bénéfices sont à répartir dans la mesure même des risques courus dans une entreprise, » les dividendes, dans le cas qui nous occupe, devraient logiquement, ainsi que cela a généralement lieu pour les *Sociétés d'avances et de crédit*, être distribués sur le produit net des opérations en raison du chiffre des versements faits, comme à-compte, sur le montant des parts sociales. Mais à ce système de distribution s'opposent, en ce qui concerne les Sociétés coopératives pour l'achat des matières premières, des considérations pratiques d'une importance décisive auxquelles il faut avoir égard, si l'on ne veut compromettre leur réussite et leur développement commercial. La prospérité d'une entreprise de ce genre étant naturellement liée au rapide débit des marchandises achetées, il importe que les membres qui composent ces Sociétés s'approvisionnent le plus que possible dans leurs magasins et reçoivent presque exclusivement d'elles les objets dont ils ont besoin. Or, dans ce but, aucun moyen n'a paru aussi efficace que celui qui consiste à répartir la partie principale des dividendes entre les sociétaires dans la proportion des achats faits par chacun d'eux durant chaque période de règlement de comptes. Les nombreuses ruses des petits débitants ne sauraient prévaloir contre ce système qui donne aux dividendes le caractère d'une prime sur les achats faits dans les magasins de l'association. L'attribution à la fin de l'année d'une somme déterminée offre des avantages bien autrement appréciables qu'un rabais sur les prix courants accordé temporairement et auquel les concurrents n'auraient recours que comme moyen de lutte. C'est là, d'ailleurs, une mesure considérée comme un simple expédient calculé en vue du moment et n'ayant d'autre objet que d'allécher les clients.

Mais si, d'après ces considérations, cette sorte de répartition des bénéfices paraît commandée par l'intérêt de l'entreprise, on ne s'en heurte pas moins à une difficulté que nous avons déjà signalée, celle de trouver dans quelle proportion doivent être réparties les quotités nécessaires pour le payement des pertes commerciales, si l'on veut maintenir le rapport entre celles-ci et les bénéfices. Ces quotités, pour agir conformément aux principes, devraient-elles aussi être fournies par les membres également au prorata du chiffre des marchandises prises dans le magasin de l'association pendant une période donnée, si bien que plus un sociétaire aurait fait d'achats et plus il serait tenu de contribuer de son argent au payement du déficit. Mais ce serait ni plus ni moins mettre toute l'affaire sens dessus dessous. Si, pour couvrir les pertes, l'on avait recours à un pareil système, l'on manquerait complétement et infailliblement le but qu'on avait en vue en adoptant pour les bénéfices le mode de répartition précédemment signalé. En effet, on punirait d'une main ce que de l'autre on avait voulu récompenser, c'est-à-dire l'élévation du chiffre des achats opérés, réduisant ainsi à néant, l'une par l'autre, ces deux mesures. D'ailleurs, sans parler de l'absurdité d'une pareille manœuvre, elle échouerait contre les dispositions légales précédemment citées, en vertu desquelles les parts sociales, ainsi que cela s'accorde avec la notion juridique qu'on s'en fait, sont précisément exigibles pour couvrir les pertes. Par cette raison, il ne reste qu'un seul moyen de résoudre la question, c'est de tâcher de trouver une réglementation se rapprochant au moins virtuellement de la proportion que l'on cherche à obtenir. C'est précisément ce à quoi ont pourvu les dispositions des statuts-types dans les paragraphes 56 à 66 et dans le paragraphe 81.

L'essentiel, dans ce cas, c'est de former les parts sociales en les prélevant sur les dividendes, en dehors d'un simple et faible versement à effectuer uniquement lors de l'admission dans la Société. Si, à la vérité, ces parts sociales ne peuvent servir de mesure pour la répartition des bénéfices, elles se composeront toutefois, dans leur presque totalité, des profits obtenus sur les achats de marchandises ; donc la portion qu'on sacrifiera à celui à qui elles appartiendront ne saurait, en aucun cas, dépasser les gains que lui auront donnés les opérations; ainsi, ses risques seront proportionnels à ses bénéfices.

Néanmoins, cette combinaison ainsi entendue serait incomplète; il faudra même faire un pas de plus si l'on veut éviter les graves inconvénients qui, sous un autre rapport, pourraient en résulter. Si les *payements que les sociétaires* ont coutume de faire sur leurs parts sociales venaient à cesser, la Société coopérative verrait non-seulement s'arrêter l'affluence de fonds indispensables à la constitution d'un capital d'exploitation lui appartenant en propre, mais encore il lui manquerait le principal levier pour l'amélioration de la situation économique, nous voulons parler du goût pour l'épargne qu'inspire la nécessité de faire des efforts réguliers et soutenus.

Il fallait, par ces raisons, trouver un arrangement en vertu duquel les sommes versées de ce chef resteraient dans la caisse de la Société et qui assurât leur emploi pour le but auquel elles sont destinées. On y est arrivé par la création d'un *capital de garantie*, dont les statuts-types expliquent l'importance et le caractère légal. Ces fonds ne sont, de leur nature, pas autre chose que des *prêts produisant intérêts* dont la Société coopérative répond tant pour le principal que pour les intérêts vis-à-vis des participants à l'opération, tout comme s'il s'agissait de créanciers étrangers au groupe, avec cette seule différence que les propriétaires de ces capitaux ne peuvent les retirer de la caisse de la Société tant qu'eux-mêmes continuent de faire partie de celle-ci. Les sommes versées à ce titre, recueillies ainsi peu à peu, demeurent assurées à l'entreprise d'une manière durable, et le principal objet du mécanisme une fois atteint, elles peuvent encore être utiles aux intérêts de l'association à d'autres points de vue très importants.

Un des côtés les plus faibles de l'organisation des Sociétés coopératives *pour l'achat des matières premières,* c'est incontestablement le crédit qu'elles accordent à leurs sociétaires pour les marchandises achetées chez elles. Et ici, le capital de garantie nous offre précisément la sauvegarde qu'en raison de leur destination nous ne saurions trouver dans les parts sociales, nous voulons dire la sécurité nécessaire pour la caisse de la Société. C'est là un point que nous examinerons d'une façon détaillée dans le prochain paragraphe.

Enfin, en dehors de la garantie que présente pour la Société la concentration dans sa main desdits capitaux, les membres eux-mêmes y trouvent une garantie non moins importante contre les dangers de la solidarité. Admettons le cas d'une situation extrême, celui, par exemple, où les affaires de la Société se trouveraient en si mauvaise voie que les individus qui la composent fussent dans la nécessité de faire appel à leurs ressources personnelles pour les versements supplémentaires que comporterait le payement des dettes, chacun aura alors à l'avance dans le capital de garantie amassé par lui, un moyen d'effectuer soit intégralement, soit partiellement, ce versement additionnel. — On ne sera plus exposé à se voir réclamer soudainement et d'un seul coup la somme exigible, qui peut-être ferait défaut au moment où l'on en aurait le plus besoin pour les affaires de sa propre industrie. — Que si la Société en était réduite à cette extrémité, les choses, en raison de l'existence d'un capital de garantie, devront se passer d'une façon toute différente que s'il n'y avait que les seules parts sociales; c'est là une conséquence qui découle du caractère si opposé de ces deux combinaisons. Les parts sociales se trouveraient en pareille circonstance complétement sacrifiées, sans égard au montant, plus ou moins élevé, ou plus ou moins bas, bonifié aux membres pris individuellement. Ces parts ne forment-elles pas, en effet, une masse engagée dans les opérations et qui constitue la garantie des créanciers, si bien que les pertes considérables que pourraient faire certains membres n'autoriseraient pas un recours de leur part contre les autres sociétaires? Les choses sont bien différentes avec l'existence du capital de garantie. Chacun de ceux qui l'ont fourni possède, en qualité de créancier de la Société, un titre individuel contre celle-ci, pour le remboursement duquel, de même que s'il s'agissait de toute autre dette sociale, il se présentera en concurrence avec tous les autres créanciers. De même que les parts sociales répondent des engagements contractés par le groupe, de même aussi, en vertu des observations précédentes, les capitaux de garantie répondent uniquement des engagements de ceux qui les ont fournis. Chaque membre pris individuellement n'aura donc à subir sur ses versements, au cas où soit une liquidation, soit une faillite viendraient à se produire, que la réduction du montant dont il pourrait être débiteur vis-à-vis de la Société pour les marchandises achetées ou pour toute autre cause, en d'autres termes, de ce qu'il aurait individuellement dû verser à la masse pour le payement du déficit. L'excédant, si ensuite il en existait encore un, figurera, capital et intérêts, parmi les créances passives de la Société.

Quelle doit être, d'après ces bases, la réglementation

relative au remboursement des pertes et au partage des bénéfices? C'est ce qu'il est aisé de conclure des passages précédents et de ce que nous avons déjà exposé au sujet du fonds de réserve. La rédaction des paragraphes 63 à 66 et du paragraphe 81 des statuts-types permet de s'en faire une idée si exacte que nous n'avons plus ici qu'à ajouter quelques mots.

Nous avons déjà fait ressortir l'importance du fonds de réserve, en tant que formant l'unique capital collectif et non remboursable immédiatement qui appartienne au groupe coopératif, et nous avons fait observer qu'à ce titre il devait demeurer intact, à la disposition de l'association, nonobstant les variations qui pourraient se produire dans le chiffre du personnel sociétaire. Les créanciers trouvant un gage dans les parts sociales et dans la garantie solidaire, il doit peu leur importer qu'en raison du nombre des membres, le fonds de réserve atteigne ou non au chiffre proportionnel; car, dans le cas de déficit sur le produit des opérations, ce qui ne peut avoir d'autre conséquence qu'un bilan temporaire, les réductions ne doivent nullement porter sur les parts sociales. Or, l'expérience a démontré que la mesure dont il est ici question a pour résultat de faire naître parmi les coopérateurs toutes sortes de méfiances et de dissensions de nature à amener rapidement la complète dissolution de la Société. Aussi, l'usage général a-t-il établi que chaque membre nouvellement admis, à l'exception tout au plus du fondateur, est tenu d'acquitter, à destination du fonds de réserve, un faible droit d'entrée, dont le taux devra être fixé de temps à autre. L'on peut dire que ces sociétaires achètent ainsi un droit sur ce fonds, qui, lors de la dissolution et si la situation de l'entreprise est bonne, devra se partager entre les membres du groupe encore existants à ce moment. Toutefois, ce droit d'entrée ne suffirait pas à amener ce capital au chiffre nécessaire pour atteindre le but qu'on se propose, aussi y ajoute-t-on encore, par prélèvement, une partie du produit net des opérations, comme cela se pratique dans les Compagnies commerciales. Le taux de 10 0/0 fixé à cette occasion dans les statuts-types est le plus bas qu'on puisse marquer, de sorte qu'il faudrait, dans les premières années du moins, y consacrer une somme un peu plus forte.

Plus loin, nous faisons la différence qu'il y a entre les prétendus intérêts destinés d'après le paragraphe 81 des statuts aux parts sociales et ceux auxquels a droit le capital de garantie. Ce n'est que pour ce dernier qu'un payement d'intérêt, dans la véritable acception du mot, se trouve avoir lieu, attendu que les intérêts pour les parts sociales ne sont rien autre qu'un dividende, sous forme d'intérêts, que l'on calcule d'après un chiffre maximun, c'est-à-dire la plus forte somme. Naturellement ce dividende ne peut être distribué qu'autant que le produit net des opérations le permet, tandis que les intérêts relatifs au capital de garantie doivent être payés, même si les affaires ne laissent aucun bénéfice, car ils entrent dans l'évaluation des frais inévitables.

A l'égard du chiffre des parts sociales et de celui du capital de garantie, tel que ce chiffre est proposé, il faut avoir également soin que les sommes des unes et des autres dans leur formation graduelle arrivent à se rapprocher du montant du capital indispensable aux opérations de la Société coopérative et, à cette fin, un apport de 300 thalers de la part de chaque membre est en général suffisant. Néanmoins, quant à la proportion à établir entre ces deux sortes de sommes, si on compare le capital de garantie aux parts sociales, il paraît juste que le chiffre, pour le premier, soit deux fois plus fort, par la raison que, d'après des expériences déjà faites, ce fonds, qui est de préférence affecté au remboursement des crédits auxquels les sociétaires ont recours, se trouve entamé cent fois pour une. Par contre, en ce qui concerne la modicité du dividende alloué aux parts sociales, une augmentation au-delà du chiffre absolument nécessaire ne paraît nullement convenable, et il ne faudrait pas trop compter, à ce sujet, sur un empressement particulier de la part des membres.

4

ACHATS DANS LES MAGASINS DE LA SOCIÉTÉ

La première chose dont il y avait lieu de se préoccuper, au début de l'entreprise, c'est de l'achat des articles d'approvisionnement nécessaires à l'assortiment des magasins de la Société. Il est de toute utilité en pareil cas, d'adjoindre au Conseil de direction une commission composée de spécialistes choisis parmi les sociétaires. Quant à l'étendue qu'il conviendra de donner aux opérations, sous le rapport des besoins à satisfaire, du choix et de la quantité des articles, l'on fera sagement, surtout dans les commencements où l'on est encore privé à cet égard des leçons de l'expérience, de prendre l'avis de l'assemblée générale elle-même, toutefois à titre purement consultatif. Mais il importera, avant tout, de spécifier les conditions auxquelles les achats devront avoir lieu, c'est-à-dire si l'on opérera au comptant ou à terme. En général, il convient de donner la préférence aux opérations au comptant; car, ainsi que le prouvent les gains plus abondants et plus solides que l'on obtient dans la pratique quotidienne, ce mode d'achat exerce, non-seulement sur l'établissement des prix, mais même sur la livraison des marchandises, une influence considérable, se traduisant par des avantages qui surpassent de beaucoup les bénéfices auxquels on semble renoncer.

En effet, les négociants ne se bornent pas à augmenter leurs prix de vente en raison des intérêts à recouvrer, mais, en outre, ils font toujours entrer en ligne de compte les risques qu'ils courent en accordant un crédit. Au surplus, il existe pas mal d'articles qu'on ne peut éviter de payer au comptant, surtout quand il s'agit de marchandises qu'il est d'usage de réunir par masses, dans des occasions spéciales, pour les exposer à la vue du public, par exemple, dans les foires, dans les marchés et aux enchères. La circonstance que, dans ce cas, les acheteurs sont en position de juger par eux-mêmes de la qualité et de la quantité des objets exposés en vente, ainsi que de la convenance des prix, et peuvent, par suite, faire leur choix en connaissance de cause, rend, en pareil cas, beaucoup plus avantageux l'achat au comptant, que lorsqu'il faut transmettre des ordres sur les lieux de production dans des pays éloignés. On obtient alors un terme pour le payement, mais, par contre, l'on est aussi privé de tous les avantages que nous venons de signaler. On voit par là de quelle importance est la formation d'un capital d'exploitation qui soit en rapport avec l'entreprise; aussi n'avons-nous pas manqué d'insister sur ce point dans les précédents paragraphes. En effet, si dans les occasions précitées l'on ne parvient pas à amasser des fonds en quantité suffisante pour opérer d'une façon avantageuse, il faut alors s'occuper activement de se procurer les ressources nécessaires, en acceptant des prêts au comptant, ce qui ne laisse pas de créer des embarras à la Société, car on ne saurait prétendre mettre sur la même ligne les intérêts qu'il faut payer, en pareil cas, avec les avantages qu'on retirerait de l'achat au comptant. Sans doute, en dehors des occasions et des époques signalées, qui sont les principales, il arrive constamment qu'on ait à faire des commandes, par exemple, dans le cas où un article est épuisé ; sans doute aussi il se présente des circonstances où l'on se voit forcé de tirer directement la marchandise des lieux de production. Ceci est incontestable, mais même pour des ordres d'achats de ce genre, une Société sera d'autant mieux placée vis-à-vis du fournisseur que ses opérations au comptant seront déjà connues et qu'elle aura prouvé de la sorte sa solvabilité. C'est précisément ce qui s'est passé à l'égard des nombreuses Sociétés coopératives formées par les cordonniers pour l'achat des matières premières. Les fabricants de cuirs auprès de qui elles s'approvisionnaient pendant les foires, exécutaient, dans l'intervalle des unes aux autres les commandes qu'on leur confiait d'une façon on ne peut plus satisfaisante. L'on savait de part et d'autre ce qu'on avait en vue, si bien que non-seulement on ajournait le payement, mais même la fixation des prix jusqu'à la prochaine foire, où, suivant la coutume, s'établissent les cours des prix et où l'on était certain de se rencontrer et de s'entendre. Il est bon, en outre, de recourir à une autre mesure qui a constamment présenté les plus grands avantages : nous voulons parler de l'action concentrée d'un nombre plus ou moins considérable de Sociétés coopératives d'un même corps de métier s'approvisionnant sur un même marché. Les nombreuses Sociétés coopératives de cordonniers qui exploitent de préférence pour leurs achats les foires de Leipzig avaient su organiser et maintenir pendant longtemps une entente commune, accompagnée d'une exactitude telle que l'auteur se rappelle maintes ventes où les fabricants eurent à tenir le plus grand compte de cette organisation. En effet, les sommes en espèces ou en valeurs effectives fournies par ces Sociétés réunies s'élevaient à un chiffre important, qui ne pouvait être sans influence sur les cours. Des relations commerciales aussi habilement établies et aussi conformes à l'intérêt de ceux qui y participaient, ont même abouti, dans certains cas, à ce résultat, que des producteurs n'ont pas hésité à confier à des Sociétés coopératives, dont du reste la garantie, en toute occasion, surpasse de beaucoup celle des particuliers pris individuellement, le dépôt de certains articles pour la *vente à la commission*, d'autant qu'avec ces Sociétés tout risque disparaissait, car les lots non réalisés restaient à la disposition des déposants. C'est ce qui s'est effectivement pratiqué très avantageusement auprès des menuisiers pour les essences les plus chères.

Relativement enfin aux *quantités* des différents articles, on a bien vite reconnu la nécessité de ne pas en établir les calculs en dessous des proportions jugées indispensables pour qu'il soit possible de retirer tous les avantages que comportent les achats en gros faits sur les lieux de production. On manquerait certainement ainsi tout au moins l'un des principaux buts de toute l'entente. En outre, il est bon de ne pas perdre de vue, d'une part, l'étendue des besoins des sociétaires durant une période déterminée, et plus particulièrement durant celles qui aboutissent à des époques où l'occasion d'achats avantageux se présente de nouveau; mais, d'autre part, il faut aussi opérer de façon à ce que le capital de roulement circulant aussi souvent que possible dans la même année, l'on fasse avec ce même capital le plus d'affaires possible.

De cette dernière circonstance dépend tout naturellement le produit ou rendement des opérations commerciales auxquelles se livre le groupe coopératif. Si, par exemple, les marchandises achetées au moyen d'un capital de 1,000 thalers s'écoulent si rapidement que, dans le laps de temps d'à peu près un trimestre, l'argent, grâce aux recettes, rentre largement dans la caisse, on pourra, en prenant pour base une circulation trimestrielle, opérer avec cette même somme quatre fois dans la même année et, partant, réaliser un bénéfice quatre fois plus fort que si ces fonds n'avaient circulé qu'une seule fois. C'est là une circonstance qui exerce une influence considérable sur les conditions auxquelles les membres peuvent s'approvisionner dans les magasins de la Société. En effet, ce que l'on devra ajouter à la vente sur le prix de coût lui-même pour couvrir les frais généraux et les intérêts du capital d'exploitation sera d'autant moindre que l'on aura opéré plus souvent avec le même capital. Dans l'hypothèse ci-dessus, par exemple, les intérêts afférents aux 1,000 thalers ne seront qu'une seule fois pour toute l'année à la charge de la Société, bien qu'avec cette même somme l'on ait acheté pour 4,00^0 thalers de marchandises. Que si l'on avait opéré dans le même temps et d'emblée avec 4,000 thalers, les intérêts ainsi quadruplés devraient être supportés par la Société et, en raison de la hausse des prix, seraient payés par les membres.

5

VENTES AUX SOCIÉTAIRES. — AUGMENTATION DES PRIX EN VUE DU PAYEMENT DES DIVIDENDES ET POUR COUVRIR LES FRAIS. — APPOINTEMENTS.

Les statuts-types, dans les paragraphes 67 à 75, énumèrent les mesures à prendre pour l'introduction dans les magasins des marchandises achetées et indiquent, en général, comment l'on doit procéder à la vente.

Qu'il soit nécessaire d'ajouter aux prix que les marchandises coûtent à la Société coopérative une somme en plus destinée à couvrir les frais généraux et à assurer, en outre, un dividende aux membres de l'association, c'est ce que nous avons déjà vu. Il est donc de la plus grande utilité, pour bien préciser l'augmentation dont il s'agit ici, d'obtenir une évaluation des frais aussi juste que possible. L'on devra faire figurer parmi ceux-ci et en première ligne les frais de transport, ainsi que le loyer de l'immeuble où est le siége de l'entreprise, et les appointements des directeurs, y compris ceux des autres employés, s'il y en a.

L'estimation des dépenses dépendra, en grande partie, du plus ou moins d'assiduité qu'on exigera de la part du directeur et de ses collègues ainsi que des autres employés, à raison de la nature des fonctions administratives qui leur seront confiées, c'est-à-dire suivant que tous leurs moments seront pris ou qu'ils se trouveront avoir du temps de reste pour leur propre industrie ou métier. Il faudra, dans le premier cas, pourvoir à une rétribution suffisante et qui soit en harmonie avec la situation des personnes et des besoins locaux, si l'on tient à s'assurer ainsi une gestion régulière. Dans le second cas, il faudra établir une balance et parfaire la différence entre la valeur du travail fait pour son propre compte et les services qu'on est appelé à rendre dans le groupe. Mais, dans tous les cas, nous ne pouvons que conseiller de faire consister les appointements principalement en un *tant* pour cent sur les recettes provenant de la vente des marchandises qu'écoulent les magasins de l'association. La rémunération des services se trouve ainsi intimement liée au développement des affaires, et rien ne stimule autant le zèle des employés que quand on fait dépendre leur revenu du produit des opérations elles-mêmes. Maintenant, si l'on veut se rendre compte du taux auquel on doit atteindre, il faut comprendre dans l'estimation qu'on est appelé à faire : 1° les autres dépenses en dehors desdits appointements, 2° les revenus de l'entreprise et ces derniers, ainsi que nous l'avons constaté, sont en raison de la circulation du capital. Les expériences qui ont été faites démontrent que la circulation du capital venant, dans la même année, à être triplée ou quadruplée, une augmentation très minime des prix suffit pour couvrir les frais et pour assurer des bénéfices proportionnels aux risques. Il est, néanmoins, extrêmement rare que, dans les Sociétés coopératives pour l'achat des matières premières, la circulation du capital se reproduise plus de trois fois. C'est là la circulation jugée indispensable pour maintenir l'entreprise dans une situation florissante, attendu que les affaires déclinent si l'on descend en dessous de ce chiffre. — Rien de plus facile, au demeurant, à comprendre que la différence d'influence qu'exerce sur le revenu des opérations une circulation dont le chiffre est quadruplé, en comparaison de celle qui n'est que triplée. Supposons qu'avec un capital de roulement de 3,000 thalers on fasse, grâce à une circulation quadruple, pour 12,000 thalers d'affaires, une augmentation minime de 6 0/0 donnera déjà un revenu de 720 thalers, tandis que le capital restant le même, mais ne circulant que trois fois, ce qui réduit le chiffre des opérations à 9,000 thalers, un accroissement même de 7 0/0 ne fournit qu'un revenu de 630 thalers.

D'après les observations qui précèdent, lorsqu'on n'est pas encore à même de juger de l'étendue et de l'importance des bénéfices, l'on fera bien, pour ne pas se méprendre dès le point de départ, et à moins qu'il n'existe des circonstances particulières et impérieuses, de prendre pour base une circulation qui soit triple et d'augmenter le coût de 7 pour cent et même de 8. En effet, si l'on vient à se convaincre qu'on peut, avec un taux plus faible, répondre à la nécessité dont il s'agit, il sera alors bien plus facile de réduire le chiffre de la somme à ajouter, qu'il ne serait de l'élever dans le cas contraire. Si l'on déduit ensuite les intérêts du capital engagé dans l'entreprise, les appointements, le louage des locaux et les autres frais, il restera toujours un excédant au moins suffisant pour qu'il soit possible de distribuer un dividende proportionnel aux membres de l'association.

Si nous nous en tenons aux proportions et aux

chiffres précédents, un capital de 3,000 thalers, si la circulation venait à en être triplée, produirait, dans l'année, 9,000 thalers qui, à 7 0/0, donnent 630 thalers (= 21 0/0 pour 3,000 thalers). Déduction faite de 150 thalers pour les intérêts dont est passible le capital d'exploitation, au taux de 5 0/0, il resterait, par conséquent, encore un excédant de 16 0/0 = 480 thalers. En prélevant sur cette somme 5/10, soit 240 thalers pour les apppointements et 2/10, soit 96 thalers pour le loyer des locaux et les autres frais, — ce qui, pour des établissements aussi petits, est un chiffre plutôt trop élevé que trop bas, — il restera, partant, un excédant de 3/10, soit 144 thalers pour le dividende ; c'est-à-dire qu'on pourra sans danger compter sur 1/2 gros d'argent par chaque thaler de marchandises achetées.

C'est là, en vérité, un bénéfice dont les sociétaires ont lieu d'être très satisfaits, d'autant que l'avantage capital qu'il y a à s'approvisionner dans les magasins des associations, consiste en ce que les prix malgré une augmentation très sensible, sont encore plus bas que dans le commerce ordinaire, et qu'on est, en outre, mieux servi sous le rapport de la qualité. La légère bonification, par conséquent, qu'on accorde en plus par chaque thaler de marchandises achetées et qui, à la fin de l'année, se chiffre par un certain nombre de thalers n'est nullement à dédaigner. Mais, au cas où les membres de la Société ne s'en contenteraient pas, on pourrait établir réglementairement une augmentation plus forte des prix, en ajoutant à ceux-ci 8 pour 0/0. Les proportions et les chiffres demeurant les mêmes que ci-dessus, on toucherait ainsi, à titre de remboursement ou retard de primes et sans aucun risque, 3/4 de gros d'argent par chaque thaler de marchandises achetées.

Les précédentes évaluations peuvent ainsi être considérées comme des moyennes approximatives des faits qui se sont journellement produits dans la pratique. Les augmentations que subissent les prix varient donc de 6 à 8 0/0; dans les commencements, elles sont même plus élevées, allant de 8 jusqu'à 10 0/0, et descendent graduellement de nouveau, lorsque la marche des affaires est favorable, jusqu'à 7 et même 6 1/2 0/0. Si l'on suppose toutefois les évaluations les plus fortes, on est forcé de reconnaître que les prix sont encore moins élevés qu'en passant par les mains des intermédiaires. C'est là un fait déjà signalé par nous et qu'on a pu récemment constater, surtout pour les achats de *bois* et de *cuirs*. Dans les cas peu nombreux où des commerçants ont essayé de faire concurrence en diminuant les prix aux Sociétés coopératives, cette réduction n'a pas été de longue durée, et une Société ne s'était pas plus tôt dissoute que d'un trait les prix remontaient à leur ancien niveau.

Que dans la répartition de ce tant pour cent d'augmentation il faille naturellement tenir compte des circonstances locales, notamment des conditions exigées pour les magasins, c'est là un point qu'on ne saurait contester. Toutefois, les 2/10 assignés à cet effet dans la précédente évaluation constituent un assez joli denier, car ici il ne peut être question de dépenses accessoires, par exemple, de frais de voyage ou d'appointements temporaires à l'occasion d'affaires d'une nature spéciale. Les frais de transport et d'emballage de marchandises, de beaucoup les plus importants, sont aussi plus que tous autres à ajouter au prix d'achat ou de coût, et en ce qui concerne celui-ci, il ne manque jamais d'en être tenu compte dans l'établissement de vente. Quant à la répartition entre les personnes qui prennent part à l'administration de *la demie* assignée dans la précédente évaluation sur l'excédant que laisse le tant pour cent à la vente, après déduction des intérêts dont est passible le capital d'exploitation, cette répartition devra être faite proportionnellement aux fonctions exercées et à la responsabilité qui incombe à chacun. Si l'administration, conformément à l'hypothèse que nous posons comme devant être la règle, se trouve exclusivement confiée aux trois membres de la direction, le chef de magasin étant parmi ces administrateurs celui dont la présence dans le magasin doit être permanente et qui se trouve ainsi chargé d'accomplir les travaux les plus nombreux et les plus difficiles, la répartition qui paraît d'accord avec l'équité serait celle d'après laquelle on allouerait sur *la demie* dont il est ici question et qui est égale à 5/10, au gérant principal, 1/10 ; au caissier, 1/10, et au chef de magasin environ 3/10. Il va de soi que ces évaluations sont susceptibles de modifications en raison des combinaisons locales, de sorte qu'il peut y avoir lieu d'augmenter le chiffre de celle-ci, de réduire le chiffre de celle-là. Il ne faut donc considérer les proportions données en exemple que comme une base de la manière dont il convient, en général, de procéder en pareille circonstance. Dans le cas où le Comité de direction, c'est-à-dire les membres qui le composent, par exemple, le chef de magasin (et cette même remarque s'applique également à tous employés quelconques), se trouveraient dans la nécessité de se consacrer exclusivement aux fonctions qui leur sont confiées, de sorte qu'il leur fût impossible d'exercer, en dehors de celles-ci, aucune industrie pour leur propre compte, il faudrait alors se décider à leur garantir, sur cette fraction du tant pour cent ajoutée à la vente en vue du payement de leurs appointements, un minimum suffisant pour leur entretien et leurs besoins.

Nous tenons, en outre, à faire ressortir surtout que, dans toutes nos propositions relatives à la garantie, soit d'un tant pour cent à allouer aux directeurs, soit d'un dividende à distribuer aux sociétaires, nous partons de la supposition que, sur les sommes provenant du tant pour cent à la vente, il n'y a que celles réellement encaissées qui figurent dans les évaluations, et non celles qui sont encore *à recouvrer* et dont, à la fin de l'année, il est encore *fait crédit* aux membres du groupe. Bien plus, ces dernières, dont la rentrée est même généralement incertaine, ne devront être comprises que dans les états de recettes de l'année où l'encaissement aura lieu.

Aucune mesure ne contribuerait autant à ébranler chez les employés la fermeté dont ils doivent faire preuve lorsqu'il s'agit de crédits à accorder ou à refuser, que de leur garantir des quotes-parts dans des conditions aussi éventuelles et avant que ces quotes-parts n'aient été positivement réalisées.

Enfin, l'on comprendra sans peine qu'il sera juste, tout en se conformant aux règlements en usage dans les différentes localités, de rembourser aux membres composant les *commissions* ou aux *délégués*, dans les cas de voyages ou de travaux spéciaux, les débours faits et les salaires temporaires dus en raison du temps pendant lequel les uns et les autres auront été forcés de négliger leurs propres affaires.

Nous ne pouvons cependant quitter ce sujet sans faire mention de l'augmentation dont nous traiterons dans le prochain paragraphe et dont les prix devraient être grevés en raison des crédits qui pourraient être accordés. Cette augmentation est nécessaire, en dehors de celle précédemment signalée, pour répondre, vis-à-vis de la caisse, des délais que subit la rentrée du montant des ventes. Toutefois, nous n'avons pas fait figurer cet accroissement de prix dans nos évaluations, car le chiffre n'en est guère facile à fixer et, en tout cas, il est de minime importance pour toute administration régulièrement organisée. En effet, la perte sur les intérêts diminue par suite du crédit toujours croissant qu'obtient la Société, et l'augmentation des dépenses se trouve ainsi équilibrée par l'augmentation des recettes. Toutefois si, ayant calculé au préalable le chiffre de ce nouveau surplus, on pensait pouvoir en retirer un bénéfice, et si l'on supposait, en ce qui concerne le capital d'exploitation, que la circulation servant de base à l'augmentation des prix vînt à être triplée, le bénéfice en question ne servirait jamais qu'à compenser les pertes, attendu qu'il y a toujours quelques catégories d'articles pour lesquelles cette circulation demeure incomplète. Aussi, il n'est guère à craindre que l'on porte trop haut nos évaluations en y ajoutant ce surplus, à raison des crédits accordés. Il est, d'autre part, évident que les sommes payées en déduction de ce surplus par les sociétaires qui auront acheté à crédit ne sauraient leur être bonifiées, lorsqu'il s'agira de calculer la part de dividende qui leur revient pour les marchandises dont ils se sont approvisionnés, car ces sommes ne doivent pas être comprises dans les comptes en tant que portion du prix des objets achetés, mais en tant qu'intérêts pour le crédit accordé aux coopérateurs.

6

VENTES AU COMPTANT ET A CRÉDIT.

Les dispositions relatives aux payements que les membres des Sociétés coopératives de matières premières ont à faire pour les marchandises prises par eux dans les magasins de l'association, constituent un des points les plus importants de leur organisation et qui, en outre, offre, ainsi que nous l'avons fait pressentir, les plus dangereuses éventualités, en ce qui concerne la stabilité de ces Sociétés. Si, à l'égard de la question de *crédits à accorder*, on néglige de se renfermer dans les bornes les plus étroites, au lieu de prospérer, l'entreprise marche à une prompte et inévitable ruine. Ce fait n'est que trop confirmé par les désastres qui ont frappé, en Allemagne, près du tiers des Sociétés coopératives d'achats de matières premières. Ces Sociétés, à la suite de *crédits accordés imprudemment et sans mesure*, se sont écroulées en subissant des pertes de toutes sortes, au grand détriment des membres qui les composaient.

Si l'on veut qu'une Société coopérative de matières premières puisse exister d'une manière durable et de façon à rendre service aux sociétaires, il faut, de même que pour toute autre entreprise industrielle, veiller à ce que les affaires se fassent dans les meilleures conditions possibles de sécurité et de profit. Ce résultat sera obtenu, ainsi que nous venons de le voir, et par les raisons que nous avons indiquées, au moyen d'une circulation aussi rapide que possible du capital. Toutefois, la réunion de deux conditions est encore nécessaire pour atteindre le but qu'on se propose. Si, d'une part, le stock en magasin doit être écoulé dans le plus bref délai et renouvelé aussi fréquemment que possible, il est non moins indispensable que les prix fixés à cet effet soient promptement recouvrés, sans quoi il ne saurait, en vérité, être question d'une circulation effective du capital d'exploitation.

Il n'est pas difficile de comprendre que les Sociétés coopératives pour l'acquisition des matières premières, en ce qui concerne la première des conditions susénoncées, c'est-à-dire sous le rapport du prompt et complet payement de leurs marchandises se trouvent, en comparaison des entreprises commerciales ordinaires, dans une situation bien autrement avantageuse. Ces Sociétés sont mieux à même d'embrasser les besoins du cercle restreint qui forme leur clientèle, et, dans leurs achats, elles peuvent mieux les prévoir et les faire entrer en ligne de compte dans leurs calculs. L'avantage qu'elles auraient ainsi obtenu serait toutefois perdu de nouveau pour elles si, à cause des crédits accordés, l'argent des ventes ne rentrait qu'à la longue et si, par suite, le capital ne faisait que tardivement retour à la caisse, et tout cela sans utilité aucune. En effet, les sommes nécessaires pour opérer au comptant manqueraient précisément dans les moments où il y aurait convenance à remplir, par de nouveaux approvisionnements, les magasins qui se seraient vidés. Ces Sociétés se trouveraient, du reste, ni plus ni moins, dans la même situation que si le débit de leurs marchandises leur eût fait défaut, et se verraient elles-mêmes obligées soit d'acheter à crédit, soit de contracter de nouveaux emprunts. Dans l'un et l'autre cas, les dettes et les frais, sans parler des risques auxquels serait exposée la Société, augmenteraient considérablement, tandis que les bénéfices diminueraient.

Ces sérieux inconvénients, que l'on avait pu constater dès la fondation des associations de ce genre, ont eu pour résultat de faire établir comme une règle universelle la vente au comptant pour les marchandises fournies par les entrepôts des Sociétés. Mais, en ce qui concerne la mise à exécution de cette mesure prescrite par la nature des choses, l'on se trouve dans la pratique aux prises avec les besoins qui existent dans la plupart des pays. La situation de l'artisan dénué de ressources est actuellement ainsi faite que, s'il n'obtenait des crédits au moins partiels pour ses achats de matières premières, il ne pourrait, dans bien des cas, exercer son industrie.

Rien que les premiers frais indispensables à son établissement commercial, à l'installation de son atelier, ainsi qu'aux besoins domestiques, absorberont les quelques fonds que pourront lui fournir ses épargnes. Il lui faut donc prendre à crédit les matières premières de son industrie, et il ne sera à même de les payer qu'après les avoir transformées et après avoir pu écouler les articles fabriqués qu'il en aura retirés. Ne vouloir vendre qu'au comptant aux gens qui sont dans cette position, ce serait, ni plus ni moins, que les exclure des bienfaisants avantages de la coopération pour les livrer à la funeste exploitation des intermédiaires, chez lesquels ils obtiennent

le crédit dont ils ne peuvent se passer à des conditions telles, par exemple, que d'acheter cher de mauvaises marchandises, conditions où leur bien-être,
miné par une fièvre lente, ne disparaît, hélas! que
trop souvent. Or, dans l'état actuel, les Sociétés coopératives dont il est ici question se recrutent précisément parmi les patrons peu aisés, car ceux qui ont
des moyens ne se décident généralement à en faire
partie que lorsque l'affaire marche; il résulte de là
que, dans la plupart des associations de ce genre, on
tourne la difficulté que présente la disposition statutaire dont nous parlons, et l'on autorise par le silence ou même par une décision formelle le chef de
magasin ou le préposé à la vente, sous des conditions
particulières, à accorder, à ses risques, des crédits
à certains membres de la Société. Mais par cela
même qu'il s'agit d'éluder les statuts, l'arbitraire est
appelé, en pareille circonstance, à jouer un grand
rôle, et l'on doit se trouver amené peu à peu, en ce
qui concerne ces sortes de créances, à une condescendance sans bornes vis-à-vis des clients. Or, le re-
lâchement dans l'observance d'un point aussi important fera inévitablement naître les plus graves inconvénients auxquels puisse être exposée l'entreprise, inconvénients que nous devons nous efforcer
d'écarter en conciliant le besoin de crédit qui se fait
sentir dans la pratique, avec la sécurité indispensable
aux opérations de la Société coopérative.

L'on posera avant tout comme règle ne comportant
aucune exception le payement au comptant. Si cette
mesure est appliquée d'une façon équitable et si l'on
tient résolùment la main à son exécution, il arrivera souvent que l'on obtiendra de la part de mem-

bres *qui auraient besoin de crédit*, qu'ils puissent payer et qu'ils payent effectivement. Pour être en position de remplir cette condition, ils n'ont qu'à entrer dans les Sociétés d'avances et de crédit qui existent partout, ou du moins se trouvent à des distances assez rapprochées pour qu'on puisse facilement en faire partie. Ils se mettent ainsi à même de satisfaire de la manière la plus avantageuse à leur besoin de crédit, en se plaçant sur le terrain convenable. En effet, les Sociétés dont nous parlons sont spécialement organisées dans ce but; elles y sont aussi propres que les Sociétés pour l'achat des matières premières y sont impropres, et nous ne voyons pas la nécessité de jeter ces dernières dans un ordre de choses qui leur est étranger. L'expédient que nous proposons a, du reste, mais, à la vérité, dans quelques cas particuliers seulement, été mis à exécution complète. Le cas le plus ancien, et qui a eu un grand succès, est celui de l'*Association des cordonniers de Wolfenbüttel* (1), dont l'existence remonte à 1851 et qui est certes une des Sociétés les plus importantes de l'*Allemagne*.

Son exemple a été récemment suivi par les *fabricants de gants d'Halberstadt*. La fondation d'une Société de crédit à Wolfenbüttel ayant toujours échoué,

---

(1) Cette Société, d'après le compte rendu de l'auteur pour l'année 1871, avait, dans cette même année, son personnel étant de 139 membres, vendu pour 37,354 thalers de marchandises et fait ainsi, au moyen d'une augmentation de 7 0/0 sur les prix, un bénéfice net de 1,470 thalers. A la fin de l'année, son capital d'exploitation se composait de 11,739 thalers, en sus d'un emprunt de 1,708 thalers; toutefois, ces fonds n'avaient atteint le chiffre indiqué que dans le courant de l'année. On se trouve donc pour l'ensemble en présence d'une circulation s'élevant au triple du capital.

les cordonniers créèrent, exclusivement pour les besoins de leur groupe coopératif, une Caisse spéciale d'avances où leurs adhérents trouvent à titre de prêt, moyennant les droits habituels de provision et le remboursement des intérêts voulus, l'argent nécessaire pour le payement au comptant des marchandises livrées par le magasin de l'association.

Supposons maintenant que, dans quelques localités, il ne soit pas possible de le mettre à exécution, il faudra alors se décider positivement à faire des crédits en marchandises, mais l'on devra au moins fixer à ces crédits les limites et les conditions suivantes, si l'on ne veut pas que la Société coopérative soit entraînée vers une ruine inévitable.

Dans son ensemble le chiffre des crédits se trouve déjà circonscrit par le plus ou moins d'étendue des affaires, par les ressources dont dispose la Société, eu égard aux besoins de la masse de ses sociétaires. L'augmentation du début, par suite du crédit acccordé à certains membres, ne doit jamais faire obstacle aux droits qu'ont les autres à s'approvisionner. Mais il y a lieu d'examiner avant tout la question des garanties que les débiteurs sont à même de fournir comme gage de l'exactitude de leurs payements, si l'on veut que la caisse ait constamment à sa disposition les ressources nécessaires aux opérations qu'elle doit faire. L'on peut dire à cet égard, sans la moindre hésitation, que le crédit à accorder aux membres pourra s'élever à la somme que chacun d'eux aura versée à la caisse sociale sur le montant dû pour son capital de garantie, comme cela a déjà été démontré précédemment ; la caisse, en effet, se trouve couverte jusqu'à concurrence de cette somme. A vrai dire, dans les premières années d'existence d'une Société coopérative, lorsque les capitaux de garantie ne se sont pas accumulés en quantité suffisante pour atteindre à un chiffre de quelque importance, on pourra à la rigueur accorder un crédit dépassant le chiffre réalisé, *mais jamais sans une garantie sous forme d'hypothèque ou de cautionnement.*

Dans ce cas encore, il ne faudra pas aller au-delà de la somme fixée et limitée pour chaque membre, suivant la décision des directeurs et de la délégation (§ 35 des statuts-types). Il ne pourra non plus, sous quelque prétexte que ce soit, être permis au chef de magasin de dépasser, même à ses propres risques, le chiffre fixé, si l'on ne veut s'exposer à des prétentions sans bornes et aux plus dangereuses éventualités. Il faut d'autant plus s'en abstenir que, d'ordinaire, même après une existence de deux ans, l'on est encore dans la nécessité de recourir aux fonds de garantie, dont on favorise surtout l'accroissement en faisant dépendre de leur effectif le droit à un crédit. Combien la possession d'un capital de cette nature, qui n'est pas remboursable à volonté, ne contribue-t-elle pas à raffermir les bases sur lesquelles repose l'entreprise de la Société ! Il ne faut pas, non plus, priser moins haut l'avantage qui résulte pour les membres eux-mêmes de la nécessité où ils sont de placer ainsi leurs économies.

Il ne s'agit pas toutefois de limiter le *chiffre* seul de crédit, mais aussi le *temps* pour lequel on doit accorder ce crédit. Le terme du délai dépend, en premier lieu, du nombre de fois que le capital rentrera en caisse pendant l'année, ce qui permet à ce capital de circuler autant de fois ; en second lieu, il dépend des arrangements relatifs aux époques qui offrent, pour les achats, des avantages spéciaux. De plus, la prospérité de l'industrie qu'exerce pour son compte le débiteur, et pour l'exploitation de laquelle on lui a cédé la marchandise, se rattache, de même que la réussite de l'entreprise de la Société, à de certaines périodes où l'argent, sans lequel on ne peut travailler, circule et rentre facilement. **Exiger de la Société qu'elle ne fixât pas d'époque pour se rembourser des crédits faits, que serait-ce, sinon favoriser chez ses membres l'improbité et l'inexactitude à remplir les engagements contractés. Dans ce cas (ainsi que cela n'est que trop souvent arrivé, et certes avec les meilleures intentions du monde), se montrer indulgent, augmenter même le crédit, dans l'espoir que le débiteur incapable au moment voulu de faire honneur à ses engagements finira, à force de travail, par se tirer d'embarras, c'est là un expédient qui jusqu'ici n'a guère profité à ce dernier, et dont le résultat le plus clair a été d'accroître les pertes des Sociétés, si bien que bon nombre d'entre elles se sont écroulées.**

Eu égard aux considérations que nous venons d'exposer, on ne peut guère aller au-delà d'un terme de trois à quatre mois au maximum, attendu que d'habitude c'est tout au plus si l'on arrive à tripler la circulation. Bien mieux, si des foires doivent avoir lieu ou si d'autres occasions analogues doivent se présenter dans un délai plus rapproché et qu'il faille en prévision réunir toutes les ressources de la caisse, il faudra alors stipuler un terme de payement plus court encore. Si des occasions de cette nature par le fait ne coïncidaient pas avec les périodes où les clients, grâce à l'écoulement normal de leurs produits, peuvent réaliser leurs créances, il leur resterait toujours dans ce cas le moyen précédemment signalé, c'est-à-dire qu'ils pourraient se procurer auprès d'une *Société d'avances ou de crédit* les fonds nécessaires. C'est le parti auquel ont eu recours un grand nombre de *Sociétés coopératives de cordonniers*, vu la nécessité où elles se trouvaient de devoi... onsacrer aux achats de cuirs dans les foires tout le numéraire dont elles disposaient. La plupart des membres qui composaient ces groupes faisaient également partie des Sociétés d'avances. Celles-ci s'étaient déjà organisées de façon que leurs adhérents obtenaient directement, avant l'ouverture de la foire, les sommes nécessaires pour payer le montant de leurs achats.

Toutefois, il ne faut pas, dans le but de *limiter le crédit*, en abaisser outre mesure le chiffre. C'est ce qui aurait lieu si, pour des achats ne s'élevant qu'à de très faibles sommes, on n'accordait que quelques deniers; ce serait multiplier les peines et les frais d'administration par des écritures inutiles.

Nous touchons maintenant à la question *des garanties que les débiteurs doivent fournir à la caisse, en échange du crédit accordé.* Que, dans une branche d'opérations d'autant de risques qu'en présente la *vente à crédit*, les dispositions soient prises de ne pas travailler d'ailleurs à perte, c'est le moins qu'on puisse exiger.

Aucun marchand ne vend à crédit aux mêmes conditions qu'au comptant, et il ne le peut pas. Loin de faire ainsi, dans le premier cas il ajoute tout au moins à son prix les intérêts qu'il perdrait durant le temps à courir jusqu'à la rentrée de sa créance. Il doit en être de même à l'égard de la Société coopérative.

Elle est tenue de payer à ceux dont elle est débitrice, à raison de son capital d'exploitation ou à ceux chez qui elle achète à crédit, en d'autres termes à ses *créanciers*, et peu importe qu'il s'agisse ici de ses sociétaires mêmes ou de tiers, des intérêts, intérêts qu'à son tour elle est obligée de se faire rembourser par ses *débiteurs*, pour peu qu'elle veuille avoir une existence durable. Autrement elle donnerait l'avantage aux acheteurs à crédit et irait tête baissée et de gaieté de cœur à l'encontre des dangers que ne pourrait manquer de faire naître une semblable mesure. En effet, la Société accordant des crédits et n'exigeant pas le remboursement des intérêts, ce n'est, ni plus ni moins, en affranchir ses débiteurs pour s'en charger elle-même ; c'est donner à de pareilles opérations une *prime* d'encouragement, c'est *punir*, pour ainsi dire, les acheteurs au comptant lorsque, dans ce cas, elle devrait, au contraire, les favoriser de toutes manières. En réalité, le déficit que la caisse aurait à supporter dans une semblable hypothèse ne pourrait être compensé que par des augmentations plus fortes sur les prix des marchandises ou par la réduction du chiffre des dividendes. Ce sont là des mesures qui frapperaient tous les acheteurs sans distinction, qu'ils eussent ou non payé. En présence d'une pareille conduite, quoi de plus naturel que de voir chez les sociétaires disparaître tout penchant à acheter au comptant, et les opérations à crédit devenir la règle, en dépit des dispositions statutaires ?

C'est sur quoi savent fort bien compter de nos jours les personnes qui, ayant des ressources dont elles pourraient disposer pour payer, préfèrent placer à intérêt, pendant les trois à quatre mois de crédit qui leur ont été accordés, leurs fonds soit dans des caisses d'épargne soit dans des banques de prêts et d'avances, pour ne les en retirer qu'à l'échéance des sommes qui forment le montant du crédit obtenu.

Quant à la manière d'évaluer ces intérêts, l'on devrait, pour chaque cas spécial, les calculer d'après l'époque de l'échéance et en prenant pour base un taux annuel de tant pour cent. Mais il a été démontré qu'il y avait à cela de graves inconvénients dans la pratique, attendu qu'en adoptant ce moyen il faut, à chaque fois, un règlement spécial et de nouveaux calculs, ce qui a pour effet de gêner la surveillance en ce qui concerne les intéressés, et de surcharger l'administration d'un travail extraordinairement fastidieux. Il a été reconnu que ce qui répondait le mieux au but qu'on se propose, c'était de *régler dans tous les cas les intérêts au moyen d'une somme fixe évaluée en monnaie, et que l'on considère comme une nouvelle augmentation des prix.* L'on établit, par conséquent, les calculs d'après le nombre de mois, on prenant toujours pour point de départ la valeur entière du thaler, c'est-à-dire fraction non comprise. L'on devra donc regarder comme tout à fait équitable la disposition des statuts en vertu de laquelle on sera tenu, dans les achats à crédit, de rembourser, en outre du prix fixé pour la vente, 2 à 3 pféniges de plus, c'est-à-dire l'équivalent de 1/6 à 1/4 de gros en monnaie prussienne, et cela pour chaque mois de terme et par chaque thaler de marchandise achetée. C'est, certes, le minimum qu'on puisse exiger. Ce prélèvement correspond à un intérêt annuel de 6 2/3 à 10 0/0, taux au-dessous duquel il n'est pas permis de descendre, à moins de vouloir, laissant de côté les pertes qui en résulteraient pour la caisse, manquer le but principal, qui est d'entretenir chez les sociétaires le désir de payer comptant. Ce prélèvement non déguisé, et dont chacun peut se rendre compte à l'avance, aura à ce sujet un effet décisif.

Nous croyons presque superflu de faire remarquer qu'à raison de cette mesure il faudra prendre soin d'ouvrir sur les livres de magasin, à côté de la colonne où seront marqués les prix fixés pour chaque article spécial, une seconde colonne mentionnant les augmentations dues par suite des crédits accordés.

La troisième question importante concerne la *forme légale* dans laquelle le crédit doit être consenti. C'est d'elle que dépendent la facilité et la rapidité des poursuites judiciaires, au cas où le débiteur n'est pas en mesure au terme fixé. Sur ce point, le système introduit par nous, à l'origine de ces Sociétés, d'un *Livre de créances*, où le chef de magasin inscrivait par ordre de date chaque livraison de marchandises au compte de chaque débiteur, ce dernier recevant de son côté un carnet de contrôle, a été reconnu absolument insuffisant. Cette combinaison a donc été formellement rejetée, conjointement avec celle des *crédits ne portant pas intérêt*, dans l'assemblée générale que les associations des cordonniers ont tenue à Delitzsch pendant l'été de 1865 (1). Dans ce système, non-seulement la légitimité de l'action à intenter contre un débiteur de mauvaise foi était difficile à prouver et la procédure interminable, mais encore aucun terme ne se trouvait stipulé de façon à mettre le débiteur en demeure

____

(1) Consulter le *Journal de la Coopération*, collection de 1866, page 2.

de s'acquitter, ou la direction en mesure d'exiger le remboursement de sa créance aussitôt échue, comme cela a lieu lorsqu'il existe un engagement avec échéance fixe, également obligatoire pour les deux parties. Tous ces inconvénients seront évités du moment où l'on substituera au *Livre de créances* l'effet de commerce, et dès que l'on procédera de la façon suivante, qui répond à la nature des opérations commerciales dont il est ici question. Faire souscrire pour chaque vente un billet à ordre par l'acheteur de la marchandise serait impraticable, car il faut souvent, surtout en ce qui concerne les Sociétés coopératives des cordonniers, attendre longtemps avant que les livraisons atteignent seulement à la somme d'un thaler. D'autre part, exiger, pour des livraisons d'un montant considérable, la souscription presque immédiate d'un effet, alors que, pour les petites factures, on attendrait que, réunies, elles s'élevassent à une certaine somme, c'est là une mesure qui ne répondrait pas davantage au but qu'on se propose. En effet, on se verrait, à l'égard de beaucoup de sociétaires, dans la nécessité de tenir, durant plusieurs mois de suite, un registre des petites livraisons; ce serait rétablir le *Livre des créances*. Ces considérations ont amené le *Congrès tenu à Anlitsch* à recommander un système de *règlements au moins mensuels* des comptes ouverts aux sociétaires. Du reste, le Congrès général tenu à Gœrlitz en 1863, s'appuyant des expériences de plusieurs Sociétés coopératives de cordonniers, entre autres de celles de Breslau, de Gœrlitz et de Mersebourg, qui en avaient fait l'essai pratique, avait, sur la motion naturellement pressante de l'agence centrale, conseillé, dès cette époque, de recourir à cette mesure. Le montant de chaque livraison de marchandises prises à crédit par un sociétaire devra, en conséquence, être porté au débit de son compte respectif, et l'acheteur devra chaque fois inscrire, dans une colonne ouverte à cet effet, son nom signé de sa main même, pour que la livraison soit ainsi constatée. La transcription des dettes sur un registre *ad hoc* ne saurait donc, sur ce point du moins, être évité sans qu'il y ait des inconvénients. Mais ensuite, à un jour désigné, et de préférence toujours le dernier jour de chaque mois, les sommes des différents lots pris à crédit, et que l'acheteur de quelque temps n'est pas encore tenu de payer, seront additionnées et converties en une lettre de change qui servira de garantie pour la dette. On aura soin de comprendre dans le montant de cet effet les augmentations dues à raison de la vente à crédit et qui tiennent lieu des intérêts.

Ce qui paraît le plus convenable à cet égard, c'est de faire usage de la *lettre de change sec* ou *billet à ordre*, connue sous la désignation de *seule de change*, c'est-à-dire d'une reconnaissance à laquelle on donne la forme d'une lettre de change; car cette sorte d'effet exprime plus nettement que *la traite*, ou effet de commerce tiré d'un lieu sur l'autre, la nature des rapports, et l'ouvrier en saisit plus vite le mécanisme. On trouvera à l'Appendice un modèle de ce genre d'effet. Le cas où un garant serait cosignataire y a également été prévu. Cette circonstance particulière devra être formellement mentionnée à la suite de la signature; car, bien que le débiteur, en son propre et privé nom, ne puisse s'en prévaloir pour refuser le remboursement immédiat auquel donne droit la lettre de change, au cas où le débiteur principal n'aurait pas payé, toutefois, la Société coopérative se trouve ainsi garantie contre le prétexte que pourrait élever le répondant, objectant que la valeur en question ne porte pas son aval, et, de plus, cette formalité est même utile à ce dernier pour exercer sans obstacle son recours contre le débiteur principal, si celui-ci n'avait pu payer.

Il va de soi que toutes ces mesures ne peuvent obvier aux inconvénients signalés qu'autant qu'elles seront appliquées avec ensemble et avec une rigueur extrêmes, sans qu'il puisse être permis d'y déroger sur un point quelconque.

Toute condescendance intempestive, dans un établissement commercial appartenant à ceux-là mêmes qui en sont les clients, conduit beaucoup plus loin qu'on ne peut se l'imaginer, et amène infailliblement au sein de l'association des dissensions et des déchirements.

La faveur accordée à l'un ne saurait être facilement refusée à l'autre. On se trouve ainsi entraîné, et ce laisser-aller devient la règle générale; le désordre se glisse peu à peu des affaires sociales dans les affaires privées et domestiques des membres. Il faut, au contraire, que ceux-ci sachent que, faute d'être exacts au jour de l'échéance, ils seront immédiatement et impitoyablement poursuivis, si l'on veut les habituer à respecter leurs engagements et à gérer avec ordre leurs intérêts commerciaux et domestiques. Il n'y a rien de surprenant à ce qu'à l'occasion des poursuites, les conséquences ordinaires de la négligence viennent à se produire telles, par exemple, que la nécessité de payer des intérêts pour cause de retards, intérêts évalués, d'après la jurisprudence qui régit le contrat de change à raison de 6 0/0 l'an (ordonnance générale relative à la lettre de change en Allemagne), mais ici l'on éprouve un autre préjudice par suite même des conditions particulières où l'on se trouve.

Comme nous l'avons vu, le *dividende* doit être réparti au prorata des sommes que les membres auront consacrées à des achats dans les magasins de l'association. Il paraît très juste, dans ce cas, de tenir compte, non-seulement des sommes versées sur-le-champ, mais même de celles pour lesquelles des crédits ont été accordés, pourvu, toutefois, que ces sommes soient rentrées à l'échéance. Au contraire, les sommes dont il faut poursuivre le payement en justice, peu importe que le recouvrement puisse ou non en être opéré, ne doivent jamais servir pour établir le chiffre du dividende à allouer.

On ne saurait attacher de récompense au non accomplissement d'un devoir.

Il est évident que, lorsqu'il s'agit de tenir la main à l'exécution de toutes ces mesures indispensables à la réglementation des crédits, c'est au chef de magasin qu'est dévolu le rôle principal; aussi, est-il nécessaire qu'un contrôle des plus rigoureux soit exercé sur l'administration des magasins en général et sur les admissions au crédit en particulier. L'expérience, en effet, a partout démontré que les agents ou administrateurs préposés à la vente, dans le seul but d'avoir un débit plus considérable résultant en une augmentation du tant pour cent qui leur est alloué sur les ventes, à titre d'appointements, sont enclins à accorder, sans motif, des crédits et à dépasser les limites qui leur ont été fixées à cet égard. Il faut donc qu'au cas où ils seraient disposés à intervenir par des facilités, même faites à leurs propres risques, soit, par exemple, en se portant garants ou en répondant sur le cautionnement fourni par eux, il leur soit défendu de le faire, et cela *d'une manière absolue et sous peine d'être sur-le-champ relevés de leurs fonctions.* Les devoirs administratifs et la responsabilité qu'à raison de sa charge le chef de magasin contracte vis-à-vis de la Société, ont un caractère de gravité telle qu'il est tout à fait impossible de l'autoriser à se porter personnellement garant, pour des intérêts particuliers, au préjudice de ceux de la Société, pas plus que de lui laisser grever indirectement le cautionnement au moyen duquel il répond vis-à-vis du groupe. Si l'on permet un pareil abus, comme cela n'est arrivé que trop souvent dans les premiers temps, ou si on le tolère en silence, l'on voit, après peu d'années, se produire des faillites qui, non-seulement causent la ruine du chef de magasin, mais souvent aussi celle de la Société coopérative. Aussi ne doit-on, sous aucun prétexte, se montrer disposé à accorder la moindre faveur, et l'on reconnaît le véritable chef de magasin à la sévérité qu'il déploie sous ce rapport, surtout à son refus d'admettre des répondants en ce qui concerne les dettes pour achats de marchandises. C'est la plus grande qualité dont on puisse faire preuve, car il se soustrait ainsi à toutes les récriminations des çoopérateurs, récriminations auxquelles il lui serait autrement difficile de résister longtemps.

7.

ADMISSION A TITRE DE CLIENTS DE PERSONNES ÉTRANGÈRES A L'ASSOCIATION

Dans les explications détaillées auxquelles nous nous sommes livré dans les précédents paragraphes, nous sommes parti de ce principe :

Que les Sociétés coopératives pour achats de matières premières se bornent à céder à leurs sociétaires la marchandise, mais qu'elles ne vendent pas au public.

Qu'il leur soit permis légalement de se départir de cette dernière clause, sans pour cela sortir des limites du droit qui régit les Sociétés coopératives, c'est un point que la législation de l'Allemagne du 19 mai 1871 a mis hors de doute. Cependant nous ne saurions trop leur conseiller de s'abstenir de donner à leurs affaires une extension quelconque de ce genre.

Elle a, tout d'abord, l'inconvénient de rendre l'administration plus difficile et d'accroître les risques que court l'entreprise. Tandis que, d'une part, il est aisé de se rendre compte des besoins d'un cercle restreint, tel que celui que forment les membres d'une Société, et que, de plus, on n'est pas exposé au danger de surcharger d'articles inutiles le stock en magasin ; de l'autre, on se trouve dans une situation bien autrement désavantageuse, en face des besoins pour ainsi dire illimités d'une clientèle qu'il faut, avant tout, tâcher de gagner, en lui offrant un assortiment aussi abondant que possible ; et, pour satisfaire à une demande aussi variable, il est nécessaire, en outre, de posséder une habileté et une expérience commerciales des plus développées. Mais, laissant de côté la question de gestion, le contrôle lui-même devient plus laborieux. Il est, en effet, impossible de vendre à des personnes étrangères aux mêmes prix qu'aux sociétaires. Ces derniers, pour obtenir des prix moins élevés, ont dû se grouper et assumer les risques de l'entreprise. Maintenir en faveur des tiers l'égalité des prix. sans que ceux-ci eussent à supporter les risques en question, aboutirait à ce résultat qu'en fin de compte le désir de faire partie des Sociétés coopératives deviendrait de moins en moins vif ; car. même sans se soumettre à cette condition, l'on pourrait encore jouir des principaux avantages qu'offrent ces institutions.

Il est, au surplus, évident que la possibilité de s'approvisionner à bon marché est une considération beaucoup plus sérieuse que celle des dividendes.

Se borner, par suite, à exclure les personnes étrangères de la participation à ces dividendes dans l'espoir qu'elles se décideront ainsi à adhérer aux Sociétés, serait une mesure dépourvue de toute efficacité.

Enfin. il faut encore prendre en très sérieuse considération *l'impôt sur les patentes*, qui viendrait s'ajouter aux charges qui pèsent déjà sur les Sociétés. Les établissements coopératifs y sont, en effet, soumis non-seulement en Prusse, dans la Saxe et le Mecklembourg, mais dans tous les Etats de l'Allemagne, du moment où l'on se décide à admettre comme clients des gens étrangers à ces institutions.

Il n'y a donc avantage à donner plus d'étendue aux affaires de ce côté là qu'autant qu'on a un débouché d'une certaine **importance**.

Mais penser obtenir un debit plus considérable sans faire aux clients étrangers des *crédits* proportionnellement plus grands et fréquents, c'est ce qui est en désaccord avec l'expérience générale.

8.

SYSTÉME DE COMPTABILITÉ. TENUE DES LIVRES. INVENTAIRE ET BILAN.

I. — *Généralités.*

Quant à la nécessité d'un système régulier de comptabilité et d'une tenue de livres présentant l'ensemble des opérations, sur ces deux points, de même qu'au sujet des prescriptions du Code général de commerce et de la loi sur les Sociétés coopératives, nous renvoyons le lecteur à la première section de cet ouvrage, page 20.

Il ne nous reste qu'à traiter de la nature de la comptabilité, et de son application et à faire comprendre par des exemples comment on peut, dans la pratique, l'adapter aux diverses exigences que comportent les besoins des Sociétés pour l'achat des matières premières.

A ce sujet nous ferons remarquer, avant d'aller plus loin, que le système italien connu sous le nom de *Tenue des livres en partie double*, et qui est applicable à toutes les entreprises commerciales imaginables, satisfait de la façon la plus positive et la plus complète à toutes les exigences, soit au point de vue de la marche des affaires et de là situation financière, soit à celui d'un contrôle exact des écritures les unes par les autres. Si donc on possède, parmi son personnel, des gens capables et suffisamment au courant de ce genre de tenue de livres, l'on ne devra pas manquer d'en faire l'application, d'autant que le surcroît de travail qu'elle demande est peu de chose en comparaison des avantages qu'elle offre. Quant à des Traités sur le sujet, le monde commercial n'en manque certes pas, de sorte que nous pouvons nous en remettre du choix aux Sociétés intéressées, d'autant plus qu'on ne saurait se passer d'une personne versée dans ce genre de travaux, soit pour organiser au début, soit pour continuer à tenir les livres dans la suite. Cependant, comme ces Méthodes de tenue des livres en partie double n'ont généralement pas égard aux besoins particuliers des Sociétés coopératives, nous recommanderons de préférence un ouvrage qui remédie à ce défaut, et qui, dans la pratique, a bien des fois justifié l'emploi qu'en font les Sociétés de consommation, lesquelles ont une grande analogie avec les Sociétés pour l'achat des matières premières; nous voulons parler de l'ouvrage de M. G. Oppermann publié sous ce titre : *La tenue des livres en partie double, à l'usage des commerçants et plus particulièrement des Sociétés de consommation (facilement applicable également aux Sociétés de production et d'achats de matières premières, etc.) F. Duncker, éditeur, 1869.* Les modifications que comporte la méthode d'Oppermann, surtout relativement aux Sociétés pour l'achat des matières premières, lorsque ces associations vendent à crédit, se présentent d'elles-mêmes à l'esprit de celui qui est versé dans la tenue des livres en partie double, et nous n'avons, par conséquent, pas besoin de nous y arrêter ici.

Notre tâche consiste bien plutôt, par rapport à la

grande majorité des Sociétés coopératives pour achats de matières premières dirigées par de simples artisans qui savent difficilement se débrouiller au milieu des termes techniques et commerciaux de la tenue en partie double, à tracer nettement les traits principaux d'une tenue des livres et les règles qui servent à l'établissement des comptes. Ces explications sont plus à la portée de leur intelligence, et leur permettront, par un coup d'œil général, d'embrasser l'ensemble des opérations conformément aux prescriptions de la loi.

Nous commencerons par la *période de comptabilité* formant, d'après les statuts-types, l'*année commerciale*, laquelle nous désirerions voir coïncider toujours et d'une façon absolue avec l'*année civile*. Malheureusement, à la fin de cette dernière, bon nombre d'artisans sont obligés de consacrer la plus grande partie de leur temps à dresser l'inventaire de l'établissement qu'ils dirigent pour leur propre compte. Les loisirs leur manqueraient donc le plus souvent si, à cette époque, ils voulaient en outre entreprendre de faire l'inventaire des magasins de la Société coopérative, et procéder au règlement des écritures de celle-ci. Il leur serait en tout cas impossible d'y apporter le soin nécessaire. C'est par ces raisons que beaucoup de Sociétés coopératives ont placé la fin de l'année commerciale, en ce qui concerne leurs établissements, à l'époque de la saison morte, où les directeurs et la délégation peuvent se consacrer entièrement aux travaux des règlements d'écritures, sans crainte aucune de préoccupations étrangères.

Mais, au surplus, un règlement général de la comptabilité, auquel on procédera une *seule fois par an*, est d'ordinaire la mesure la plus adaptée aux besoins des Sociétés dont il est ici question. D'après les usages commerciaux résultant de l'expérience et par suite des prescriptions de la loi sur les Sociétés coopératives, paragraphe 26, une *prolongation* de la période de comptabilité au-delà d'une année ne paraît pas devoir être autorisée. D'autre part, des raisons particulières peuvent, pour certaines Sociétés coopératives, influer en faveur d'une période *plus courte* de comptabilité et être plus décisives que la peine occasionnée par de fréquents règlements d'écritures. Ceci n'est nullement en contradiction avec le paragraphe **26 de la loi sur les Sociétés coopératives. — Les dispositions** relatives à la publication du bilan et à la déposition de la liste des sociétaires ne constituent pas une obligation qui doive se reproduire plus d'une fois par an. Il ne faudra donc tenir compte, en pareil cas, que d'une seule condition, c'est que les périodes adoptées pour le règlement des écritures soient comprises dans le laps de temps qui forme l'année, c'est-à-dire qu'elles soient trimestrielles ou semestrielles.

Mais, abordant le mécanisme même de la tenue des livres, nous devons, avant tout, appeler l'attention sur quelques difficultés qui s'opposent à l'établissement d'un système d'écritures qui, tout en présentant un aperçu net des transactions commerciales et en en reproduisant fidèlement la marche, puisse encore être adapté à l'intelligence de simples artisans.

La tenue des livres présente, pour les Sociétés coopératives de matières premières, une difficulté qui leur est commune avec toutes les autres sortes d'institutions coopératives. Elle consiste en ce que le besoin d'un contrôle incessant des membres de l'administration, les uns par les autres, conduit forcément à faire usage d'un plus grand nombre de livres qu'il n'en faudrait pour le but principal, qui est de pouvoir acquérir à tous moments une connaissance exacte de la situation financière de la Société, au moyen de l'examen des écritures. Il est donc difficile, si l'on veut obtenir ce contrôle, d'éviter complétement une tenue en partie double, au moins d'un certain nombre de livres.

Une autre difficulté considérable, en ce qui concerne la tenue des livres, a son origine dans cette circonstance, à laquelle on a dû avoir égard, avec juste raison, dans les statuts-types, c'est que la plupart des Sociétés pour l'acquisition des matières premières vendent la marchandise à leurs membres, non-seulement au comptant, mais encore à crédit, et que la somme à laquelle s'élèvent les différents crédits accordés à un même individu doit être garantie au moyen d'un billet à ordre et subir, en outre, une augmentation d'intérêts annuels de 10 0/0, conformément au paragraphe 72 des statuts-types. Cette vente à crédit a pour effet d'amener dans la marche des affaires une série de complications diverses. Les Sociétés pour l'achat des matières, qui se livrent à cette sorte de transaction, unissent, dans une certaine mesure, les opérations en marchandises d'une *Société de consommation* aux opérations de crédit d'une petite *Société d'avances*. En effet, de ce que lesdites Sociétés d'achats de matières premières ouvrent un crédit à leurs membres, non pas en argent, mais en marchandises, la nature des opérations de crédit ne change pas pour cela. Mais, par cette raison même, la tenue des livres devient compliquée, au-delà de ce qui est utile pour une Société de consommation ou pour une Société de prêts et d'avances. Nous démontrerons plus loin, en détail, comment on peut simplifier d'une façon générale la tenue des livres, lorsque la vente se pratique uniquement et absolument au comptant.

Une difficulté spéciale relativement à la tenue des livres naît enfin, dans plusieurs de ces Sociétés, de la nature des matières brutes dont ont besoin, pour exercer leur industrie, les artisans qui font partie de ces groupes. C'est le cas notamment pour les cordonniers, attendu que le cuir à semelles, l'un des articles les plus importants de leur métier, est taillé sur une peau, d'après un patron plus grand, et, sur une autre, d'après un patron plus petit, et les morceaux qui restent ensuite sont loin d'avoir la même valeur. mais il existe, sous ce rapport, une grande différence. Le prix de chaque morceau sera donc évalué séparément, si l'on ne veut pas que la Société y perde. Naturellement il faut encore, lorsque les peaux ont été découpées de la sorte et que les morceaux sont mis en vente. inscrire sur les livres chaque morceau séparément, ce qui fait qu'il y a bien plus de détails de comptabilité que s'il s'agissait d'articles se vendant exclusivement au mètre ou à la livre.

II. — *Des livres spécialement à la charge de la direction.*

Afin de donner une idée juste de tous les détails qui rendent plus difficiles la tenue des livres dans le cas qui nous occupe, nous allons mettre sous les yeux du lecteur les écritures d'une Société coopérative de cordonniers pour l'achat des matières premières. Nous supposons, en outre, qu'elle vend à crédit dans les limites tracées par le paragraphe 72 des statuts-types. Voici les livres que le caissier aura à tenir :

1° *Journal-Caisse*, recettes et débours. (Formulaires n° 1 et 2) (1).

2° Le *Grand-Livre*, divisé dans les comptes suivants :

a) Compte A, fonds de réserve et inventaire (Formulaire n° 3), se subdivisant en deux sections, l'une pour le fonds de réserve, l'autre pour l'inventaire.

b) Compte B, parts sociales (Formulaire n° 4).

c) Compte C, fonds étrangers (Formulaire n° 5), qui se subdivise en deux sections, l'une pour les capitaux de garantie fournis par les sociétaires (paragraphes 60 et 62 des statuts-types), l'autre pour les divers emprunts.

d) Compte D, marchandises (Formulaire n° 6).

Ce compte complété par le livre auxiliaire des effets pour les marchandises prises à crédit, livre que le caissier tiendra également, devra renfermer : (For. 8.

e) Compte E, frais généraux (Formulaire n° 3).

f) Compte F, prêts à découvert (Formulaire n° 7).

Le chef de magasin, d'autre part, tiendra les registres ci-après :

3° Le livre des achats et des ventes se subdivisant ainsi :

a) Le livre de magasin pour les cuirs (Formulaire n° 9), dont le livre des rognures forme le complément (Formulaire n° 10).

b) Le livre de magasin pour les articles qui s'achètent ou se vendent au poids et à la mesure (Formulaire n° 11).

---

(1) L'appendice placé à la suite du présent chapitre contient la collection des Formulaires de comptabilité dont nous donnons ici les indications.

4° Le compte des clients de l'établissement (Formulaire n° 12).

5° Le livre des quittances du caissier (Formulaire n° 13), qui sert au chef de magasin de livre de caisse relativement au mouvement de l'entrepôt.

Enfin, le gérant aura à sa charge :

6° La copie abrégée du journal-caisse (Formulaire n° 14).

7° Le livre des décharges du chef de magasin, c'est-à-dire des reçus relatifs aux marchandises entrées en magasin et dont ce fonctionnaire doit rendre compte (Formulaire n° 15).

Chaque sociétaire a, pour son usage personnel, un *Carnet d'achat* (Formulaire n° 16) et un *Carnet de quittances*; le premier servant à donner le relevé de ses parts sociales et les augmentations annuelles qui sont venues les accroître; le second constatant les versements à-compte du capital de garantie et les intérêts qui y sont afférents.

Pour mettre le lecteur à même de suivre, dans les livres spéciaux, les écritures résultant des diverses opérations auxquelles se livrent les Sociétés dont il est ici question, et pour donner par la même occasion, dans la mesure où il est possible de le faire succinctement, une idée exacte, ou, si l'on veut, une reproduction de la tenue des livres nécessaire à ces associations, nous avons dans le *Journal-Caisse*, d'après un relevé sommaire des recettes et des debours depuis le 1er janvier jusqu'au 24 décembre, passé article par article des recettes et des debours de la dernière semaine commerciale et civile de 1872. Nous en avons ensuite, autant que cela était indispensable pour l'intelligence de ce mécanisme et que le permettait le peu d'espace dont nous disposons, opéré le transfert au grand-livre. et même, pour qu'on se rendît encore mieux compte, nous avons fait mention de quelques articles sur les registres du chef de magasin et sur le carnet d'achats de l'un des sociétaires.

Dans le journal-caisse, l'on voit figurer les écritures réunies et formant un seul total, mais ensuite on les voit séparément inscrites aux six comptes particuliers du grand-livre, et, à ces comptes on en a ajouté un septième sous la rubrique « Généralités », qui comprend les articles courants et autres. On obtient de la sorte et sur-le-champ, au moyen du journal-caisse, un aperçu du mouvement général des opérations, et par les comptes spéciaux, comme chaque somme figure deux fois, un contrôle réel, à la condition que les recettes d'un folio et les débours de l'autre se balancent avec lesdits comptes spéciaux, et qu'aucune erreur de plume ne se soit glissée dans les calculs.

Le total des sommes auxquelles, dans le journal, s'élèvent les recettes jusqu'au 31 décembre (Formulaire n° 1), soit thalers 19,003.16.11, se trouve être juste, puisque ces mêmes recettes donnent au :

Compte A........	Thalers	7.15. »
Compte B.......	—	5. ». »
Compte C......}	—	500.15. »
	—	600. ». »
Compte D......}	—	17,044. 4. 3
	—	209.19. 3
Compte E.......	—	4.12. 8
Compte F.......	—	415. 7. »
Généralités......	—	217. 3. 9
Ensemble	Thalers	19,003.16.11

Les débours devront présenter des résultats analogues (Formulaire n° 2). Du moment où le règlement des comptes d'un folio du journal-caisse n'offre pas, quant aux recettes ou aux débours, un total égal à celui que donne l'addition des sommes fournies par les comptes spéciaux, il existe une erreur, soit de calcul, soit de plume, et il faut la trouver en vérifiant à plusieurs reprises, si c'est nécessaire, les calculs, et en pointant chaque article d'écritures. Est-il démontré, par exemple, qu'il s'est glissé une erreur de plume au n° 919 des recettes (Formulaire n° 1), compte D, « Intérêts », qu'au lieu de 6 gros d'argent on a porté par mégarde 9 gros d'argent, il ne faut pas alors biffer ce 9 ou le raturer, pour le remplacer par un 6, car de telles altérations ou surcharges d'écritures sont formellement interdites par l'article 32 du Code général de commerce pour l'Allemagne. On devra, au lieu de cela, additionner les chiffres de la colonne des « Intérêts » du folio dont il s'agit, comme si, à l'endroit indiqué, on eût régulièrement porté un 6 à la place du 9, et inscrire ensuite, comme dans l'exemple que présente le Formulaire, un total de thalers 209.19.3, en ajoutant en face de cette somme, dans la colonne consacrée aux remarques : « Le compte D donne la somme inscrite ci-contre, sous le n° 919, vu qu'on aurait dû porter 6 gros au lieu de 9 gros d'argent. »

Par rapport aux comptes spéciaux du grand-livre, nous croyons devoir faire remarquer que les recettes relatives au compte A, si elles concernent le fonds de réserve, doivent figurer sur le grand-livre parmi les recettes. Il en sera donc ainsi de la somme de 1 thaler, droit d'admission payé par le tailleur Eilenbourg.

Ces encaissements concernent-ils, par contre, l'inventaire, il faudra, par suite, les faire figurer sur le grand-livre au crédit dudit compte ; ainsi, la somme de 7 1/2 gros d'argent, montant d'une vieille lampe à huile, n° 923, page 6 du grand-livre (Formulaire n° 3), a été inscrite à l'avoir, car le chiffre de l'inventaire est réduit dans la proportion de la somme provenant de la vente de cette vieille lampe. Tout au rebours, la somme de thalers 15, 7, 6, débours complémentaires pour l'établissement du gaz, qui par rapport à l'inventaire est inscrite aux débours (Formulaire n° 2), n° 623, figure à la page 6 du grand-livre, au débit du compte A. En effet, la valeur représentée par ce travail devant être comprise dans l'inventaire, le chiffre de ce dernier doit en éprouver une augmentation correspondante.

Le compte B des parts sociales (Formulaire n° 4), tant que les affaires suivent un cours régulier, ne peut présenter de recettes de quelque importance que vers la fin de l'année, époque où l'on règle les intérêts et les dividendes respectifs, et encore ces recettes ne figurent-elles pas dans le mouvement de la caisse. Le seul et unique cas où l'on puisse voir figurer une recette sur le journal-caisse, se présente (conformément au paragraphe 55 *bis* des statuts-types), lors de l'admission d'un nouveau sociétaire. Celui-ci est tenu à un versement de *un* thaler, comme on le voit (Formulaire 1, n° 917 et Formulaire 4), page 20 du grand-livre, où l'article se trouve reporté.

Il n'y a d'articles à inscrire au crédit du compte B que dans le cas de déductions par suite de pertes si considérables qu'elles n'aient pu être couvertes ni par les bénéfices ni par le montant du fonds de réserve, ou bien encore dans le cas où un sociétaire vient à se retirer. Dans cette dernière hypothèse, il y aura lieu de passer écriture aussi sur le journal-caisse, mais, comme l'année commerciale concorde avec l'année civile, ce fait ne peut se produire qu'au mois de mars; nous avons dû le passer sous silence dans le Formulaire n° 2. Nous avons signalé, par contre, les changements auxquels donnent lieu, dans les écritures du compte B, l'admission au 1er septembre 1869 et l'expulsion au 31 décembre du membre Griepenkerl. Il ressort de cet exemple que la meilleure manière d'organiser le compte B est de faire en sorte qu'on puisse laisser libre, pour les écritures relatives à chaque sociétaire, un tiers environ de chaque folio. Cet espace peut suffire durant trois à quatre années, mais au bout de ce laps de temps il faut ouvrir à nouveau ce compte pour tous les membres de l'association.

Le compte C, fonds étrangers (Formulaire n° 5), se subdivise en deux sections. La première, pour le capital de garantie; la seconde, pour les autres sommes reçues à titre de prêts. Nous croyons devoir recommander de laisser, dans chacune de ces deux sections, un folio entier pour chaque créancier. Cette précaution, en ce qui concerne le capital de garantie est, au surplus, indispensable, puisque, en vertu des statuts-types, les membres de la Société se trouvent dans l'obligation d'élever graduellement leur part dudit capital au chiffre voulu, au moyen de cotisations mensuelles d'au moins 1 thaler, de sorte que, dans une année, ces versements pourraient donner lieu à douze articles à inscrire successivement au compte de chaque sociétaire. Quant aux écritures relatives aux intérêts, lesquels, d'après les **statuts-types**, doivent se calculer à raison de 5 0/0 du capital de **garantie**, on a ajouté dans le Formulaire n° 5, à la droite de la colonne où figurent les sommes fixes qu'on est tenu de verser comme à-compte du capital, une autre colonne portant le n° 5. On y inscrira sur-le-champ et pendant tout le cours de l'année, comme recettes, les intérêts, mais autant qu'il s'agira de *sommes entières, et non pas de fractions de mois ou de thaler.* Ce serait augmenter sans utilité aucune les difficultés de la comptabilité, que de passer écritures, jour par jour, des intérêts, et cela pour des fractions de mois ou des fractions de thaler, aussi donnerons-nous décidément le conseil de s'en abstenir. Le remboursement du capital de garantie ne peut avoir lieu, d'après les statuts-types, que lorsque l'association sera arrivée à son terme et, d'autre part, les intérêts ne cesseront d'être portés en compte et ne seront payables qu'à partir du moment où, grâce aux versements et aux précédentes imputations des intérêts mêmes, le chiffre normal du capital de garantie que les statuts-types fixent, paragraphe 60, à 200 thalers, aura été atteint.

Les choses se passent d'une toute autre façon pour la deuxième section relative aux fonds étrangers reçus à titre de prêts. Non-seulement les remboursements de capitaux, mais encore les payements d'intérêts se succèdent dans le cours de l'année, d'où la nécessité d'ouvrir, pour les écritures que motivent ces opérations, les colonnes 6 à 8 du Formulaire n° 5. Le compte de M. Mark, rentier, rend sensible la manière dont on doit procéder pour cette subdivion du compte C. Mark ayant placé, au commencement de l'année 1872, à titre de prêt. 400 thalers dans l'association, il en a été passé écriture de conformité à la colonne 4. D'autre part, les intérêts qui lui sont acquis jusqu'à fin 1872, soit à raison de 5 0/0, 20 thalers, ont été également portés dans la colonne n° 5. Sur la même ligne figurent les deux dites sommes dans les colonnes 9 et 10. Le 1er juillet, le payement semestriel des intérêts étant autorisé comme ne présentant pas d'inconvénient, Mark a touché 10 thalers qui ont été portés à la colonne 8, et comme le 1er avril, conformément à l'observation qui en est faite à la colonne 11, il avait donné avis du retrait de 100 thalers, il touche également ces 100 thalers, dont il est passé écriture à la colonne 6. Sur cette dernière somme, la Société n'aura plus, pour la seconde moitié de l'année, du 1er juillet au 31 décembre, le 5 0/0 d'intérêt à payer, et puisqu'à la date du 1er janvier le compte de Mark a été grevé ou débité, à la colonne 5, du montant des intérêts annuels, il est donc juste de le dégrever ou d'inscrire à son crédit la somme proportionnelle de 2 thalers, 15 gros d'argent, et on comprendra sans peine que cet article n'a pas à figurer au journal-caisse. L'on devra ensuite passer écriture à la date du 1er juillet : 1° à la colonne 9, du solde du capital dont la Société reste débitrice, soit, si l'on déduit 100 de 400 thalers, la somme de 300 thalers ; 2° à la colonne 10, le reliquat des intérêts, soit, si l'on déduit de 20 thalers 12 thalers 1/2, la somme de 7 thalers 1/2 (Voir colonnes 7 et 8. Le 4 octobre, Mark donne avis de son intention de retirer les 300 thalers formant le solde de son capital. Ce solde, ainsi qu'il résulte, en effet, du journal-caisse (Formulaire n° 2), n° d'ordre 622, lui est remboursé, conformément à ses désirs, huit jours avant l'échéance, c'est-à-dire le 24 décembre, conjointement avec les intérêts jusqu'à cette date, qui s'élèvent à 7 thalers 7 gros d'argent. Sur le compte de Mark, et à la date du 24 décembre, figurent, par conséquent, à la colonne 6, 300 thalers, à la colonne 8, 7 thalers et 7 gros d'argent, ces deux sommes lui ont été remboursées. enfin, à la colonne 7, 8 gros d'argent, boni représentant en faveur de la Société les intérêts de 300 thalers pour la dernière semaine de décembre. Le compte se trouve donc soldé, car les sommes des colonnes 6, 7 et 8 forment un total égal aux sommes des colonnes 4 et 5 ; les payements faits par la Société, et le boni lui revenant, balancent complétement le montant de la créance du rentier Mark. Au surplus, l'on doit se borner à inscrire dans la colonne 8 les seuls intérêts payés pour l'exercice courant. Quant à ce qu'il convient de faire, par contre, au sujet du payement des intérêts qui se trouvent faire partie du compte de l'année précédente. l'on pourra consulter plus loin le paragraphe relatif à la manière de solder ce compte lors du règlement des livres.

Parmi les différentes rubriques du grand-livre. nous nous réservons de traiter en dernier lieu du compte de marchandises, à raison des rapports administratifs du caissier avec le chef de magasin. Nous passons donc au compte E, frais généraux. sans nous y arrêter cependant, car le Formulaire n° 3 présente un aperçu suffisant et qui, comme le démontrent les reports qui y ont été faits des articles inscrits sous le n° 924 au débit du journal-caisse, et sous les n° 624, 625. 628 au crédit du même livre, n'offre aucune difficulté de comptabilité.

Bon nombre de Sociétés pour l'achat des matières

premières n'ont nul besoin d'ouvrir un compte F (Formulaire n° 7), relatif aux prêts au comptant. Ce n'est que lorsque les Sociétés de ce genre se trouvent être dans le cas de garder durant quelque temps sans emploi des soldes de caisse assez importants pour penser à les faire valoir, que ces Sociétés peuvent avoir avantage à prêter leurs fonds. Pour des prêts faits dans ces conditions, il faut naturellement et avant tout s'assurer que le débiteur présente les garanties de solvabilité les plus complètes et faire en sorte, d'autre part, que les retraits puissent être effectués facilement. L'on devra donc, à cet effet, se contenter d'intérêts très minimes et placer en compte courant, si cela est possible, les capitaux résultant des reliquats de fonds en caisse, soit dans une grande banque offrant toute sécurité, soit dans une Société coopérative de crédit et d'avances dûment enregistrée.

Les seules Sociétés pour l'achat des matières premières à même de faire usage du compte F sont, par conséquent, celles qui se trouvent souvent en possession de reliquats de caisse formant des sommes assez considérables et qui ont, en même temps, la possibilité de verser ces fonds inactifs dans un établissement financier placé dans la même localité, d'une solvabilité et d'une solidité telles qu'il ne puisse y avoir, à cet égard, la moindre appréhension.

Les écritures auxquelles pourrait donner lieu ce compte ne présentent, comme le démontrent les reports qui du journal-caisse ont été faits sur le Formulaire n° 7, de difficultés d'aucun genre, à la condition que la Société coopérative se soit entendue avec l'institution financière où elle opérera le dépôt de ses fonds, au sujet de la manière de calculer les intérêts, en ayant soin toutefois de ne pas se départir des règles établies à l'occasion du compte C, sauf en ce qui concerne le taux annuel. La suppression du compte F amènerait naturellement une certaine simplification dans la tenue des livres.

Le compte D, marchandises, est naturellement pour toute Société coopérative d'achats de matières premières d'une importance capitale, aussi faut-il, dans ce cas, veiller à ce que le chef de magasin et le caissier puissent se contrôler mutuellement avec la plus grande précision, surtout si l'association ne vend pas seulement au comptant, mais encore à crédit. Afin de rendre plus intelligible la marche à suivre pour le compte de marchandises (D), nous devons expliquer brièvement la manière dont se font les règlements des achats et des ventes et, à cet effet, entrer, du moins partiellement, dans des détails minutieux au sujet des livres que doit tenir le chef de magasin. Une fois la marchandise arrivée en magasin, le prix d'achat, tel que la direction l'aura établi après s'être assurée que les calculs, quant aux poids et aux mesures, concordent exactement avec la quantité envoyée, et que la qualité est de plus conforme à la commande faite, devra être inscrit sommairement au compte D (Formulaire n° 6, colonne 4), et on aura soin d'y ajouter le montant des frais de transport que les marchandises en question auront à supporter. Les sommes payées, soit sur-le-champ, soit postérieurement, comme à-compte du montant de la marchandise reçue, devront figurer à la colonne 5, comme on le voit par les articles inscrits sous les numéros 620, 624 et 627, et reportés du crédit du journal-caisse. Lorsqu'on passera écritures à la colonne 4, il faudra en faire immédiatement autant à la colonne 6, après toutefois que la direction aura fixé le taux de l'augmentation dont ces marchandises devront être grevées.

Dès que le prix de vente aura été inscrit à la colonne 6, il y aura nécessité pour le chef de magasin d'intervenir. Il devra reprendre les sommes portées en bloc dans ladite colonne et les passer en détail sur ses livres (Formulaires, n°ˢ 9, 10, 11) aux comptes des diverses marchandises sous la rubrique *Prix de ventes*. S'il y avait ensuite lieu de baisser le prix de tel ou tel article, le chef de magasin ne serait naturellement pas responsable de la différence qui résulterait de la diminution survenue dans la valeur de la marchandise, à moins que cette diminution ne dût être attribuée au défaut de soins. Les réductions de cette nature devront donc être passées au compte D, colonne 7, conformément à l'exemple qui figure dans ladite colonne, à la date du 24 décembre, comme report du livre de magasin, Formulaire n° 11. Si une réduction doit ou non avoir lieu sur le prix d'un article, ce n'est naturellement pas au seul chef de magasin qu'il appartient d'en décider, c'est, avant tout, à la direction. Mais par contre les bénéfices auxquels donnent lieu parfois certains articles, bénéfices dont le chef de magasin est tenu de rendre compte, devront être portés en augmentation des prix de ventes à la colonne 6 du compte D. C'est pour ce motif que nous faisons figurer dans cette colonne, sous la date du 28 décembre, la somme de 7 1/2 gros d'argent provenant de la vente des rognures du cuir n° 2515. La vente des marchandises aux prix fixés doit, d'autre part, avoir lieu par l'entremise du chef de magasin, soit au comptant, soit à crédit. Si le payement s'est fait au comptant, la somme payée sera passée à la colonne 3, au compte des clients de la Société Formulaire n° 12, où chaque sociétaire a son folio particulier.

C'est, en effet, de cette façon que nous avons dans le compte ouvert au membre Selchow passé écriture, à la date des 30 octobre et 24 novembre, d'articles de cette nature. Le chef de magasin délivrera ensuite reçu à ce sociétaire, sur le carnet de ventes dont celui-ci est porteur (Formulaire n° 16), du montant des sommes ainsi reçues, attendu que l'acheteur a droit au dividende précisément en raison desdites sommes. Si, par contre, les marchandises ne sont pas immédiatement payées, le chef de magasin en portera le montant total au compte de l'acheteur, à la colonne 4 du Formulaire n° 12, et il inscrira de plus dans la colonne n° 5, pour le crédit accordé, une somme calculée à raison de 3 pfenniges par thaler et par mois à courir. Les à-compte versés sur le montant de la somme due seront passés à la colonne n° 6 et, à la fin de chaque mois, ainsi qu'on le voit par le compte du sociétaire Selchow (Formulaire n° 12), on devra arrêter les comptes de tous les clients. Pour établir le chiffre de la dette qui se sera graduellement formée pendant le cours du mois, il faudra soustraire le total que donnera la colonne n° 6 de la somme obtenue par l'addition des colonnes 4 et 5. Le chiffre de la dette que l'on aura ainsi trouvé sera rejeté à la colonne 7 et, après avoir ajouté les intérêts sur le pied de 10 0/0 l'an, l'on passera écriture, à la colonne 8, de la somme pour le règlement de laquelle le débiteur sera tenu de souscrire un billet à ordre (change sec ou sur soi-même). Le chef de magasin inscrira ensuite dans les colonnes 9 et 10 (Formulaire n° 12), le numéro d'ordre de cet effet et le jour de l'échéance, *mais il est tenu de remettre sur-le-champ, au moment même du règlement qui a lieu à la fin de chaque mois, le billet en question au caissier.* L'on devra aussi prendre soin de passer séparément dans le livre de quittances du caissier (Formulaire n° 13), les diverses sommes que le chef de magasin aura remises au caissier, en espèces ou en effets de commerce, et chacune d'elles pour le chiffre relatif tant aux marchandises qu'aux augmentations motivées par le crédit accordé, de manière à ce que le chef de magasin ne se trouve crédité, dans les colonnes 3 et 5 du Formulaire n° 13, que dans la mesure où le chiffre en question aura diminué le montant des sommes dont il est débité à la colonne 6 du compte de marchandises D (Formulaire n° 6). Avant de donner décharge à la colonne 8 du Formulaire n° 13, le caissier doit acquérir la certitude, par l'examen du compte des clients, colonne 12, que les augmentations pour cause de crédit portées aux colonnes 4 et 6 du Formulaire n° 13 ont été calculées avec exactitude.

Le caissier inscrit d'abord au folio des recettes du journal-caisse les sommes qu'il aura reçues en espèces du chef de magasin (voyez l'exemple n° 925) et il en passe, de plus, écriture au compte de marchandises D, colonnes 8 et 9. Quant aux sommes reçues en billets à ordre, le caissier doit avoir le plus grand soin de les enregistrer sur le *livre d'effets pour marchandises,* en les portant au compte spécial de chaque sociétaire (Formulaire n° 8, colonnes 1 à 8). Il les marque ensuite dans son carnet des échéances, où les effets se trouvent classés par ordre d'échéance, et sans autre mention que celle de leur somme et du nom du sous-cripteur. Par le *livre d'effets pour marchandises*, le caissier pourra connaître aussi facilement que le chef de magasin par le *compte des clients* de l'association, si le crédit de tel ou tel membre, d'après le droit que lui donne le rang qu'il occupe sur la liste des crédits à accorder, se trouve déjà épuisé ou jusqu'à quel point il en a été fait usage.

Quant au recouvrement à la date légale en vue de l'action à intenter, c'est le caissier qui est responsable, d'autant qu'il a aussi la garde du portefeuille. Il se trouve, à cet égard, sous la surveillance du chef de magasin qui, soit en consultant la colonne 11 du compte des clients de la Société, soit par le carnet d'achats de chaque membre, est en position de savoir si les billets ont été payés. Dès qu'un effet aura été acquitté par le débiteur, l'on en passera le montant au débit du journal-caisse dans les colonnes sous la rubrique D et au compte D, colonnes 10 et 11, enfin, dans le *livre des effets pour marchandises*, colonnes 7 et 10. Relativement à la somme portée sur ce dernier livre à la colonne 10, le caissier en donnera quittance sur le carnet d'achats du sociétaire, et aura soin de faire savoir au chef de magasin que l'effet a été soldé.

Si ensuite le billet n'était payé qu'en partie, on se servira alors de la colonne 11 (Formulaire 8), pour y inscrire le complément dont il y a lieu de poursuivre la rentrée par voie judiciaire. Il faut, en pareil cas, prévenir sans retard le chef de magasin, afin que tout crédit ultérieur soit refusé à un tel client. Les Sociétés coopératives de cordonniers, de même que toutes les autres Sociétés coopératives d'achats de matières premières pour lesquelles le *cuir* se trouve être un des principaux articles de leur consommation, ne peuvent, par les motifs qui ont déjà été exposés, suffire aux besoins de leur comptabilité, en se bornant à tenir un seul *Livre de magasin* pour les articles vendus au poids ou à la mesure (Formulaire n° 11), où l'on trouve un compte spécial pour chacune de ces deux catégories. Ces Sociétés sont, au contraire, dans la nécessité d'avoir de plus que les autres un *livre de magasin* spécialement pour l'article *cuirs* (Formulaire n° 9), et comme registre auxiliaire un *livre des rognures* (Formulaire n° 10), où chaque morceau des peaux destinées au détail est numéroté et inscrit séparément avec son prix de vente. Aussitôt qu'un morceau ou même une peau entière sont vendus, peu importe si c'est au comptant ou à terme, le chef de magasin sera tenu d'en passer écriture avec le libellé suivant : « Vendu au prix de », et il indiquera effectivement le prix de vente, sans toutefois faire mention d'une augmentation pour cause de crédit.

Mais si, pour le *livre de magasin des articles vendus au poids ou à la mesure* (Formulaire n° 11), chaque objet acheté devait être l'occasion d'un article d'écritures, comme souvent il arrive que le montant d'un achat n'atteint pas même à 1 gros, la tenue de ce livre deviendrait excessivement compliquée et fatigante pour le chef de magasin, et la somme de travail consacré à ces écritures dépasserait de beaucoup, comme valeur, les bénéfices qu'on peut espérer retirer de ventes d'une importance aussi minime. Le chef de magasin devra donc, quand il s'agira d'articles appartenant à l'une des deux catégories indiquées ci-dessus, remplir, à leur arrivée en magasin, les colonnes 1 à 5 du Formulaire n° 11, et plus tard, lorsque les soldes, en conformité des décisions prises par les directeurs, devront être liquidés à des prix plus bas, il devra inscrire dans les colonnes 8 et 9 les détails qui seront indispensables. A l'époque de l'inventaire, les vides des colonnes 10 à 12 seront comblés en y portant le prix des soldes existants à ce moment, et tout ce que sur le montant indiqué à la colonne 3, on aura omis de faire figurer dans les colonnes 8 et 10, devra être considéré comme ayant été vendu aux prix fixés à l'avance, et il en sera passé écriture, pour la quantité à la colonne 6, et pour le prix de vente à la colonne 7.

Nous avons, en grande partie déjà, expliqué de quelle façon il convient de procéder à l'égard du *compte des clients de la Société* (Formulaire n° 12), aussi n'avons-nous à ajouter que l'observation suivante : Le seul cas où il y ait lieu de donner le détail des marchandises vendues, c'est lorsqu'un sociétaire achète un ou plusieurs lots s'élevant à un chiffre considérable. Par contre, pour ne pas augmenter sans nécessité les difficultés de la comptabilité par un grand nombre d'écritures, le plus simple, lorsqu'il s'agit d'achats d'objets différents faits par petites masses et à la même époque, c'est de les réunir en un seul et même article d'écritures, sous la rubrique « marchandises diverses », conformément à l'exemple que présente le compte du sociétaire Selchow. Ce groupement en un seul article est déjà nécessaire rien que pour établir le calcul des augmentations dues pour le crédit qui aura pu être accordé. On ne saurait, en effet, fixer le chiffre de ces augmentations d'après le montant de chaque petite vente s'élevant à peine à 1 gros et souvent à moins encore, mais d'après la somme devenue exigible pour une série de fournitures ou de livraisons d'une importance secondaire.

Le *livre des quittances du caissier* (Formulaire n° 13) sert en même temps de livre de caisse au chef de magasin pour ce qui concerne son administration. Il y devra reporter, du compte des clients de la Société, les sommes encaissées pour les inscrire aux colonnes 3 ou 4, suivant qu'elles seront imputables aux marchandises ou aux augmentations dues à raison des crédits accordés; de même il portera, à la fin de chaque mois, aux colonnes 5 ou 6, le montant des billets qui lui auront été remis. Il devra passer écritures à la colonne 7 des réductions sur les prix des marchandises, réductions dont il doit être déchargé, et pour le montant desquelles le caissier est tenu de donner quittance, comme s'il l'avait effectivement reçu. C'est dans la colonne 8 que le caissier, après avoir récapitulé les totaux des colonnes 3 à 7 pour s'assurer qu'il n'y a pas d'erreur, devra délivrer un reçu signé de sa main même. Le règlement des augmentations pour cause de crédit ayant lieu, chaque mois, le caissier devra à son tour, au moins une fois par mois, recevoir des mains du chef de magasin les effets qui auront été remis à ce dernier, et cela aussitôt après avoir été souscrits; c'est ce que démontrent les exemples que nous avons supposés dans le Formulaire n° 13. Combien de fois, par contre, le caissier est-il tenu de se faire remettre par le chef de magasin les espèces que celui-ci aura encaissées? C'est un point qui dépendra de l'étendue des opérations. Dans les exemples choisis par nous, nous avons admis que cela devait avoir lieu deux fois dans le mois, la première au moment de la remise entre les mains du caissier des effets souscrits, la seconde vers la moitié du mois.

Comme il est facile de le voir, les livres tenus par le chef de magasin se contrôlent réciproquement, de sorte que le stock devant rester en magasin à un moment quelconque pourra, d'après le prix de vente, être connu en tout temps, sans le moindre embarras. En effet, le chef de magasin se trouve débité des sommes portées dans les colonnes 4 et 10 du Formulaire n° 9, et dans la colonne 5 du Formulaire n° 11; par contre, il est crédité des sommes inscrites dans les colonnes 3, 5 et 7 du Formulaire n° 13; la différence entre ces dernières sommes et les précédentes doit également se retrouver sur les existences en magasin. L'exactitude des écritures du Formulaire est à son tour contrôlée par le Compte des clients de la Société (Formulaire n° 12).

Enfin, le gérant, dans le but de contrôler le caissier, tient une copie abrégée des recettes et des débours du journal-caisse. Il y transcrit, chaque semaine ou à intervalles plus rapprochés, suivant l'importance des affaires de la Société, les écritures que le caissier a passées au journal-caisse, et au moyen des pièces justificatives, il acquiert la certitude que les débours marqués le sont à bon droit. Cette copie est nécessaire pour le cas où les livres de caisse viendraient à être détruits par un incendie ou par tout autre accident impossible à prévoir. On serait alors à même de les rétablir au moyen de la copie en question, et en s'aidant du bilan de la dernière année, ainsi que des registres du chef de magasin.

En vue d'exercer aussi un contrôle sur les agissements du préposé à la vente, le gérant tient également le *Livre des quittances du chef de magasin* (Formulaire n° 15), sur lequel on aura soin d'inscrire sommairement les entrées de marchandises : 1° conformément à leurs prix d'achats ; 2° suivant leurs prix de vente, dès que ceux-ci auront pu être fixés. Le chef de magasin devra ensuite ajouter sur ce registre son accusé de réception, revêtu de la signature prescrite à cet effet par les règlements. Si le montant des ventes s'augmente plus tard des bénéfices extraordinaires qui pourraient provenir de ventes au détail (c'est précisément un bénéfice de ce genre, s'élevant à 7 1/2 gros d'argent qu'accuse le livre des rognures de peaux (Formulaire n° 10), pour la peau n° 2515 ; cet article a, de plus, été passé au livre de magasin, colonne 10 (Formulaire n° 9), les sommes de cette nature seront marquées à part sur le livre des quittances (Formulaire n° 15), et le chef de magasin en devra donner quittance.

Chaque sociétaire reçoit, lors de son admission, un *Carnet d'achats* (Formulaire n° 16), qui sert à établir avec précision la quantité de marchandises qu'il a prise dans l'année, quantité qui sert de base pour la répartition du dividende. Les sommes donnant droit aux dividendes ne peuvent être naturellement que celles versées en contre-valeur des marchandises et non celles payées pour le crédit obtenu, c'est-à-dire, par exemple, au compte des clients de la Société (Formulaire n° 12), les articles inscrits dans la colonne 3, et ceux de la colonne 6, en négligeant l'augmentation pour cause de crédit dont il a été passé écriture à la colonne 5. Or, les sociétaires ayant payé lesdites sommes au chef de magasin, c'est à celui-ci qu'il appartient d'en donner quittance sur leur carnet d'achats (Formulaire n° 16). Les sommes pour le montant des effets, sont, par contre, payables à la caisse, le caissier aura donc à en délivrer reçu sur les carnets d'achats. D'autre part, pour qu'il y ait conformité, il en passera écriture, à la fois, sur le livre d'effets pour marchandises, colonne 10 (Formulaire n° 8) et marchandises D, colonne 10 (Formulaire n° 6). Toutefois, le caissier ne doit donner, sur le carnet d'achats, de quittance que pour les marchandises *qui auront été payées dans le courant même de l'année où elles auront été achetées.*

III. — *Inventaire, Bilan et Règlement des Bénéfices.*

Maintenant que nous avons indiqué, dans les pages précédentes, quels livres doivent être tenus par les trois membres composant la direction, et que nous avons expliqué la manière dont les écritures seront passées, nous allons signaler les mesures à prendre pour l'époque où il s'agira de dresser l'*Inventaire* et d'opérer le règlement des comptes de l'année.

L'inventaire qui devra être établi avec l'assistance d'une Commission prise au sein de la délégation aura pour base un relevé, fait à double exemplaire, de tous les articles reçus en magasin. On inscrira à la fois, sur l'un et sur l'autre, les marchandises existantes au moment de l'inventaire, et l'on aura soin d'en indiquer la quantité. L'on marquera ensuite les prix d'achat dans une seconde colonne ouverte à cet effet, les prix de vente se trouvant rejetés dans une troisième colonne.

Si, par hasard, la valeur actuelle de quelques articles, soit par la raison qu'ils sont passés de mode, soit par un autre motif quelconque, était tombée au-dessous du prix de coût, on n'en devrait pas moins porter ce dernier dans la colonne des prix d'achats et inscrire les prix de vente avec la réduction correspondante dans la colonne ouverte à cet effet, et, en tout cas, il faudra dégrever le chef de magasin proportionnellement au rabais qui aura eu lieu. Il va de soi que si la valeur actuelle des marchandises, comparativement au prix de coût, a baissé, on ne pourra néanmoins faire figurer celle-ci à l'actif du bilan que sur le pied du prix d'achat. Toutefois, l'énonciation du taux auquel les ventes auront été faites devient, en outre, nécessaire pour que les sommes que le chef de magasin aura reçues en échange des marchandises livrées puissent, réunies au montant que donnera l'estimation des articles existants au moment de l'inventaire, balancer les chiffres existants au débit dudit administrateur dans le livre des quittances (Formulaire n° 15).

Pour les articles au poids ou à la mesure (Formulaire n° 11), il n'y a pas le moindre inconvénient à passer séparément écriture du montant de chacun d'eux, tant à l'achat qu'à la vente. Nous voyons, par contre, pour l'article cuirs, que l'on porte le prix d'achat de la totalité et non celui de chaque peau, et encore moins de chaque coupure de peau vendue au détail (Formulaire n° 9). On devra, par conséquent, lors de l'inventaire, renoncer à indiquer d'une manière détaillée le montant de chaque achat, et il faudra se borner, dans ce cas, à faire le relevé du stock des cuirs d'après les prix de vente fixés pour le détail, et on obtiendra pour la masse le prix d'achat, au moyen de la soustraction du tant pour cent qu'on y ajoute d'ordinaire. Supposons, par exemple, un stock s'élevant, sur le pied du prix de vente, à 1,290 thalers, et supposons, d'autre part, une augmentation, en moyenne, de 7 1/2 0/0 sur le prix d'achat; il faudra porter celui-ci dans le bilan pour une somme de 1,200 thalers, car si, à 1,200, nous ajoutons 7 1/2 0/0, nous aurons le chiffre ci-dessus de 1,290.

(*a*) Une fois l'inventaire achevé, l'on dressera procès-verbal, et celui-ci, ainsi que les deux états de marchandises, après qu'on se sera assuré de leur conformité en les collationnant, devront être signés par ceux qui auront pris part à l'établissement de l'inventaire, et notamment par le chef de magasin. D'après les écritures que nous avons choisies comme modèle de comptabilité, nous supposons que l'inventaire présente, en calculant d'après le prix d'achat, un stock en marchandises d'une valeur de thalers 3,427.6.8, somme qui, dans le bilan, devra être portée à l'actif.

D'après les indications de l'inventaire, les marchandises existantes seront reportées à nouveau sur les livres de magasin aux comptes particuliers ouverts à chaque catégorie d'articles, et le chef de magasin s'en trouvera ainsi débité.

(*b*) Le règlement des livres du caissier se fait ensuite de la manière suivante : on soustrait le total des débours, Formulaire n° 2, du montant des recettes inscrites au Formulaire n° 1, dans la colonne réservée « aux sommes reçues. » L'on parvient de la sorte à bien établir le solde en caisse. Après quoi, ainsi qu'on peut le voir par le n° 629 des débours, l'on porte ce solde au crédit du compte pour balance, de sorte que les totaux au débit et au crédit sont égaux. Le « copie du journal-caisse, » qui est tenu par le gérant, doit présenter exactement les mêmes résultats. Dans le journal-caisse de la nouvelle année, le solde en question devra figurer à nouveau en première ligne au débit dudit compte. D'après les écritures que nous donnons comme exemple, ce reliquat de caisse, qui appartient à l'*actif* social, s'élève à thalers 99.23.2.

Mais le journal-caisse, au moyen des *recettes* et des *débours*, fournit non-seulement la base nécessaire pour établir le solde en caisse qui doit figurer au bilan, mais il présente en même temps, grâce à ses subdivisions en autant de comptes qu'il en existe au grand-livre, un aperçu de toutes les recettes et de tous les débours de l'exercice annuel, aperçu qui s'accorde pleinement avec les principales divisions organisées par la comptabilité et qui, de plus, est de tous points conforme aux prescriptions du paragraphe 78, n° 2 des statuts-types. Si l'on veut même donner satisfaction aux plus minutieuses exigences, on peut encore, conformément à la double division de ce compte, porter séparément au grand-livre, sur le compte A, les encaissements et les dépenses. Au surplus, ce tableau du mouvement de caisse frappe matériellement les yeux, pour peu que l'on consulte les Formulaires n° 1 et 2 du journal-caisse, dont nous avons donné précédemment l'explication.

(c) On réglera les comptes spéciaux du grand-livre en suivant la série des lettres par lesquelles ils sont désignés. Au compte A, Formulaire n° 3, qui se décompose en deux parties : *Fonds de réserve* et *Inventaire*, le compte du fonds de réserve, folio 5 du grand-livre, présente au débit la somme de thalers : 308.14.3, au crédit, celle de thalers : 2.5.6 ; le solde au 31 décembre 1872 est donc de thalers 306.8.9 dont on passera écriture au crédit, de sorte qu'en additionnant d'un côté le *Doit*, de l'autre l'*Avoir*, on obtiendra les mêmes chiffres. Dans le nouveau compte, on reportera le solde de thalers 306.8.9, en première ligne au débit. Dans le bilan de 1872, il sera naturellement inscrit au *passif*.

(*d*) On liquidera de la même manière le compte d'inventaire, si ce n'est qu'avant de passer écriture du solde au crédit, il faut fixer le tant pour cent à déduire pour l'usure. Nous avons supposé une réduction de 15 0/0 sur le montant des objets dont se compose l'inventaire à la fin de l'année 1871, car ce n'est qu'en 1873 que peut commencer l'amortissement de l'inventaire obtenu en 1872. Cet amortissement qui, en 1872, donne un chiffre de thalers : 6.15.9 devra, dans le règlement des bénéfices, être porté au crédit, tandis que le solde de l'inventaire représentant une somme de thalers : 53.12.3 figurera à l'actif du bilan.

(*e*) Pour solder le compte B des parts sociales, il suffira de combler d'abord les vides de la colonne où figure, année par année, le total des sommes inscrites au compte particulier de chaque sociétaire. Le total des subdivisions de ce compte que nous supposons s'élever à thalers 410.5.6 doit faire partie, au bilan, du *passif*.

(*f*) On procédera de la même façon lorsqu'il s'agira de régler les deux sections du compte C, *fonds étrangers*, Formulaire n° 5, toutefois, dans ce cas, en raison du règlement des bénéfices, on portera en compte séparément :

1° Les intérêts déjà payés pour l'année dont il sera question (il s'agit ici de 1872);

2° Les intérêts non encore payés pour ladite année, et qui doivent être bonifiés aux créanciers.

Ces deux points ne présenteront pas de grandes difficultés eu égard à l'agencement du Formulaire donné ici comme exemple. Par rapport aux *capitaux de garantie*, l'article inscrit le dernier au compte de chaque sociétaire, colonne 10, indique le montant des intérêts échus pour l'année en question auxquels celui-ci a droit, et la colonne 9 présente le chiffre du capital existant. Ce dernier, pour le membre Müller, se trouvait être, à la fin de 1872, de thalers : 52.10.» et les intérêts s'élevaient à la somme de thalers : 2.9.1. Nous supposons ici que le capital existant, pour tous les membres réunis, atteignait à un chiffre de thalers : 1,290.14.6, que les intérêts à prélever sur cette somme et à bonifier étaient de thalers 30.10.6. Ces deux articles devront naturellement figurer, dans le bilan, au *passif*, et, de plus, le montant des intérêts devra, en outre, être porté au crédit dans le règlement des bénéfices.

(*g*) En ce qui concerne les *emprunts*, le solde du capital qu'on restera devoir à la fin de l'année s'obtiendra aussi en additionnant les comptes individuels, Formulaire n° 5, de la colonne 9, et on aura le total des intérêts payables pour ces emprunts également par l'addition de la colonne 10. Ces deux articles, dont le premier, d'après notre évaluation, s'élève à 2,100.».» thalers, et le second à thalers : 7.7.», devront être compris au bilan parmi les articles à inscrire au passif; les intérêts échus devront, en outre, être portés au crédit dans le règlement des bénéfices.

(*h*) **Les intérêts payés** comptant dans le courant de l'année figureront à la colonne 8, ainsi qu'on peut le voir par le compte du rentier Mark, où il a été passé écriture d'une somme de thalers : 17.7. », montant des intérêts de 1872 touchés par lui. La somme totale des intérêts payés en 1872 pour les fonds empruntés est de thalers : 98.26.9; mais, comme elle a déjà été payée, on ne doit pas la comprendre dans le bilan, mais bien dans le règlement des bénéfices, et là elle doit positivement être portée au crédit. La différence qui existe entre le chiffre de ce payement d'intérêts et le chiffre de 105.27. que l'on voit porté au journal-caisse (Formulaire n° 2), est motivée par le fait que dans cette dernière somme sont compris les arrérages d'intérêts de 1871 qui ont été payés seulement en 1872, de même qu'à la fin de 1872 les intérêts de thalers : 7.7. », qui resteront encore dus, ne figureront naturellement dans les débours du journal-caisse qu'en 1873, sans pour cela faire partie du règlement des bénéfices de 1873. Mais pour que ces intérêts, dont le remboursement n'a point encore eu lieu, ne puissent être englobés dans le règlement des bénéfices de la prochaine année, on aura soin, en les portant dans le nouveau compte, de les ajouter au capital, ce dont le compte du propriétaire rural Rohn (Formulaire n° 5), donne une idée très claire, et afin de ne pas laisser cette circonstance passer inaperçue, il en sera fait mention par une note dans la colonne 11. Toutefois, s'il arrive que ces intérêts soient payés, on en passera écriture à la colonne 6 du Formulaire n° 5, et l'on fera de nouveau à la colonne 11 une remarque à ce sujet.

(*i*) **Pour le règlement du compte de marchandises**

D, Formulaire n° 6, il est avant tout nécessaire, dans ce cas, de connaître avec précision *le chiffre des marchandises* dont la Société reste *débitrice*. On y parviendra en soustrayant le total de la colonne 5 du total de la colonne 4, et la somme qu'on aura ainsi obtenue devra naturellement être portée dans le bilan, au passif. Mais, comme dans les écritures que nous présentons ici, les sommes de la colonne 4 et de la colonne 5 donnent un même total de 20,366.22.», nous en concluons que toutes les marchandises ont été soldées. Supposons le cas où il existât des dettes de cette nature, elles ne devront pas, dans l'établissement des comptes à nouveau, être portées au compte D, mais on les considérera comme des prêts et on les fera figurer au compte C, où il sera ouvert à chaque créancier un compte spécial, à raison de ses avances en marchandises. Il faudra, par contre, passer écriture, dans les colonnes 4 et 5 du compte D, du stock en marchandises existant au moment de l'inventaire, en l'évaluant selon que l'exigera le prix d'achat; puis on ajoutera à la colonne 12 l'observation suivante : « La balance des marchandises non payées se trouve au compte C. » L'on aura ensuite naturellement à reporter à nouveau le montant du prix de vente dans la colonne du compte D.

Mais il est, en outre, nécessaire de s'assurer, au moyen du livre des « effets pour marchandises » si, à l'égard du stock des marchandises, trouvé lors de l'inventaire, on n'aurait pas porté, par hasard, un chiffre trop bas, et si le chef de magasin n'a pas à répondre d'une somme plus considérable. Les sommes des colonnes 8 et 10 additionnées doivent donner un total égal à celui des recettes inscrites au journal-caisse à la colonne « marchandises » de la subdivision D, et les sommes des colonnes devront présenter le même chiffre que la seconde colonne de ladite subdivision D, « Intérêts pour marchandises prises à crédit. » L'on sera à même de connaître le total général des marchandises vendues en 1872, si de la somme de thalers.................. 17,044. 4.3 que donnent les colonnes 8 et 10 du compte D, Formulaire 6;

1° L'on soustrait les sommes restant dues par les sociétaires, à la fin de 1871, sur les achats et qui n'ont été payées que durant le cours de 1872, soit d'après le bilan de 1871..................... 110. 6.9

Thalers.... 16,993. 6.6 .

2° L'on ajoute les sommes restant dues par les sociétaires à la fin de 1872 et qui, conformément au livre des effets souscrits pour marchandises, s'élèvent à thalers...................... 1,155.20.»

Le chiffre de thalers.... 18,089.17.9

que l'on aura ainsi obtenu est bien, par conséquent, le montant des recettes provenant des marchandises vendues pendant l'année 1872.

Si maintenant à ce chiffre de ventes de thalers.......................... 18,089.17.9 on ajoute « le rabais sur les marchandises, » colonne 7 du compte D, soit thalers........................... 25. 7.9 car il faut, à la fin de l'année, dégrever

A reporter... 18,114.00.0

Report... 18,114.00.0

lo chef de magasin du montant de ces
deux articles, et si, d'autre part, l'on
soustrait la somme de thalers......... 18,114.22.6
du total que donne le prix de vente, colonne 6, soit de thalers.................. 21,866.13.6

Le solde restant en plus, soit thalers.   3,751.18.»

devra être égal au montant du stock en marchandises
trouvé au moment de l'inventaire et évalué d'après
les prix de vente.

(*k*) **De plus,** par le règlement du compte D, l'on
parvient à établir le *gain brut*, sur les marchandises
ce qui est un point important pour le calcul des bénéfices. On obtient ce profit brut en soustrayant du
total des ventes de l'année, soit de thalers.   18,089.17.9
la somme que donnent les marchandises
vendues, si on les évalue d'après leur
prix d'achat, ou, en d'autres termes, en
retranchant le *montant de la différence*
qu'on aura trouvée entre les chiffres des
marchandises reçues en magasin dans
l'année, chiffre qui, d'après la colonne 3,
est de thalers............ 20,366.22.»
et le total du stock existant
au moment de l'inventaire,
soit thalers............ 3,427. 6.6   16,939.15.6

Le profit brut sur les marchandises
a donc été de thalers................... 1,150. 2.3

que l'on aura à porter au folio du débit dans le règlement des bénéfices.

(*l*) En jetant un coup d'œil sur le compte D, on peut connaître, en s'aidant en outre du bilan de la précédente année, le montant des intérêts retenus pour les crédits en marchandises, qui ont été accordés aux sociétaires. Les intérêts encaissés durant 1872 s'élèvent, d'après les colonnes 9 et 11, à la somme de thalers 209.19.3

De ce chiffre il faut déduire ceux perçus en 1872, mais qui n'étaient imputables qu'aux crédits faits en 1871, soit thalers.   4.10.»

de sorte qu'il reste thalers 205. 9.3

pour les intérêts encaissés sur les crédits en marchandises pendant la période de 1872. Cette somme devra figurer au débit dans le règlement des bénéfices.

(*m*) Nous avons déjà indiqué que les sommes dues à la fin de 1872, par les membres de la Société pour achats de marchandises, formaient un total de thalers 1,155 20.

Cette somme, en arrêtant les comptes de chaque sociétaire, est à reporter au *livre des effets souscrits* (Formulaire 8), où l'on fera le relevé des sommes obtenues. Le compte des clients de la Société, lequel sera tenu par le chef de magasin, servira dans ce cas de contrôle. La façon la plus simple de régler les comptes individuels des sociétaires sur le livre d'effets pour marchandises, consiste, comme on peut le voir par les comptes des membres Falke et Selchow, dans l'emploi de « Notes » placées dans la colonne 12, et cela parce qu'on ne fait qu'un tout de la somme due pour les marchandises achetées et de celles payables pour le crédit accordé, et qui est calculée jusqu'au 31 décembre. Les créances à recouvrer, pour marchandises fournies, doivent être inscrites dans le bilan à l'*actif*.

(*n*) Ainsi que nous l'avons déjà indiqué, il ne faudra comprendre, à la fin de l'année, dans le chiffre des sommes dues, l'augmentation intégrale qui aura été ajoutée aux prix des marchandises à raison du crédit accordé et qui figure dans le montant des billets souscrits par les sociétaires, que tout autant que cette augmentation est entièrement remboursable avant le 31 décembre. Au compte du sociétaire Falke, par exemple, sur une augmentation, pour crédit, de 1 thaler 6 gros d'argent sur le montant de deux billets non encore acquittés au 31 décembre, Formulaire 8, colonne 5, on ne passera écriture, pour 1872, que de 20 gros d'argent et 6 pféniges. Ces intérêts, à la fin de 1872, se sont élevés ensemble à thalers : 12.28.7, et ils doivent être portés dans le bilan à l'actif, et dans le compte des bénéfices parmi les articles inscrits au débit.

(*o*) Pour le règlement du compte E, « Frais généraux, » on procédera de la même manière que pour le « fonds de réserve », si ce n'est que du solde obtenu que l'on a reconnu être de thalers 480.14.10 il faudra, si l'on veut maintenir, en dehors des autres, les frais généraux, relatifs à 1872, soustraire le montant de ceux qui ont bien été payés en 1872, mais qui, d'après le bilan de 1871, sont applicables aux comptes de ladite année. Supposons que ce dernier article s'élève à 6.15.9, il ne restera alors, sur les frais acquittés, que la somme de thalers : 473.29.1 pour l'année 1872. Cette somme est naturellement hors d'emploi dans le bilan, mais, par contre, elle figurera parmi les articles inscrits dans le règlement des bénéfices.

(*p*) Si, à la fin de 1872, les frais généraux de l'année, par exemple, ceux relatifs à l'allocation ou aux appointements du chef de magasin n'ont pas encore été payés, en arrêtant le compte E, on les indiquera, pour plus d'exactitude, dans la colonne destinée aux « observations. » Mais il faudra, de plus, les considérer comme une dette échue avec la fin de 1872 et, partant, les faire figurer au passif dans le bilan et le porter au crédit dans le règlement des bénéfices. Dans les écritures simulées que nous présentons au lecteur, les frais généraux, à la fin de l'année 1872, se trouvaient être déjà soldés.

(*q*) La liquidation du compte F, prêts au comptant (Formulaire nº 7), montrera, d'une part, le chiffre en principal des créances souscrites en faveur de la Société coopérative et, d'un autre côté, le total des intérêts perçus et, s'il y a lieu, le montant de ceux qui, à la fin de l'année, pourraient n'avoir pas encore été recouvrés.

Le chiffre du capital remboursable par la Société de crédit et d'avances de la localité s'élève, colonne 6, à 150 thalers, somme qui, dans le bilan, doit être placée à l'actif, et que l'on aura soin de reporter à nouveau dans la colonne 4. Les intérêts dus à la Société coopérative, d'après la colonne 7, montaient à thalers : 3.3.3; or, les encaissements inscrits à la colonne 8, donnant ensemble une somme égale à ce chiffre, il en résulte qu'à la fin de l'année on n'avait pas à toucher d'intérêts. Ces intérêts de thalers : 3.3.3 ayant donc été perçus, on les portera au débit dans le règlement des bénéfices.

(*r*) Si, à la fin de l'année, il se trouvait à la colonne 9 des intérêts non encore remboursés, on devra les porter tout à la fois à l'actif du bilan, et au débit dans le règlement des bénéfices.

Maintenant que nous avons achevé le règlement des livres spéciaux du caissier, rien de plus facile que d'établir le bilan et le compte des bénéfices.

Les articles à porter à l'actif du bilan sont ceux compris sous les lettres *a*, *b*, *d*, *m*, *n*, *q*, et éventuellement sous la lettre *r*. En voici le relevé :

Solde en marchandises conformément à l'inventaire, thalers....................	3,427. 6.6
Solde en caisse.....................	99.23.2
Inventaire.......................	53.12.3
Créances sur les sociétaires pour marchandises livrées....................	1,155.20.»
Intérêts sur les marchandises prises à crédit......................	12.27.8
Avances à la Société de crédit de notre place.........................	150. ».»
Total, thalers....	4,898.29.7

Les articles à inscrire au passif du bilan sont, par contre, ceux compris sous les lettre *c e f g*, et, le cas échéant, sous les minuscules *i p*. Il faut y joindre, à titre de bénéfices sur les opérations de la Société, le montant de la différence entre la somme que présente le chiffre total de l'actif. Voici le relevé de ces écritures :

Fonds de réserve, thalers............	306. 8.9
Parts sociales des membres..........	410. 5.6
Capitaux de garantie des membres...	1,290.14.6
Bonis pour les intérêts dus aux membres	
A reporter...	1,000.14.0

	Report...	1,000.14.0
bres sur les capitaux de garantie.......		30.10.6
Emprunts.....................		2,100. 0. »
Intérêts dus sur les sommes empruntées........................		7. 7. »
Bénéfices sur les opérations........		754.13.4
Total, thalers...		4,898.29.7

Nous voyons que le total, à l'actif et au passif, se balance par une même somme. Or, si les calculs sont justes, les bénéfices sur les opérations, qui se trouvent être ici de thalers : 754.13.4, doivent se maintenir exactement au même chiffre dans le compte des bénéfices.

Dans le règlement des bénéfices il faut, conformément aux précédents arrêtés de comptes, passer au débit les articles désignés par les lettres k, l, n, q et, le cas échéant, par la lettre r. Voici le relevé de ces écritures :

Bénéfices sur les marchandises, thal..	1,150. 2.3
Intérêts encaissés sur les crédits en marchandises.................	205. 9.3
Intérêts restants dus sur lesdits......	12.27.8
Intérêts versés par la Société de crédit.	3. 3.3
Total, thalers....	1,371.12.5

Il faut, par contre, inscrire au crédit les sommes énumérées dans les paragraphes indiqués par les lettres d, f, g, h, o, et, le cas échéant, dans celui que précède la lettre p, en ajoutant auxdites sommes, comme constituant les bénéfices, le montant de la différence qui existe entre leur chiffre et le total du débit, tel qu'il a été énoncé ci-dessus.

Voici le relevé de ces écritures :

Réduction sur l'inventaire, thalers....	6.15.9
Bonis pour les intérêts dus sur les capitaux de garantie.....................	30.10.6
Intérêts restant dus sur les emprunts..	7. 7.»
Intérêts payés sur les emprunts......	98.26.9
Frais généraux pour 1872...........	473.29.1
Bénéfices sur les opérations........	754.13.4
Total, thalers....	1,371.12.5

Le bilan, ainsi que le règlement des bénéfices présentent également, pour les bénéfices donnés par les opérations un même chiffre de thalers : 754.13.4, circonstance qui, en général, doit être regardée comme une preuve de la régularité des écritures. Si, dans ce règlement des bénéfices, on obtenait ensuite un bénéfice différent de celui du bilan, il en faudrait conclure que les comptes n'ont pas été convenablement arrêtés, et l'on devrait alors, par un nouvel et très rigoureux examen des livres, découvrir l'erreur et la redresser.

Mais, dans tous les cas, le bilan et le compte des bénéfices, tels qu'ils ont été dressés par les directeurs, et alors même qu'ils présenteraient toutes les apparences d'une parfaite régularité et les résultats les plus satisfaisants, devront être, de la part de la délégation, ou plutôt de la *commission de révision* nommée par elle, l'objet d'une vérification des plus minutieuses. L'on compulsera les livres et les pièces justificatives, et l'on ne se contentera pas d'examiner si les calculs sont matériellement exacts, mais l'on aura, en outre, le soin de s'assurer que les articles portés à l'actif l'ont été à juste titre, et que le passif ne comporte que juste ceux qui résultent des écritures.

Dès que la délégation a pu se convaincre de la régularité des comptes établis, elle se voit, tant par suite de la loi qui régit les Sociétés coopératives qu'en vertu des dispositions prescrites par les statuts, dans l'obligation de préparer pour l'assemblée générale un projet de répartition des bénéfices. Nous supposerons, à ce sujet, qu'on ait garanti, à titre d'appointements mensuels, au chef de magasin qui est tenu de consacrer à la Société la plus grande partie de son temps, une somme de 22 thalers, qui devront être compris dans les frais généraux de l'entreprise et que, abstraction faite de cette circonstance particulière, l'on ait assuré à la direction, considérée collectivement, comme prorata 1/3 des bénéfices obtenus, alors, sur ce *tiers*, le caissier qui n'a, en dehors de ce casuel, aucun fixe, touchera la *moitié*, tandis que le gérant et le chef de magasin recevront par contre 1/4. Une rémunération établie sur ces bases proportionnelles est une garantie pour la Société que les trois membres de la direction feront chacun, dans leur département administratif, tous leurs efforts en vue de rendre les bénéfices aussi considérables que possible, et qu'avant tout ils apporteront la circonspection nécessaire, quand il sera question d'accorder des crédits en marchandises, et qu'ils agiront également avec toute l'énergie voulue pour amener la rentrée des sommes dues; car les pertes qui pourraient survenir atteindraient en première ligne leur prorata.

Par conséquent, sur les bénéfices qui, comme nous l'avons indiqué ci-dessus, s'élèvent à la somme de thalers............................... 754.13. 4

La direction prélèvera 1/3, partagé ainsi qu'il suit :

Report..........		754.13. 4
1/2 au caissier, soit.......	125.22.2	
1/4 au gérant, soit........	62.26.2	
1/4 au chef de magasin, soit.	62.26.2	251.14. 5

Il restera donc, thalers..... 502.28.11

Sur cette somme, la délégation, conformément aux paragraphes 57 et 81 des statuts-types proposera :

1° D'accorder sur le chiffre rond de 405 thalers, 5 0/0 aux parts sociales, soit.... 20. 7. 6

2° D'attribuer sur le solde de........ 482.21. 5

au fonds de réserve........ 32. 1.5
et de donner aux sociétaires sur 16,900 thalers, montant des marchandises évaluées au prix d'achat, un dividende de. 450.20.»

Total, comme ci-dessus... 482.21.5

C'est à l'assemblée générale qu'il appartient, aux termes de la loi relative aux Sociétés coopératives et d'après les statuts-types, de décider sur les propositions de cette nature ou sur toute autre motion analogue.

Mais, en général, pour être à même de faire des propositions de ce genre, l'on a besoin de connaitre, au préalable et avec précision, quelle est, sur le chiffre des acquisitions faites par les sociétaires, la somme donnant droit à un dividende. A cet effet, les sociétaires devront remettre leurs carnets d'achats au caissier. Celui-ci s'en sert, soit pour faire le relevé des quittances qu'il y a données, soit pour y additionner les sommes qui y ont été inscrites par le chef de magasin, *mais en ne comprenant dans son compte que les marchandises achetées pendant le cours de l'année en question.* Il établit, de cette façon, en laissant de côté les fractions de gros ou de pféniges, pour chaque membre d'abord et ensuite en bloc pour pour tous, le chiffre de thalers donnant droit au dividende. Dans la répartition des bénéfices dont nous avons parlé dans les pages précédentes, nous n'avons fait porter nos calculs que sur une somme de 16.900. ».» thalers, attendu que celle-ci constitue le montant total donnant réellement droit à un dividende, bien que nous ayons indiqué comme chiffre de la vente générale, en 1872, la somme de thalers 18,089.17.9. La raison en est que, par le fait, les sociétaires n'ont payé que thalers : 16,933.27.9 sur les achats de cette année 1872, et que, d'après le paragraphe 81 des statuts-types, la somme de thalers 110.6.6, versée en 1872, mais pour des billets de 1871, de même que celle de thalers : 1155.20.» qui ne rentrera qu'en 1873, bien qu'elle représente des marchandises achetées en 1872, n'a pas à participer aux dividendes, les sociétaires se trouvant déchus de ce droit.

Dès que l'assemblée générale aura pris une décision au sujet de la répartition des bénéfices, le caissier sera tenu de passer, sans retard, la part des bénéfices revenant aux sociétaires sur leurs comptes particuliers au grand-livre, de même que sur leurs carnets de quittances. Il profitera également de cette occasion pour donner décharge du montant des intérêts annuels à bonifier pour le capital de garantie de chaque membre.

IV. — *Simplification de la comptabilité pour les Sociétés coopératives qui ne vendent qu'au comptant.*

Nous croyons ne pouvoir mieux terminer cette division de notre ouvrage qu'en signalant, bien que brièvement, les avantages considérables que présente, pour une Société coopérative au point de vue de la comptabilité, le système qui consiste à vendre aux membres de l'association uniquement au comptant, en évitant ainsi de s'engager dans la voie dangereuse des crédits. La tenue de ceux des livres qui sont à la charge du caissier se trouve en conséquence simplifiée sur les points suivants :

1° Au journal-caisse, Formulaire n° 1, au débit de la subdivision formée par le compte D, la colonne portant l'intitulé de « Intérêts pour les marchandises prises à crédit » disparaît;

2° Au grand-livre, au compte D, formulaire n° 6 les colonnes 9, 10 et 11 seront également supprimées;

3° Le livre des effets souscrits pour marchandises, Formulaire n° 8, n'a plus de raison d'être.

Les simplifications qui, naturellement, s'ensuivent dans la comptabilité du chef de magasin, ne sont pas de moindre importance :

1° Le compte des clients de la Société, Formulaire n° 12, se trouve supprimé;

2° Sur le livre des quittances du caissier, Formulaire n° 13, les colonnes 4, 5 et 6 disparaissent;

3° Dans le carnet d'achats, Formulaire 16, où seul le chef de magasin donnera des reçus, l'on pourra supprimer la colonne « Marchandises achetées » ainsi que la colonne « numéros d'ordre du journal-caisse, » à moins qu'on n'y veuille substituer « le folio du livre des quittances du caissier. »

Que dans l'hypothèse qui nous occupe, le travail nécessité par le règlement des écritures se trouve singulièrement allégé, c'est ce qui résulte des modifications importantes que subit le compte de marchandises D. On aura pu le remarquer en parcourant, à partir de la lettre I jusqu'à la lettre O, les paragraphes de la troisième section de ce chapitre. Le règlement du compte dont il est ici question est bien autrement compliqué que celui de n'importe quel autre compte, et donne par suite lieu, beaucoup plus facilement, à des erreurs de calculs et à des irrégularités dans les écritures. Dans le cas que nous supposons, il n'y aurait plus de raison de faire figurer à l'actif du bilan les deux articles : « Créances pour livraisons de marchandises et Intérêts pour crédits en marchandises, » ni de porter au débit du règlement des bénéfices les deux autres articles : « Intérêts perçus sur les crédits en marchandises » et « Intérêts dus sur ces mêmes crédits. » Le bilan, de même que le compte de bénéfices, pourraient, par suite, être établis avec moins de difficultés.

Relativement à la simplification provenant de l'ensemble du système de comptabilité en usage dans les Sociétés coopératives d'achats de matières premières, on ne saurait, au surplus, trop fortement leur recommander, s'il leur est possible d'y arriver d'une façon ou d'une autre, de se borner exclusivement à la vente au comptant.

APPENDICE DU CHAPITRE PREMIER

ANNEXE N° 1

Statuts (1) (Contrat d'association), des.....
de.....   Société pour l'achat des matières premières.

(Société coopérative enregistrée.)

Raison sociale, siége et objet de l'entreprise.

§ 1er. Les soussignés, conformément à la loi du
4 juillet, se constituent en Société sous la raison commerciale : Les.....   à.....   Société coopérative
enregistrée pour l'achat des matières premières. L'objet de l'entreprise est l'acquisition pour le compte
commun des matériaux, outils et machines nécessaires
à l'exploitation industrielle de.....   et la vente des
mêmes aux membres de l'association.

Ladite Société coopérative a son siége social à.....

(Paragraphes 2 et 3 de la loi sur les Sociétés coopératives du 4 juillet 1868.)

---

(1) Il ne faut pas manquer d'apposer sur le contrat d'association
le timbre voulu. Ce timbre, en Prusse, est de 15 gros d'argent.

DES FONDS DE LA SOCIÉTÉ

§ 2. Le fonds social sera formé au moyen des apports des sociétaires et des parts dans les bénéfices, suivant les prescriptions ultérieures contenues dans les paragraphes ci-après.

Il se décomposera en deux parties, à savoir :

1° *Le capital particulier de la Société coopérative.* Il est tout à la fois la propriété de la collectivité et sert dans l'entreprise de fonds de réserve.

2° *Le capital personnel des sociétaires, leurs parts sociales et leurs capitaux de garantie.* Ces derniers resteront en dépôt dans la caisse coopérative.

Le rapport qui, d'après la loi, doit exister entre ces divers éléments sera déterminé plus loin.

RÉGLEMENTATION ET GESTION DES AFFAIRES DE LA SOCIÉTÉ COOPÉRATIVE. — ORGANES DE LADITE SOCIÉTÉ

§ 3. — La Société coopérative administre elle-même ses intérêts avec le concours de tous ses membres. Ses organes sont :

1° La direction;

2° La délégation (Conseil de surveillance ou d'administration);

3° L'assemblée générale.

1.

DE LA DIRECTION

A. — *Composition et élection.*

§ 4. — La direction se compose :

1° Du gérant;

2° Du chef de magasin;

3° Du caissier.

Elle est nommée en assemblée générale par vote séparé, au scrutin et à la majorité absolue des voix, pour une période qui, de part et d'autre, doit être dénoncée six mois à l'avance.

B. — *Validation.*

§ 5. — La ratification de l'élection des directeurs résultera du procès-verbal que l'on devra dresser au sujet des délibérations dont l'élection aura été l'objet au sein de l'assemblée générale.

Les nominations devront être notifiées sur-le-champ au tribunal de commerce par tous les membres de la direction, qui remettront en personne une double copie du procès-verbal de l'élection et déclareront accepter le mandat confié, en foi de quoi ils signeront en présence des magistrats ou feront parvenir au tribunal leur signature dûment légalisée. (§ 3, n°s 17 et 18 de la loi sur les Sociétés coopératives.)

C. — *Signature pour la Société coopérative.*

§ 6. — La signature existe de fait du moment où les signataires ajoutent à la raison de la Société coopérative le nom dont ils signent. Mais elle ne saurait avoir, en ce qui concerne la Société coopérative, d'effet légal que tout autant qu'elle aura été donnée par au moins deux des membres de la direction. § 19 de la loi sur les Sociétés coopératives.)

D. — *Pouvoirs et fonctionnement de la direction au point de vue général.*

§ 7. — La direction représente la Société judiciairement et extra-judiciairement avec tous les pouvoirs à elle conférés par la loi sur les Sociétés coopératives du 4 juillet 1868, paragraphes 17 et suivants.

§ 8. — Elle administre, en vertu de sa propre autorité, les affaires de la Société dans toutes les circonstances où son mandat, à cet égard, n'est pas limité par les présents statuts ou par les décisions que pourrait prendre ultérieurement la Société, et sauf les cas où elle est obligée d'obtenir l'approbation de la délégation (Conseil de surveillance, etc.) ou de l'assemblée générale. (§§ 17, 20, 21 de la loi sur les Sociétés coopératives.)

§ 9. — Toutefois, comme les affaires conclues par les directeurs, même sans l'approbation exigée par le précédent paragraphe, engagent légalement la Société coopérative, les directeurs qui y auront pris part seront solidairement responsables, sur tous leurs biens, vis-à-vis de la Société, pour le préjudice qui lui aura été causé en pareille occasion, ainsi que pour toutes les pertes, du reste, qui pourraient résulter de leurs agissements ou d'une inexcusable négligence de leur part. (§ 19 de la loi sur les Sociétés coopératives.)

§ 10. — La direction gère, ainsi qu'elle en prend l'engagement, les affaires de la Société en se conformant aux règlements statutaires. Elle doit surtout prendre soin que la comptablité soit bien tenue dans toutes ses parties, sans omissions d'aucun genre, et que le bilan soit dressé à la fin de l'année (§ 26 de la loi sur les Sociétés coopératives), en observant, d'ailleurs, les prescriptions du Code général de commerce. Elle veillera non moins strictement, par des mesures de précaution bien concertées, à la conservation des marchandises en magasin et à empêcher les détournements des fonds en caisse ou des documents qui pourraient exister.

§ 11. — Les membres de la direction, dans les affaires qui surviennent et qui ont trait aux intérêts de la Société, prennent leurs décisions à la majorité des voix. Leurs séances ont lieu soit à des époques fixées par les règlements, soit sur convocation du gérant, qui de droit est président ; mais, dans ce dernier cas, l'objet des délibérations devra être indiqué. Aucune mesure relative aux intérêts de la Société ne pourra être appliquée sans le consentement d'au moins deux des membres de la direction.

§ 12. — La direction devra veiller, avec un soin tout particulier, à ce que les déclarations à faire au tribunal de commerce, en vertu des paragraphes 4, 6, 18, 23, 25, 36, 48 et 51, de la loi sur les Sociétés coopératives, aient effectivement lieu, ainsi que les publications relatives aux objets spécifiés dans ces mêmes paragraphes. Elle aura également soin de remplir les obligations imposées par les paragraphes 26, 31, 52 et 56 jusqu'à 58 de la même loi. Faute de se conformer à ces prescriptions, les directeurs seront passibles des amendes et autres pénalités édictées par le législateur, paragraphes 66 à 68, pour les cas de non-exécution de la loi, et cela sans que la caisse de la Société soit tenue de venir aucunement en aide aux directeurs. La remise au tribunal de commerce du présent contrat d'assosiation, conjointement à celle du rôle des sociétaires, ainsi que de tous les procès-verbaux des délibérations modifiant ou complétant les statuts, devra être faite par les membres de la direction, qui comparaîtront personnellement.

E. — *Obligations spéciales aux différents membres de la direction.*

§ 13. — En dehors et en outre des précédentes obligations communes à tous les membres de la direction, chacun d'eux a des fonctions spéciales à remplir.

Le chef de magasin est chargé de la vente, contre remboursement, à des prix déterminés, de toutes les marchandises appartenant à la Société coopérative, et il doit également prendre soin de leur conservation.

Il tient exactement compte sur ses livres, et conformément aux instructions qu'il a reçues de la Société, des entrées et sorties des marchandise de même que des sommes provenant des ventes, et il remet les recettes en question au caissier, aux époques fixées par ses instructions.

§ 14. — Le caissier reçoit et garde en dépôt toutes les sommes qui viennent affluer à la caisse sociale et, conformément aux instructions qui lui sont données par la Société, il a à sa charge la tenue des livres que nécessite le mouvement des recettes et des dépenses.

§ 15. — Il ne peut faire de payement sur les fonds en caisse que contre un mandat signé par deux des membres de la direction. Il peut, toutefois, être l'un des co-signataires.

De même pour les quittances relatives aux versements effectués à la caisse de la Société, outre la signature du caissier, celle d'un autre membre de la direction est indispensable.

§ 16. — Le chef de magasin et le caissier seront tenus de fournir vis-à-vis de la Société un cautionnement. Les conditions d'après lesquelles il devra s'effectuer seront l'objet d'un contrat qui sera passé entre les deux membres en question et la délégation (Conseil de surveillance ou d'administration, etc.), sous réserve d'approbation par l'assemblée générale.

§ 17. — Le gérant est chargé du soin de tenir la correspondance et les livres de contrôle relatifs soit à la comptabilité tenue par le chef de magasin, soit à celle du caissier. Il prend régulièrement part aux transactions qui ont lieu, et il est tenu de s'en rendre compte, de même que pour les vérifications de caisse et pour l'inventaire des marchandises, il doit s'assurer si les soldes portés sont exacts.

§ 18. — Il est également dans l'obligation, toutes les fois que des irrégularités se produisent, soit dans le maniement des fonds, soit dans l'administration des magasins, et que l'on constatera des déficits en caisse ou dans le stock des marchandises, d'en donner communication à la délégation (Conseil de surveillance, etc.), afin que celle-ci puisse recourir aux mesures indispensables pour remédier à la situation et pour garantir les intérêts de la Société coopérative.

§ 19. — Dans le cas d'empêchements momentanés du caissier ou du chef de magasin, le gérant est chargé de remplir leurs fonctions ; de même que le chef de magasin aura à le remplacer dans les circonstances analogues.

§ 20. — Dans les cas d'empêchements durables, de démission ou de décès d'un des membres de la direction, la délégation (Conseil de surveillance, etc.), devra pourvoir sur-le-champ aux nécessités de l'administration et au remplacement des fonctionnaires démissionnaires ou morts, et, de plus, dans les deux circonstances ci-dessus mentionnées, faire valider son choix par une réunion électorale des sociétaires. Les administrateurs suppléants, dont la nomination par la délégation se fait aussi par intérim, devront, conjointement avec les membres qui seront restés de l'ancienne direction, faire en personne, auprès du tribunal de commerce, les notifications voulues, et remettre en même temps un double de la décision prise à leur égard par la délégation, afin que la ratification puisse avoir lieu. Les dits administrateurs suppléants auront en outre à observer, en ce qui concerne la signature, les prescriptions du paragraphe 5 de ces statuts.

De même, à l'expiration des pouvoirs d'un administrateur suppléant, la cessation de ses fonctions et la reprise de celles-ci par le directeur qui avait été empêché, ou l'entrée en charge d'un nouvel administrateur pris au sein de la Société, devront être notifiées au tribunal.

RÉVOCATION DE LEURS FONCTIONS DES MEMBRES DE LA DIRECTION

§ 21. — La direction entière, de même que tout membre de celle-ci pris individuellement, peuvent, en tout temps, être révoqués de leurs fonctions par une décision de l'assemblée générale et, de plus, les membres révoqués sont soumis à des dommages et intérêts, mais seulement dans la mesure des engagements contractés envers la Société coopérative. (§ 17 de la loi sur les Sociétés coopératives.)

Les membres de la direction sont également tenus de se soumettre à la suspension temporaire prononcée par la Commission, sous réserve de la décision de l'*assemblée générale* qui, à cet effet, devra être convoquée à bref délai.

G. — *Appointements des membres de la direction.*

§ 22. — Les membres de la direction reçoivent un traitement dont le chiffre sera fixé par les stipulations du contrat passé avec eux.

H. — *Employés, fondés de pouvoirs, commissions.*

§ 23. — Dans le cas où il s'agirait de suivre des opérations spéciales et même d'administrer une branche entière des affaires sociales, on pourra, avec l'assentiment de l'assemblée générale, nommer des *employés*, des *fondés de pouvoirs* ou des *commissions* composées de plusieurs membres. A l'égard, tant de ces mesures particulières que des personnes à qui l'on confiera ces sortes de fonctions et de la rémunération qui y sera attachée, la direction et la délégation réunies, après en avoir délibéré en commun, seront tenues de soumettre des propositions à l'assemblée générale.

2.

DE LA DÉLÉGATION (CONSEIL D'ADMINISTRATION
OU DE SURVEILLANCE)

A. — *Composition et élection.*

§ 24. — La délégation, c'est-à-dire le Conseil d'administration ou de surveillance, se compose de six à neuf membres. Ceux-ci sont choisis parmi les sociétaires et nommés pour trois ans par une seule et même élection.

Il sera procédé chaque année, en ce qui concerne la délégation, à une nouvelle élection, dans le but de remplacer le tiers des membres. Dans les deux premières années, ce renouvellement aura lieu par voie de tirage au sort circonscrit aux élus de la première année; plus tard, l'époque de l'entrée en fonctions servira de point de départ pour les trois années que devront durer ces fonctions. — La réélection des mêmes personnes à l'expiration de leurs pouvoirs est autorisée. (§ 28 de la loi sur les Sociétés coopératives.)

§ 25. — En cas de démission ou de décès d'un ou de plusieurs membres de la délégation, il y a lieu de procéder, pour le temps que doivent encore durer les fonctions, à une nouvelle élection, conformément à ce qui est prescrit par le paragraphe 24.

B. — *Fonctionnement de la délégation.*

§ 26. — La délégation confère à l'un de ses membres la présidence; elle confie à un autre la charge de secrétaire, et elle nomme en même temps à tous les deux un remplaçant pour les cas d'empêchement. Ses décisions sont prises à la majorité des voix des membres présents et sont exécutoires, si la moitié au moins des membres qui composent ladite délégation assistent à la séance.

§ 27. — Les séances de la délégation ont lieu dans un local désigné d'avance, soit régulièrement, c'est-à-dire à des époques déterminées, soit aux jours fixés par le président; dans lequel cas l'on sera tenu de se conformer aux prescriptions du paragraphe 11, relatives aux séances de la direction. Les procès-verbaux des séances de la Commission, dans lesquels l'on reproduira avec la plus grande exactitude les décisions prises, devront être signés par les membres de la délégation qui se trouveront présents, et ensuite confiés à la garde du président.

§ 28. — La direction, aussi bien que le tiers des membres de la délégation, peuvent, en énonçant par écrit l'objet des délibérations, exiger du président de ladite délégation qu'elle soit convoquée par lui à jour fixe. Le président sera tenu de faire droit à cette demande dans le plus bref délai possible.

§ 29. — La direction, à la requête de la délégation, devra assister aux séances de cette dernière, mais seulement avec voix consultative. Elle devra, de plus, suivant que cela sera jugé nécessaire par la délégation, fournir à celle-ci tous renseignements, permettre l'examen de tous livres, correspondances et documents quelconques, consentir enfin à l'inspection des magasins. Ce n'est que dans les cas où les présents statuts prescrivent aux deux corps en question (§ 35), d'une manière formelle, d'avoir *à siéger ensemble*, que la direction aura à prendre part aux décisions qui interviennent.

C. — *Révocation de leurs fonctions des membres de la délégation.*

§ 30. — Les membres de la délégation, s'ils perdent la disposition de leurs propres biens et leurs droits civils, s'ils négligent de remplir leurs engagements vis-à-vis de la Société, au point d'en arriver à des procès, s'ils se rendent coupables d'un acte d'improbité vis-à-vis d'elle, pourront être, en tout temps, par décision de l'assemblée générale, relevés de leurs fonctions.

La proposition à faire, en cette occasion, regarde

la direction, aussi bien que n'importe lequel des membres de la délégation, et elle peut même sortir des rangs des simples sociétaires, pourvu qu'elle soit adressée par l'un d'entre eux à la délégation et qu'elle soit appuyée et signée par le quart des membres.

D. — *Obligations et pouvoirs de la délégation.*

§ 31. — La délégation est chargée de surveiller les directeurs dans la gestion des affaires de la Société. Dans ce but, elle est autorisée à consulter à tout instant les livres et la correspondance, à vérifier l'état de la caisse, à s'informer des conditions dans lesquelles se trouve le magasin, à aviser dans le cas où des irrégularités viendraient à se produire, à toutes les mesures nécessaires pour la défense des intérêts de la Société coopérative.

Elle peut provisoirement, et jusqu'à la convocation de l'assemblée générale, qui devra avoir lieu le plus tôt possible, écarter de l'administration des affaires les membres de la direction, et prendre dans l'intervalle, à raison de leur éloignement temporaire, les mesures nécessaires en leur nommant des remplaçants.

Quant aux notifications à faire au tribunal, aux formalités de ratification, à la signature ainsi qu'aux pouvoirs et aux engagements des remplaçants, les prescriptions précédemment énoncées au paragraphe 20, restent en pleine vigueur.

§ 32. — La délégation est, en outre, tenue de vérifier les états des comptes mensuels et trimestriels dressés par les soins de la direction et, de plus, de se faire donner les renseignements nécessaires pour l'appréciation des affaires. Il lui incombe plus particulièrement de procéder, à la fin de l'année commerciale, en commun avec les directeurs ou une commission prise dans son sein, à l'établissement de l'inventaire qu'il y aura lieu de faire ; de réviser les comptes à arrêter en même temps que le bilan ; de s'assurer, en les comparant avant avec les écritures, de l'exactitude des soldes en magasin et en caisse, afin de faire sur tous ces points à l'assemblée générale les communications voulues, ainsi que les propositions relatives à la répartition des bénéfices. (§ 29 de la loi sur les Sociétés coopératives.)

§ 33. — De plus, la délégation représente la Société dans les *contrats à passer entre elle et les membres de la direction*, ainsi que dans les *procès* à soutenir contre ceux-ci. La *ratification* indispensable dans ce dernier cas s'obtient en transmettant une copie, tant de la décision prise à cet égard par l'assemblée générale, que du procès-verbal relatif à l'élection des membres actuels de la délégation par la majorité de ladite assemblée. (§§ 24 et 46.)

§ 34. — La direction sera tenue d'obtenir l'autorisation de la délégation dans les cas suivants :

(*a*) Pour les contrats de location ou autres ; pour l'acquisition ou l'aliénation de meubles faisant partie de l'inventaire de la Société coopérative ;

(*b*) Pour les instructions spéciales à tracer relativement à l'administration du magasin et à l'organisation de la comptabilité ;

(*c*) Pour le placement à intérêt des soldes de caisse sans emploi ;

(*d*) Pour les emprunts à contracter dans les limites fixées par l'assemblée générale.

§ 35. — **En outre des cas spécialement énoncés dans les présents statuts, la direction et la délégation délibéreront en commun sur les points suivants :**

(*a*) **Sur l'admission de nouveaux sociétaires;**

(*b*) **Sur le chiffre auquel devront s'élever les achats, tant des produits bruts que du matériel d'exploitation, et dans la mesure où cela sera possible, à l'avance, sur les conditions auxquelles ces mêmes achats devront avoir lieu;**

(*c*) **Sur les prix à fixer pour la vente des produits bruts et des matières premières dont se compose le stock de marchandises en magasin, de même que sur la nomination éventuelle d'une Commission à adjoindre à la direction, pour les achats;**

(*d*) **Sur la liste à dresser relativement au chiffre de crédit que mérite chaque sociétaire. L'on aura soin d'y fixer pour chaque membre le maximum qui pourra lui être accordé et que, dans aucun cas, le chef de magasin ne pourra dépasser.**

Cette liste devra être révisée au moins à chaque mois et modifiée en conséquence, suivant les circonstances qui surviendront.

Pour la *validité des décisions* prises en séance commune, la présence de la majorité, tant des membres de la direction que de ceux de la délégation, est indispensable. La présidence appartient de droit au chef de la délégation.

3.

L'ASSEMBLÉE GÉNÉRALE

A. — *Droit de vote.*

§ 36. — **Le droit des sociétaires de participer aux**

affaires de la Société coopérative dont ils sont membres, s'exerce par eux en assemblée générale.

Chaque sociétaire a une voix dans les décisions à prendre et ne peut la céder à un tiers quel qu'il soit. (§ 10 de la loi sur les Sociétés coopératives.)

B. — *Convocation et invitation.*

§ 37. — La *convocation* de l'assemblée générale, d'ordinaire, émane de la délégation ; mais au cas où celle-ci différerait à prendre cette mesure, la direction est autorisée à y procéder elle-même.

L'avis d'invitation convoquant les sociétaires en assemblée générale, pour lequel il suffit d'une seule publication dans le journal le....., devra être signé par le président de la Commission ou par le gérant, si la convocation émane de la direction, et le numéro de la feuille où il sera imprimé devra paraître au moins trois jours avant l'époque fixée par la réunion (1).

Dans l'avis de convocation, les propositions à discuter, ainsi que les autres questions à l'ordre du jour, devront être sommairement indiquées. § 32, alinéa 2 de la loi sur les Sociétés coopératives.)

---

(1) Qu'en ce qui concerne l'avis d'invitation adressé aux sociétaires pour l'assemblée générale, la loi n'oblige pas absolument et exclusivement à la déclaration dans les feuilles publiques, mais qu'un tel avis puisse encore être donné par d'autres voies qu'indiqueront les statuts, et qu'il y ait notamment avantage dans les petites localités, et pour les Sociétés dont le personnel est peu nombreux, à recourir à l'apposition d'une affiche au siége social, ce sont là des points au sujet desquels nous renvoyons le lecteur aux explications contenues dans la troisième section, au chapitre premier, première division, sous la rubrique : *Les Organes de la Société coopérative,* ainsi qu'au paragraphe 25 des *Statuts-types* qui forment l'appendice dudit chapitre.

C. — *Assemblées générales ordinaires.*

§ 38. — **Les assemblées générales ont d'ordinaire lieu :**

1° Après la clôture de l'année commerciale, à l'effet de recevoir communication des comptes de l'année et du bilan des opérations, et pour décider au sujet du partage des bénéfices et de l'approbation à donner aux actes de la direction, ainsi que de l'application éventuelle de certains comptes ;

2° Après la clôture des écritures trimes'rielles pour prendre connaissance de l'état de la caisse et de la situation générale, faire droit aux réclamations et expédier les autres affaires concernant la Société qui pourraient se présenter, et surtout (s'il s'agit de la dernière assemblée générale) pour procéder à l'élection des nouveaux membres de la délégation.

D. — *Assemblées générales extraordinaires.*

§ 39. — **En outre, dans des circonstances pressantes, l'assemblée générale peut toujours être convoquée, et la délégation est également obligée de le faire, si la direction ou si un..... des membres en font la demande par écrit, en indiquant l'objet des délibérations.**

E. — *Ordre du jour.*

§ 40. — **La délégation aura soin de fixer l'ordre du jour, qui n'en devra pas moins embrasser toutes les propositions que la direction ou la dixième partie des membres de la Société coopérative auront rédigées par écrit avant la publication de la lettre d'invitation.**

F. — *Présidence.*

§ 41. — La direction des débats de l'assemblée générale revient de droit au président de la délégation ou au gérant, si la réunion a été convoquée par ce dernier. Toutefois, la présidence pourra, par décision de l'assemblée, être transmise à tout autre membre qu'il plaira à celle-ci de désigner. Le secrétaire devra être choisi par le président.

G. — *Mode de votation.*

§ 42. — Le vote a lieu au moyen de la levée des mains, et le président est autorisé, pour peu que le résultat lui paraisse douteux, à en faire opérer le dénombrement par deux des membres présents nommés par lui à cet effet, ce à quoi il sera également tenu dès que le quart des membres de la réunion en fera la proposition.

Lorsqu'*il s'agira de l'exclusion* d'un ou de plusieurs sociétaires, le vote devra avoir lieu par écrit.

Toutes les ÉLECTIONS seront faites au scrutin et *à la majorité absolue*. Si cette majorité absolue n'est pas obtenue au premier tour, les membres qui auront eu le plus de voix seront l'objet d'un second tour de scrutin, et l'on procédera de cette façon en limitant de plus en plus le nombre des candidats, jusqu'à ce que l'on obtienne une majorité absolue pour tous les membres à élire. Si les suffrages se balançaient, le tirage au sort déciderait.

H. — *Délibérations.*

§ 43. — Les décisions prises par la majorité des membres présents à l'assemblée ont pour la Société force obligatoire, dès que l'avis de convocation a eu lieu dans les formes régulières et que, par suite, les matières à l'ordre du jour ont été portées à la connaissance du public.

§ 44. — Dans les délibérations ayant pour objet de *modifier* ou de *compléter* les présents statuts, ou bien encore d'arriver à la *dissolution* de la Société, la présence *de la moitié au moins des sociétaires*, sans exception, est indispensable, et il faut, en outre, que les *deux tiers* des assistants aient pris part au vote, pour qu'en pareil cas la décision puisse être valable.

§ 45. — Si les membres présents ne forment pas la moitié nécessaire pour la validité du vote, l'on convoquerait une seconde réunion, en laissant entre celle-ci et la première un laps de temps d'au moins une semaine, pour que l'ordre du jour obtienne la publicité voulue, et la nouvelle réunion décidera valablement et définitivement à la majorité des voix, sans égard au nombre des sociétaires présents.

§ 46. — Les procès-verbaux dressés à l'occasion des délibérations de l'assemblée générale et qui contiennent des détails sur les actes de la réunion, du moins quant aux points essentiels, tels que les décisions prises et les élections auxquelles il aura été procédé, ou enfin le dénombrement et le partage des voix lors de chaque vote, seront enregistrés à la date où l'assemblée générale aura été tenue, dans un livre spécial portant le titre de *Livre des procès-verbaux*. Ces actes devront être signés par le président, les membres de la direction et de la délégation qui auront assisté aux séances, le secrétaire et trois autres membres au moins de la Société. Ils seront confiés à la garde de la délégation, de même que les exemplaires des jour-

naux renfermant les avis d'invitation et devant servir
de pièces à l'appui.

I. — *Affaires soumises aux décisions de l'assemblée générale.*

§ 47. — En outre des objets formellement mentionnés en d'autres endroits des présents statuts, sont
soumises aux délibérations de l'assemblée générale
les affaires dont suit l'énumération :

1° Les modifications aux présents statuts et les additions ayant pour objet de les compléter ;

2° La dissolution et la liquidation de la Société, de
même que la défalcation des pertes de l'entreprise
du montant des parts sociales des sociétaires, même
hors le cas de liquidation ;

3° L'acquisition, l'aliénation des propriétés foncières et les gages hypothécaires ;

4° L'élection et la rétribution des directeurs et des
membres de la délégation ;

5° Le choix des employés au service de la Société
coopérative et la fixation de leurs appointements ;

6° Les demandes judiciaires à former contre les
membres de la direction et de la délégation, et, au
demeurant, contre tout employé quelconque au service de la Société coopérative ; la nomination des
fondés de pouvoirs chargés de surveiller les procès
dirigés contre les membres de la délégation. Les
pouvoirs donnés en pareille circonstance se trouveront validés au moyen de la copie du procès-verbal
de la décision prise à ce sujet en assemblée générale ;

7° La révocation des membres de la direction et de

la délégation, ainsi que de tous employés, des fonctions qu'ils occupent ;

8° Les interprétations des points douteux relativement au sens et au contenu des présents statuts, ainsi qu'aux précédentes décisions arrêtées par la Société ;

9° La décision souveraine à l'égard des griefs formulés contre l'administration de la Société et contre les décisions de la direction et de la délégation ;

10° La fixation du chiffre le plus élevé : 1° que dans leur ensemble les emprunts à la charge de la Société coopérative, et 2° les crédits à accorder à chaque sociétaire dans une même période, ne doivent en aucun cas dépasser ;

11° Le partage, à la fin de l'année, des bénéfices donnés par les opérations, et l'approbation des actes de la direction dans la gestion des affaires de la Société ;

12° L'exclusion de la Société d'un ou plusieurs membres ;

13° L'adhésion aux ligues ou syndicats de Sociétés coopératives, et la dénonciation de l'acte de fédération.

*Comment on acquiert la qualité de sociétaire,
et comment on la perd.*

§ 48. — La qualité de sociétaire *s'obtient*, soit en apposant sa signature au bas des statuts, soit par une déclaration écrite, après admission préalable et formelle de la part de la direction et de la délégation.

Le seul recours ouvert à l'individu éconduit consiste à faire appel à l'assemblée générale.

§ 49. — La qualité de membre *se perd* par le non

accomplissement des obligations statutaires et **sur décision de l'assemblée générale**, décision que les directeurs sont tenus de provoquer de la part de celle-ci, surtout si les membres négligent, durant trois mois, d'acquitter les cotisations courantes exigées pour la formation du capital de garantie, ou s'ils se laissent poursuivre judiciairement pour le remboursement des crédits obtenus, et enfin en cas de pertes de leurs droits civils. En pareille circonstance, la qualité de membre cesse *à partir du jour où la Société aura pris une décision à ce sujet*. (§ 38 de la loi sur les Sociétés coopératives.)

§ 50. — De plus, la qualité de membre cesse par le fait de la mort d'un sociétaire, mais seulement avec la fin de l'exercice de l'année courante dans laquelle le décès aura lieu, et les héritiers resteront soumis jusqu'à cette époque aux effets qui résultent de la qualité de sociétaire.

En outre, les membres sont libres de sortir de l'association à la fin de l'année commerciale, après qu'ils en auront donné avis par écrit à la direction dans les délais légaux ; toutefois, *cette notification* devra être faite quatre mois au moins avant la fin de l'année ; dans le cas contraire, le membre sortant ne sera dégagé des obligations inhérentes à la qualité de sociétaire qu'à l'expiration de l'année qui suivra.

§ 51. — Les sociétaires qui auront quitté la Société (§§ 49 et 50), de même que les héritiers d'un membre décédé, ne peuvent réclamer que le montant de leurs parts sociales ou de leurs capitaux de garantie, conjointement avec les intérêts et dividendes de l'année écoulée ; mais ils n'ont droit à aucune fraction du capital de la Société. Il en est de même à l'égard des membres contre lesquels l'exclusion a été prononcée, et qui n'ont aucun droit aux dividendes et aux intérêts de leurs parts sociales pour l'année dans laquelle l'exclusion a eu lieu.

Quant au payement lui-même pour tous les cas dont il est ici question, il devra être effectué dans le troisième mois après la clôture de l'année commerciale dans laquelle ou avec laquelle les membres auront cessé de faire partie de l'association.

§ 52. — La Société coopérative ne pourra se soustraire à ce payement, au cas où sa situation financière viendrait à être mauvaise, qu'autant qu'elle se dissoudrait et liquiderait, et le membre démissionnaire doit se soumettre au maintien de ses engagements jusqu'à pareille époque, tant que ceux-ci ont pour objet, conformément aux prescriptions du paragraphe 65, le remboursement des dettes de la Société.

Mais, quelle que soit l'hypothèse où l'on se place, le sociétaire sortant reste solidairement responsable vis-à-vis des tiers, et sur tous ses autres biens, pendant deux années encore après sa sortie, pour toutes les obligations contractées jusqu'à cette époque, et cela en vertu des dispositions du paragraphe 63 de la loi du 4 juillet 1868 sur les Sociétés coopératives. Il ne saurait pour cela prétendre s'immiscer d'une façon quelconque dans les affaires de la Société coopérative.

§ 53. — La délégation est tenue, à la fin de chaque trimestre, de notifier par écrit au tribunal de commerce les entrées et sorties des sociétaires, et de remettre chaque année, au mois de janvier, une liste complète des sociétaires dressée par ordre alphabétique, et au plus tard dans les six premiers mois de l'année commerciale, de faire insérer dans les feuilles publiques le chiffre des membres admis et des membres sortis depuis la dernière publication de la précédente année, de même que le chiffre des membres composant actuellement la Société. (§ 25, 1er alinéa, loi sur les Sociétés coopératives.)

DROITS ET DEVOIRS DES SOCIÉTAIRES

§ 54. — Les membres de la Société coopérative sont *autorisés :*

1° A émettre leurs votes sur toutes les décisions que la Société pourra avoir à prendre et à l'occasion de toutes les élections qu'il y aura lieu de faire;

2° A s'approvisionner, suivant leurs besoins, dans les magasins de la Société, mais dans la mesure où ceux-ci pourront y suffire, de matières premières, d'outils et d'autres objets analogues;

3° A percevoir, conformément aux dispositions des paragraphes 57 et 61, des intérêts pour leurs parts sociales et pour leur capital de garantie, ainsi qu'à toucher, suivant les prescriptions de l'article 81, un dividende sur les bénéfices de la Société.

§ 55. — Par contre, chacun des membres s'*oblige* individuellement :

1° A payer un droit d'entrée, lors de son admission, d'après les dispositions du paragraphe 61;

2° A se constituer *une part sociale* en vue de former le montant du capital social, versant à cet effet, au moment même de son admission, la somme de *un thaler*, et laissant de plus, dans la caisse de la Société jusqu'à concurrence du chiffre voulu, les intérêts et dividendes auxquels il pourra avoir droit (§ 56);

3° A faire, en vue d'augmenter les ressources financières et industrielles de la Société, l'avance d'*un capital de garantie* non remboursable même après avis, et à acquitter pour cela une contribution mensuelle d'au moins 15 gros d'argent;

4° A se conformer aux présents statuts et à ne pas agir contrairement aux décisions et aux intérêts de la Société coopérative ;

5° A répondre solidairement et sur tous ses biens de l'exécution des engagements régulièrement contractés par la Société coopérative, au cas où le capital de la Société (parts sociales et fonds de réserve) serait insuffisant, et sans qu'il y ait sur ce point à considérer si les engagements en question sont antérieurs à l'entrée des individus dans l'association, ou s'ils ont eu lieu pendant qu'ils faisaient partie de celle-ci.

PARTS SOCIALES DES MEMBRES

§ 56. — La part de chaque membre dans l'entreprise doit être graduellement portée à 100 thalers. Une décision de la Société pourra même élever encore ce chiffre. Toute part sociale ne pourra être retirée, sous aucun prétexte, de la caisse sociale tant qu'on fera partie de la Société, et il est absolument défendu au propriétaire de cette part d'en disposer d'une façon quelconque. Ainsi, toute cession, toute affectation hypothécaire ou tout autre engagement qui la grèverait se trouveront frappés de nullité à l'égard de la Société coopérative, attendu que cette part est avant tout la garantie des obligations contractées par son propriétaire. C'est là une clause qui doit être formellement énoncée dans la quittance que l'on est tenu de donner, conformément au paragraphe 58.

§ 57. — Il sera accordé sur les parts sociales, au moyen d'un prélèvement sur les bénéfices nets des opérations de la Société, si toutefois le chiffre de ce bénéfice le permet, un intérêt annuel tenant lieu de dividende de 5 0/0 au plus par chaque thaler, fractions non comprises, dont se composeront ces parts. Cet intérêt, de même que le dividende dont l'origine est autre, auquel un membre pourra avoir droit, seront retenus par la Société pour être ajoutés à la part sociale, jusqu'à ce que celle-ci ait atteint le chiffre réglementaire.

§ 58. — Relativement à l'effectif que présentent les parts sociales, il en sera tenu écriture sur un registre spécial, où l'on ouvrira à chaque sociétaire un compte particulier sur lequel on inscrira les payements et les sommes à bonifier, ainsi que les réductions éventuelles qui pourront se produire avec la marche du temps. Pour leur gouverne, à cet égard, les sociétaires recevront (si c'est possible, conjointement avec la copie des statuts) un Formulaire, où les sommes dont il aura été ainsi passé écriture seront quittancées par la direction.

§ 59. — Les membres ne conservent de droit sur leurs parts sociales qu'autant que l'actif commercial de la Société coopérative, déduction faite de toutes dettes, laisse une marge pour en permettre le remboursement. Ces parts, conjointement avec les capitaux de garantie, figurent au second rang dans la masse qui sert de gage aux créanciers de la Société coopérative, et ce n'est qu'après que ceux-ci auront été complétement désintéressés que ces parts deviendront remboursables. De plus, il n'est permis à aucun membre, en raison du sacrifice éventuel d'une somme plus considérable de parts sociales, d'exercer aucun recours contre ses co-sociétaires, qui, dans le cas susdit, n'auraient à supporter que des pertes plus faibles.

LES CAPITAUX DE GARANTIE DES SOCIÉTAIRES

§ 60. — Le capital de garantie de chaque sociétaire sera provisoirement fixé à 200 thalers, mais ce chiffre pourra également être porté plus haut par une simple décision de la Société. Le capital pourra être acquitté intégralement au moment même de l'admission ou complété au moyen de versements successifs: toutefois, la contribution mensuelle fixée par le paragraphe 55, lettre *C*, est la plus faible que chaque membre puisse verser.

En outre, dès que la part sociale de chaque membre aura atteint le chiffre voulu, les intérêts et les dividendes qui servaient à parfaire ce chiffre continueront à être retenus pour être ajoutés au capital de garantie, jusqu'à ce que celui-ci se soit, à son tour, élevé à la somme fixée par les statuts.

§ 61. — Les capitaux de garantie présentent, au point de vue légal, le caractère d'un prêt consenti en faveur de la Société coopérative. Ils devront, à ce titre, lors de la liquidation ou du concours des créanciers, être remboursés à leur propriétaire, tout comme s'il s'agissait de n'importe quels créanciers étrangers à l'association. Toutefois, cela s'entend, sauf le cas où il y aurait lieu à des déductions, en raison de la compensation prévue par le paragraphe 62.

Ces capitaux seront passibles envers le propriétair

d'un intérêt annuel de 5 0/0, mais cet intérêt, conformément aux prescriptions du paragraphe 60, sera retenu jusqu'à complet versement du capital, et ajouté à celui-ci.

Le capital de garantie ne pourra être remboursé tant que le propriétaire restera membre de la Société, et, à sa sortie même, le remboursement ne saurait avoir lieu que dans la mesure établie par les prescriptions des paragraphes 51 et 52 des présents statuts.

De même, aussi longtemps que le propriétaire de ces fonds fera partie du groupe coopératif, toute disposition, telle que cession, gage hypothécaire ou charge quelconque de nature à grever ledit capital, lui est interdite et se trouvera de nul effet vis-à-vis de la Société.

Quant aux écritures à passer et aux décharges à donner pour les versements à compte du capital de garantie, les dispositions du paragraphe 58, relatives aux parts sociales, restent ici maintenues.

§ 62. — Le capital de garantie sert, en outre, de *cautionnement* pour les crédits accordés à son propriétaire et, par suite, dans la mesure nécessaire pour la compensation de ces crédits, la Société a des droits sur ces fonds.

D'autre part, dans le cas de liquidation ou de concours des créanciers, l'on opérera des retenues dont le montant sera ajouté à la masse de l'actif social.

L'on réduira ainsi la somme à toucher par le propriétaire de ces fonds, jusqu'à concurrence de la contribution à laquelle celui-ci est tenu, aux dépens de sa propre fortune, pour le payement intégral des créanciers de la Société.

FONDS DE RÉSERVE ET REMBOURSEMENT DES PERTES.

§ 63. — Les pertes éventuelles qui ne pourront être couvertes par le chiffre des opérations de l'année commerciale, réduiront d'autant le capital collectif de la Société, dont il est question paragraphe 2, lettre A, c'est-à-dire le *fonds de réserve*.

Le fonds de réserve se forme au moyen des droits d'entrée des nouveaux sociétaires et de cette fraction de bénéfices nets prélevée en vertu du paragraphe 81. Il doit être graduellement élevé jusqu'à se trouver dans la proportion du dixième pour cent du capital d'exploitation, c'est-à-dire des parts sociales et des fonds de garantie réunis. Dans le cas où, à la suite de pertes, il y aurait lieu à des déductions, il devra de nouveau être ramené au chiffre que l'on vient d'indiquer.

§ 64. — La Société sera de temps à autre appelée à fixer les droits que les sociétaires auront à acquitter pour leur admission. En attendant, ces droits restent fixés au chiffre de ...... Le payement en est exigible au moment même de l'admission.

§ 65. — Si le *fonds de réserve* est insuffisant pour le remboursement des dettes, leur montant sera prélevé sur les parts sociales des membres, proportionnellement au chiffre desdites parts. Celles-ci épuisées, les pertes seront, dans une mesure égale, réparties par tête.

§ 66. — En dernier lieu, le solde du fonds de réserve demeure la propriété de la Société coopérative jusqu'à sa dissolution, et les membres sortis avant cette époque n'y ont aucun droit.

TRANSACTIONS INTÉRIEURES

§ 67. — Les approvisionnements achetés par la Société coopérative ont uniquement pour but *de satisfaire aux besoins mêmes de ses membres* et par conséquent, dans le cas où la peine de l'exclusion aura été prononcée, il ne sera pas permis de vendre plus longtemps à un membre devenu étranger.

§ 68 — Dès que livraison des marchandises aura été faite au magasin social, la direction et la délégation réunies devront en faire l'inspection et procéder à leur assortiment suivant qu'il en sera besoin. Cette opération devra être immédiatement suivie de l'établissement des prix de vente, qui seront transcrits sur-le-champ dans le livre du magasin.

§ 69. — Avant que le prix de vente n'ait été fixé, il est défendu au chef de magasin de mettre en vente un article quelconque.

§ 70. — Lorsqu'on fixera le prix, l'on établira le montant des frais encourus par la Société, y compris le fret, transport et autres dépenses. De plus, pour faire face au payement de l'intérêt du capital, aux frais d'administration ainsi que pour pourvoir à la constitution ou à l'accroissement du fonds de réserve et pour être à même de donner un dividende, l'on fera subir au prix d'achat que l'on aura obtenu une augmentation suffisamment élevée de tant pour cent.

§ 71. — La vente des marchandises se fait également *au comptant.*

§ 72. — *On ne délivrera à crédit* des marchandises qu'aux conditions suivantes, et, de plus, avec une augmentation *sur le prix de vente au comptant* calculée constamment sur la base de 1/4 de gros d'argent par chaque thaler de la somme à laquelle s'élèvera le crédit, la fraction de thaler étant considérée comme un entier, et par chaque mois commencé ou non du terme accordé.

§ 73. — Ce crédit en marchandises ne saurait, en aucun cas, être accordé pour un terme excédant trois mois, et le débiteur devra, à la fin de chaque mois, souscrire un *billet à ordre* de somme égale au montant de sa dette et *payable dans le délai maximum de trois mois*. En cas de non payement à l'échéance, le payement en sera poursuivi immédiatement et en réclamant en sus un intérêt de 6 0/0, pour cause de retard.

§ 74. — Généralement on ne devra accorder de crédit que *jusqu'à concurrence* du chiffre que représente le capital de garantie versé par un membre. Pour toute somme dépassant ce chiffre, l'on exigera un répondant ou un gage, ou bien l'on se renfermera dans la limite que la direction et la délégation auront fixé pour ce membre *sur la liste des crédits, dressée d'après le degré de confiance* que méritent les différents membres de la Société. Toute violation de cette limite ou toute infraction aux prescriptions du paragraphe 73 de la part du chef de magasin a pour résultat sa révocation.

§ 75. — Le *chef de magasin*, durant le temps de ses fonctions, ne peut délivrer de marchandises appartenant au magasin de la Société que contre argent comptant. Dans le cas contraire, il doit être éloigné sur-le-champ de son emploi.

Les deux *autres membres de la direction*, aussi longtemps qu'ils occupent ce poste, ne peuvent obtenir de crédit que tout au plus jusqu'à concurrence de leurs versements à compte du capital de garantie.

ORGANISATION DE LA COMPTABILITÉ

§ 76. — L'exercice de l'année commerciale partira du   pour terminer le   , et aussitôt cette année arrivée à son terme il sera procédé :

1° De la part des directeurs et de la délégation, à l'inspection et vérification du solde trouvé dans la caisse, des titres de créances, des existences en magasin ;

2° De la part de la direction, au règlement des livres de comptabilité.

§ 77. — La direction est donc tenue, dans un délai de quatre semaines au plus tard, de mettre l'ensemble des comptes de l'année sous les yeux de la délégation. Dans le cas contraire, celle-ci a le droit de faire dresser ces comptes par des tiers, sous sa surveillance et aux frais des directeurs.

§ 78. — Ce relevé des écritures devra :

1° Etre divisé en *Compte de marchandises* et *Compte de caisse ;*

2° Présenter l'ensemble des *recettes* et des *dépenses* de l'année d'après les comptes principaux que les nécessités de la tenue des livres auront fait établir ;

3° Contenir un règlement spécial *des bénéfices et des pertes ;*

4° Donner le bilan de la situation commerciale et financière de la Société.

§ 79. — Dans le bilan, l'on portera à l'actif :

1° Le montant des espèces restées en caisse ;

2° Les existences en magasin suivant les prix du jour ;

3° La valeur des ustensiles après déduction de ...
pour 100, pour l'année en question ;

4° Les créances non encore recouvrées ; toutefois,
parmi celles-ci, les créances douteuses ne devront
figurer que pour le montant de leur valeur présumée ;
quant aux titres véreux, ils devront être entièrement
écartés et exclus ;

5° Les immeubles qui pourraient exister, en les évaluant d'après les cours de l'époque.

Par contre, l'on inscrira au passif :

1° Le fonds de réserve ;

2° Les parts sociales des membres ;

3° Les capitaux étrangers empruntés et les capitaux
de garantie fournis par les sociétaires, ainsi que les
intérêts dus à ces deux catégories de fonds ;

4° Les dettes éventuelles qu'aurait pu avoir contractées la Société pour les marchés à crédit, etc.;

5° Les frais qui n'auraient pas encore été liquidés.

L'excédant de l'actif sur le passif forme le *bénéfice*.
(§ 3, n° 6, de la loi sur les Sociétés coopératives.)

§ 80. — C'est à la délégation qu'il appartient de
vérifier les comptes.

Elle aura à se procurer, dans ce but, les bases nécessaires d'appréciation au moyen de l'examen des
livres et des documents, de même qu'en prenant part
à l'inventaire. C'est donc à elle qu'incombe, en outre,
le soin de faire dans l'assemblée générale, et suivant
les circonstances, les propositions d'usage pour demander l'approbation de la gestion des directeurs.

S'il s'élevait des doutes au sujet de la régularité
des écritures et de la vérification faite par la délégation, la Société pourra décider, sans même que la proposition en ait été indiquée à l'avance dans l'ordre du

jour, de nommer une commission spéciale de trois à cinq membres, et pourra lui confier le soin d'une nouvelle révision, en vue de laquelle elle exercera tous les pouvoirs conférés par les paragraphes 31 et 32 des présents statuts à la délégation pour que celle-ci fût à même de surveiller la marche administrative de la Société.

RÉPARTITION DES BÉNÉFICES

§ 81. — Sur le montant des bénéfices nets, en premier lieu il sera attribué au fonds de réserve, tant que celui-ci n'a pas encore atteint le chiffre fixé par le paragraphe 63, alinéa 2, ou lorsqu'à la suite de remboursements occasionnés par des pertes dans les transactions il sera tombé au-dessous de ce chiffre, un prorata de 20 0/0 durant les trois premières années qui suivront la fondation et, plus tard, seulement 10 0/0.

Sur l'excédant qui restera après ce prélèvement, il faudra imputer au payement des intérêts dus aux parts sociales, d'après le paragraphe 57, jusqu'à 5 0/0 des sommes accumulées à cet effet, et dont il a été donné crédit.

Mais, quant au surplus qui restera à ce moment, il sera réparti, à titre de dividende, entre les sociétaires au prorata des versements que ceux-ci auront faits à la caisse sociale, pour marchandises prises dans les magasins de la Société, durant l'exercice de l'année en question. Ces payements n'entrent toutefois en ligne de compte que pour leur montant en thalers, fractions non comprises, et quant aux crédits remboursés, qu'autant que le payement aura eu lieu ponctuellement à l'échéance et dans l'année dont il s'agit. Quant aux retenues de ces intérêts et dividendes, et aux écritures qu'il y a lieu d'en passer, les prescriptions des paragraphes 59 et 60 restent en vigueur.

DISSOLUTION DE LA SOCIÉTÉ COOPÉRATIVE ET RESPONSABILITÉ DES MEMBRES

§ 82. La dissolution de la Société a lieu :

1° Par *décision* de l'assemblée générale ;

2° Par l'ouverture du *concours* des créanciers à l'égard des biens de la Société ;

3° Par *un arrêt judiciaire* dans les cas spécifiés. (§ 35 de la loi sur les Sociétés coopératives.)

§ 83. — *La déclaration de faillite relative à l'entreprise* de la Société coopérative sera prononcée par le tribunal dès que la suspension des payements lui aura été notifiée par la direction, ainsi que celle-ci y est obligée, mais sans entraîner à l'égard de la fortune privée des sociétaires, leur mise en faillite. (§ 51, alinéa 4, de la loi sur les Sociétés coopératives.)

§ 84. — Bien plus, ce n'est qu'après la clôture du concours relatif aux biens de la Société coopérative, et tout autant que les créanciers de celle-ci auront établi la légitimité de leurs titres, qu'ils seront autorisés, en raison des pertes qu'ils devraient encore supporter, à exercer leur recours contre les membres individuels, par suite de la solidarité consentie par eux.

Afin d'obvier aux complications qui pourraient en résulter, la direction est tenue de faire les démarches nécessaires pour l'instruction de la procédure prescrite par les paragraphes 52 et suivants de la loi sur les Sociétés coopératives.

§ 85. — A la suite de la *dissolution* de la Société coopérative, sauf le cas de faillite, la *direction* devra procéder à la *liquidation*, en se conformant aux prescriptions des paragraphes 40 et suivants de la loi sur les Sociétés coopératives du 4 juillet 1868. Néanmoins, l'assemblée générale a le droit de choisir, à la place de la direction, d'autres personnes pour liquidateurs.

LES DÉCLARATIONS LÉGALES DE LA SOCIÉTÉ COOPÉRATIVE, ET LES FEUILLES PUBLIQUES DÉSIGNÉES A CET EFFET.

§ 86. — Toutes les notifications et déclarations relatives aux affaires de la Société coopérative devront être publiées sous la raison sociale adoptée par elle et devront porter la signature d'au moins deux des membres de la direction, excepté toutefois les avis de convocation pour l'assemblée générale, à l'égard desquels l'on observe ce qui a été dit ci-dessus, paragraphe 37.

§ 87. — La Société coopérative a pour organe de ses déclarations et notifications publiques le journal

. . . . .

Dans le cas où cette feuille cesserait de paraître, la direction est autorisée à en désigner une autre, avec l'assentiment de la délégation et jusqu'à la réunion de la prochaine assemblée, qui statuera définitivement et valablement à cet égard.

MISE A EXÉCUTION DES STATUTS

§ 88. — Les statuts actuels sont rendus exécutoires

du moment où, en preuve de leur acceptation par les membres présents à l'assemblée générale, ils se trouvent revêtus de la signature de ces sociétaires; quant aux personnes qui, plus tard, entreront dans la Société, une simple déclaration suffira de leur part.

CONTESTATIONS RELATIVES AUX STATUTS OU AUX DÉCISIONS DE LA SOCIÉTÉ.

§ 89. — Toutes les contestations relatives à l'interprétation des dispositions spéciales des présents statuts et des résolutions que pourrait prendre ultérieurement la Société, seront tranchées en dernier ressort par l'assemblée générale. Aucun membre n'a le droit d'appeler de cette décision, et le recours légal lui est surtout fermé.

ANNEXE N° 2

Procès-verbal d'une assemblée générale de la Société pour l'achat des matières premières, la
de   Société coopérative enregistrée.

Séance du   18

L'assemblée a été ouverte à sept heures et demie du soir, par le président de la délégation G. Bistmark, qui tout d'abord a choisi le soussigné Ch. Wilm pour secrétaire durant la présente réunion.

Après qu'il a été établi qu'à l'égard de l'avis de convocation de l'assemblée générale, les formalités prescrites par les statuts ont été dûment observées, l'on est passé au *premier article à l'ordre du jour* et relatif à la clôture des comptes pour l'année 1872 et aux décisions à prendre au sujet de la répartition des bénéfices et de l'approbation à accorder à la direction.

H. Dallbrück, remplissant par intérim les fonctions de président de la Délégation, lit, au nom de celle-ci, un rapport constatant que les comptes, après vérification, ont été trouvés justes et régulièrement tenus.

D'après le relevé de ces comptes, relevé dont il est remis aux sociétaires une copie imprimée, laquelle est également annexée au présent procès-verbal, les bénéfices réalisés pour l'année 1872 s'élèvent à la somme de... 754.13.4

Sur ce chiffre, conformément aux statuts, un tiers, c'est-à-dire th. 251.14. 5 est prélevé en faveur de l'administration. Quant à l'excédant restant après ce prélèvement, soit th.............. 502.28.11 la délégation propose de le répartir de sorte que :

1° Les Parts sociales aient à recevoir, à titre d'intérêts calculés sur environ 450 *thalers* et au taux le plus élevé qui soit autorisé par les statuts, c'est-à-dire à 5 0/0, une somme de th.......... 20. 7.6

2° Le Fonds de Réserve, th......... 32. 1.5

Le reste c'est-à-dire, th.............. 450.20.» sera accordé à titre de Dividende et à raison de 2 1/2 0/0 sur les 16,000 *thalers*, fractions non comprises, de marchandises achetées.

La Société comptait, à la fin de 1872, un chiffre de 43 membres ; il y a eu depuis 12 nouvelles adhésions, mais cinq membres ont quitté l'association, de sorte que le nombre total des sociétaires, à la fin de 1872, s'élève à 50.

L'assemblée approuve, pour l'année 1872, les comptes de la direction sur la proposition que lui en fait la délégation, et donne son adhésion aux projets que celle-ci lui soumet relativement au partage des bénéfices.

Sur *le second article inscrit à l'ordre du jour*, et qui a trait à la nomination d'un gérant à la place de Bardeleben récemment décédé, il est décidé en premier lieu, sur la proposition de la délégation, que les appointements du nouveau gérant à élire devront courir conjointement avec ceux alloués aux autres directeurs actuels, à partir du.....

Le membre Falke croit alors devoir recommander, au nom de la délégation, au choix de l'assemblée, un membre actuel de la Délégation, le nommé A. Stéphan, qui, interrogé au préalable, a déclaré accepter les fonctions dont il s'agit aux conditions qui ont été fixées.

Après qu'il a été constaté, par suite du contrôle exercé à l'entrée de la salle, que le nombre des membres présents est de 39, on passe au vote qui a lieu au scrutin, et, sur les 39 votants, A. Stéphan a obtenu 27 voix, Netzow, 7; Brühl, 3; deux bulletins ont été annulés. A. Stéphan est donc élu gérant avec un chiffre qui dépasse de 7 voix la majorité absolue. Il déclare accepter cette nomination.

Le troisième article à l'ordre du jour concerne l'élection de trois membres de la Délégation, en remplacement de Dallbrück, Retzow et Selchow, membres sortants par suite de l'expiration de leur mandat triennal.

Le président ayant expliqué que les bulletins remis portent trois numéros, parce que, conformément aux statuts, l'élection ne donne lieu qu'à un seul scrutin; on passe au vote, et les 32 suffrages émis se trouvent ainsi répartis :

Dallbrück..................	27 voix.
Retzow....................	26 —
Selchow...................	15 —
Hitzewitz.................	10 —
Wagener...................	10 —
Rahn......................	5 —
Brühl.....................	3 —

La majorité absolue étant de 17, sont nommés : 1° Dalbrück, 2° Retzow. Quant au troisième membre qui reste encore à choisir, l'élection se trouve circonscrite aux deux membres qui ont eu le plus de voix après Retzow.

1° Selchow, d'une part ; 2° d'autre part, Hitzewitz ou Wagener, ces deux derniers ayant obtenu le même nombre de suffrages. Du tirage au sort fait de la main du président, il résulte que Wagener doit retirer, pour ce second tour de scrutin, sa candidature. On procède alors à l'élection ainsi circonscrite ; elle donne 28 voix à Selchow, 4 à Hitzewitz. Selchow est conséquemment nommé comme troisième membre de la délégation. Les élus, à l'exception de Selchow, qui n'assistait pas à la séance et qui sera interrogé sur ses intentions, ont déclaré accepter leur nomination.

On passe *ensuite au quatrième point inscrit à l'ordre du jour*, et concernant la proposition faite en commun par la direction et la délégation et tendant à ce qu'il plaise à l'assemblée de décider que la Société, réunie aujourd'hui en assemblée générale, déclare adhérer à la fédération universelle des « Sociétés coopératives allemandes, se soumettant ainsi aux obligations et revendiquant la jouissance des droits qui résultent de cette adhésion. La direction est chargée de l'exécution de la présente décision et de sa notification au Syndicat de la Ligue des Sociétés coopératives fédérées. »

Le président de la délégation ayant exposé combien sont considérables les avantages que présente cette adhésion, en comparaison des engagements si minimes qu'elle impose, et ayant, à la demande de l'assemblée, ajouté de plus amples détails sur l'organisation de cette fédération et sur sa propagation, l'on est passé au vote, dont le résultat a été l'adoption de la proposition par 29 voix contre 3.

L'article 4 porté à l'ordre du jour est relatif à la motion faite par Falke et autres coopérateurs et conçue dans les termes suivants :

« Qu'il plaise à l'assemblée de charger la direction d'entrer en pourparlers avec le propriétaire de l'immeuble sis rue des Pêcheurs, n° 20, et jusqu'ici pris en location, en vue d'en faire l'acquisition pour le compte de la Société. »

En raison de l'heure avancée de la journée et de l'importance de la question, qui n'a pu encore être suffisamment étudiée par la direction et la délégation, Camphaus fait la proposition suivante :

« Sur ce point du présent ordre du jour, il sera statué, dans une assemblée générale extraordinaire, que la délégation sera tenue de convoquer dans six semaines au plus tard. »

L'on a d'abord voté sur cette motion. Mais le résultat du vote, accompli par la levée des mains, étant mis en doute par plus de cinq membres, et la demande de recueillir les voix ayant été faite, il y a été procédé, et il en est sorti l'adoption de la proposition par 17 voix contre 11.

Après lecture et approbation du présent procès-verbal, l'assemblée a été close à 11 heures 1/4 du soir.

Approuvé comme ci-dessus.

(Suivent les signatures.)

ANNEXE N° 3.

Procès-verbal d'une séance tenue en commun par la direction et la délégation de la Société des Cordonniers pour l'achat des matières premières (Société coopérative enregistrée) de....

Séance du ...... 18...

La séance a été ouverte à sept heures et un quart du soir par le président de la délégation, G. Bistmark, qui, tout d'abord, a constaté que l'assemblée était en position de délibérer valablement, attendu que la majorité des membres de la direction et de la délégation se trouvaient présents.

Passant à l'ordre du jour, il a été décidé :

I. De recevoir, en qualité de membre de la Société, le cordonnier F.-G. Eilenburg, qui a adressé une demande d'admission.

La direction est chargée, par conséquent, de lui faire rédiger par écrit une déclaration d'adhésion.

II. Il est décidé d'accorder à F.-G. Eilenburg, à la suite de son admission dans la Société, et sans exiger de cautionnement, un crédit jusqu'à concurrence de ses versements à compte de son capital de garantie, et de l'autoriser à toucher en plus une somme de 20 thalers, mais contre la signature d'un répondant offrant toutes garanties de solvabilité.

III. Il est décidé, sur la proposition de la direction, d'acheter 10 fardes de cuir à semelles, et, comme la qualité livrée par C. Weichelt, de Brunswick, n'a pas été trouvée satisfaisante, de s'adresser à G. Moll, de Wolfenbüttel, qui a présenté des échantillons convenables. La direction est autorisée à acheter au comptant, et, par suite, devra faire tous ses efforts pour obtenir des prix modérés.

IV. La direction propose de passer également à G. Moll, de Wolfenbüttel, un ordre pour 7 balles de cuir en croûte. Il est toutefois arrêté, à cet égard, que d'autres maisons, surtout pour les cuirs en croûte, se trouvant recommandées par diverses Sociétés coopératives, l'on n'achètera d'abord de G. Moll que 4 balles de cuirs en croûte au comptant, et on laisse à la direction le soin de se procurer des renseignements exacts sur les maisons G. Schaib, de Gera, et B. Ornold, d'Erfurth, qui sont recommandées de préférence.

Les matières relatives à la séance en commun étant épuisées, la direction s'est provisoirement retirée, et la délégation, une fois seule, est passée à la discussion des propositions suivantes, que la direction lui avait soumises en vue d'obtenir son assentiment :

1° De permettre l'établissement des conduites de

gaz dans les dépendances du local loué par l'association, à la condition que les dépenses n'excéderont en aucun cas la somme de 16 thalers, et d'autoriser la vente de la lampe à huile, qui deviendra par suite superflue, et qui se trouve inscrite sous le n° 35 de l'inventaire.

Cette mesure est approuvée par la délégation.

2° La direction propose d'accepter l'offre du propriétaire foncier Tohn, d'Uelz, d'un prêt de 2,000 thalers à 4 1/2 0/0 d'intérêt annuel, et remboursables trois mois après avis, et, dans ce but, de notifier par contre aux créanciers respectifs le remboursement des quatre emprunts de 600 thalers, 500 thalers, 400 et 300 thalers, négociés à 5 0/0, avec faculté de retrait à 3 mois d'avis.

La délégation approuve cette proposition, à la condition que Tohn consente à accorder ledit prêt sans retard, durant une année entière, et ensuite avec faculté de retrait trois mois après avis.

La discussion étant complétement épuisée, la séance a été close, après la rentrée des directeurs dans la salle des délibérations, par la lecture et l'approbation du présent procès-verbal.

Approuvé comme ci-dessus.

(Suivent les signatures.)

ANNEXE N° 4.

Contrat de..... (raison de commerce de la Société coopérative), avec les membres de la direction.

(Il faut apposer sur ce document le timbre exigé par la loi du pays pour les actes contractuels; ce timbre est de 16 gros d'argent en Prusse).

Entre la (raison de commerce de la Société), représentée par son Comité de délégation, d'une part, et les membres de la direction, d'autre part, et dans le but d'assurer à ladite Société les services desdits membres, il a été conclu, avec l'approbation de l'assemblée générale, le contrat suivant :

§ 1.

MM. A., en qualité de gérant;

B., en qualité de gérant;

C., en qualité de chef de magasin de la (raison de commerce de la Société coopérative), se chargent tant de l'administration des affaires que des susdites fonctions, sous leur responsabilité personnelle, conformément aux statuts de la   et aux instructions de la   pour une durée de à partir de   jusqu'à   . Ils s'engagent, par suite, à remplir de tous points les devoirs qui leur incombent et à veiller aux intérêts de la Société de leur mieux et en toute conscience.

§ 2.

A titre de rémunération pour les peines que leur donnent les soins de l'administration, les directeurs recevront sur la somme résultant de l'augmentation que la caisse perçoit en plus sur le prix des marchandises vendues et sur le montant des crédits accordés, un prorata de tant pour cent, de façon à ce que :

1° Les intérêts dus au capital d'exploitation, dans lequel il faut comprendre les parts sociales, soient tout d'abord couverts;

2° Mais que sur l'excédant qui restera alors, il soit accordé :

1° Au gérant, 1/10°;

2° Au caissier, 1/10°;

3° Au chef de magasin, 3/10°°.

§ 3.

Le caissier et le chef de magasin s'engagent, en outre, à fournir un cautionnement en raison des déficits qui pourraient se produire et des préjudices qu'ils pourraient causer à la Société coopérative. La somme à verser à cet effet est fixée pour le caissier à   thalers; pour le chef de magasin, à   thalers, bien entendu en remettant une déclaration relative audit cautionnement.

§ 4.

Si, par une décision de l'assemblée générale, la révocation d'un ou de tous les membres de la direction des emplois qu'ils occupent a été prononcée durant la période assignée à leurs fonctions, les membres ainsi frappés sont tenus de renoncer au traitement précédemment alloué en vertu du paragraphe 2, et cela à partir du jour où la destitution a été décidée.

Si cette révocation définitive des membres de la direction est la confirmation d'une suspension provisoire précédemment prononcée par la délégation, le traitement doit cesser à partir du jour où, par suite de la suspension, la direction des affaires de la Société a été enlevée aux individus révoqués.

§ 5.

En raison des complications qui pourraient naître au sujet des droits réciproques des membres révoqués et de leurs successeurs, il faudra attendre, pour la liquidation des traitements, jusqu'à la clôture de l'exercice de l'année pendant laquelle la révocation aura eu lieu. Le partage du prorata assigné, à titre de traitement ou émoluments, en vertu du paragraphe 2 des présents statuts, sur les augmentations de prix perçues sur les ventes de toute l'année et sur le montant des crédits accordés, se fera donc à l'époque ci-dessus indiquée. Cette répartition s'opérera entre les intéressés de part et d'autre et devra être proportionnelle à la durée des fonctions pendant la même année.

X..., le

A. C., gérant.

D. G., caissier.

C. R., chef de magasin.

En qualité de représentant ayant mandat de la Société (raison de celle-ci), B. F., président de la délégation.

ANNEXE N° 5.

Cédule de cautionnement d'un membre de la direction ou de tout autre employé (1).

Moi, soussigné, en qualité de (chef de magasin, trésorier, etc.), de la   (raison sociale), déclare fournir à ladite Société, au moyen du prêt dont je suis

---

(1) L'on devra apposer sur cette cédule le timbre exigé par la loi du pays. Ce timbre, en Prusse, est de 15 gros d'argent.

Dans la rédaction de la formule, nous nous sommes basé sur le cas que l'on rencontre le plus fréquemment. C'est celui où la personne qui doit fournir le cautionnement remet en espèces ou valeurs effectives la somme dont il s'agit. La Société délivre ensuite un titre ordinaire de reconnaissance indiquant les délais de retrait

créancier en vertu de la présente reconnaissance de
thalers à   0/0 d'intérêts annuels, un cautionnement en garantie de la loyale et stricte exécution des
devoirs administratifs de la charge qui m'a été confiée. Je reconnais, par suite, à la Société le droit de
retenir, pour tous les dommages et pertes que je pour-
rais lui causer par ma faute, et sans préjudice de ma
responsabilité personnelle à cet égard, la susdite
créance dont je suis propriétaire, et l'autorise à se
payer sur le montant de celle-ci, par compensation,
intégralement ou partiellement. A cet effet, je dépose
entre les mains de la Société, à titre de gage, ladite
reconnaissance de   faite en ma faveur.

A...., le

    A. N. (chef de magasin ou tout autre titre).
Accepté pour la   (raison de commerce).

    O. G., président de la délégation.

ANNEXE N° 6.

*Formulaire d'une seule de change (change sec ou
billet à ordre) en garantie d'une dette pour marchandises achetées à crédit (1).*

(Ordonnance générale pour l'Allemagne relative au
contrat de change, articles 96 et suivants.)

---

et le taux de l'intérêt, toutefois cette créance demeure entre ses
mains comme constituant un cautionnement.

Naturellement le cautionnement pourra encore être fourni au
moyen du dépôt de valeurs ou de créances sur des tiers, dont la
personne appelée à fournir le cautionnement se trouverait être porteur, et les modifications qui en résulteraient dans la formule se
déduisent d'elles-mêmes. Si l'on avait recours à l'hypothèque ou au
nantissement par créance hypothécaire, l'attestation de l'engagement pris doit régulièrement avoir lieu par acte légal ou notarié,
auquel cas il n'est nul besoin de formule.

(1) *Toute lettre de change étant soumise en Allemagne aux droits*

Le   187 , je payerai contre
cette *seule de change*, à la   (raison sociale), la
somme de   valeur reçue en marchandises suivant nos comptes, et j'en verserai le montant à l'é-
chéance, et sans attendre la présentation à la caisse
de ladite Société.

                                        A. M., débiteur.

P. O. pour Aval.

---

dé timbre, en vertu de la loi de l'empire du 10 juin 1869, nous
devons supposer que l'on sait que ces droits sont :

Pour les sommes au-dessous et jusqu'à 50 thalers, de 1 gr. d'arg.
—   de 50 à 100 thalers, de 1 1/2 gros d'argent.
—   de 100 à 200 thalers, de 3 gros d'argent.

A partir du dernier chiffre, il faut compter par chaque 100 thalers de plus une augmentation de 1/2 gros d'argent. Quant à la
manière de faire usage du timbre, l'on devra se conformer exactement à l'ordonnance ampliatoire du 13 décembre 1869, et pour
plus de détails consulter sur ce point le *Journal de la Coopération*
de l'année 1870, pages 2 à 4.

ANNEXE N° 7

FORMULAIRES POUR LA TENUE DES LIVRES

JOURNAL

FORMULAIRE N° 1.

RE

Numéro d'ordre.	DATE des encaisse-ments.	NOM et DOMICILE du payeur.	NATURE des RECETTES	F° du Grand-Livre.	MONTANT des RECETTES			COMPTE A — Fonds de réserve et inventaire.			COMPTE B — Part sociale	
					Thalers.	Gr. d'arg.	Pfennige	Thalers.	Gr. d'arg.	Pfennige	Thalers.	Gr. d'arg.
			Report d'autre part........	..	18136	17	2	6	7	6	4	—
916	Déc. 24	Eilenburg, cordonn., de n/v/.	Droit d'entrée...	5	1	—	—	1	—	—		
917	» 24	Dito.	Versé à-compte sur sa part sociale..........	20	1	—	—				1	
918	» 24	Dito.	Versé à-compte sur son capital de garantie....	30	2	—	—					
919	» 24	Le sociétaire Selchow, de n/v/.	Sur billet à ordre du 31 oct., n° 192	12	12	6	—					
920	» 26	Rohn, propriétaire foncier, à Uelz.	Sur prêt à 4 1/2 0/0..........	33	200	—	—					
921	» 27	C. G., Société d'avances, de n/v.	Remboursement de notre prêt...	53	78	5	6					
922	» 28	Le sociétaire Müller, de n/ ville.	Capital de garantie pour octobre, nov. et déc.....	27	3	—	—					
923	» 29	Le ferblantier Schmidt, de n/ ville.	Prix d'une vieille lampe à huile comprise dans l'inventaire	6	—	7	6	—	7	6	—	
924	» 30	Le cordonnier Lippe, de n/v/.	Remboursement sur les frais de procès........	50	1	5	—					
925	» 31	Le chef de magasin Lenhardt	Marchandises à lui payées du 15 au 31 déc. cour.	12	531	8	9					
926	» 31	Le sociét. Falke, de notre ville.	Billet à ordre du 30 sept., n° 170.	12	23	18	9					
927	» 31	Le sociét. Plitz, de Schouau.	Id. id., n° 173....	12	11	8	3					
			Total....	..	19003	16	11	7	13	—	5	

CAISSE

ETTES

SOMMES ENCAISSÉES SE RÉPARTISSENT ENTRE LES																					OBSERVATIONS.
COMPTE C — Capitaux de garantie. Thalers.	Gr.d'arg.	Pfennige	COMPTE C — Emprunts contractés. Thalers.	Gr.d'arg.	Pfennige	COMPTE D — Marchandises. Thalers.	Gr.d'arg.	Pfennige	COMPTE D — Intérêts pour marchandises vendues à crédit. Thalers.	Gr.d'arg.	Pfennige	COMPTE E — Frais généraux. Thalers.	Gr.d'arg.	Pfennige	COMPTE F — Prêts remboursés à la Société et intérêts perçus pour lesdits prêts. Thalers.	Gr.d'arg.	Pfennige	GÉNÉRALITÉS — Articles courants. Thalers.	Gr.d'arg.	Pfennige	
495	15	—	400	—	—	16468	2	6	205	9	3	3	7	8	337	1	6	217	3	9	
2																					
						12				6											
			200																		
															78	5	6				
3																					
												1	5								
						528	1	9	3	7											
						25				18	9										
						11				8	3										
500	15	—	600	—	—	17044	4	3	209	19	3	4	12	8	415	7	—	217	3	9	

FORMULAIRE N° 2.

Numéro d'ordre.	Date des payements	Nom et domicile de l'encaisseur.	Nature des dépenses	Numéro du report	F° du Grand-Livre.	Montant des débours — Thalers.	Gr. d'arg.	Pfennige	Compte A — Fonds de réserve et inventaire. Thalers.	Gr. d'arg.	Pfennige	Compte B — Remboursement de parts sociales. Thalers.	Gr. d'arg.	Pfennige
			Report d'autre part.........		...	18141	29	3	3	5	6	24	27	—
620	Déc. 24	A l'expéditeur Haber de n/ville.	Transport de cuirs à semelles.......	561	42	1	6	—						
621	» 24	A la poste de notre ville.	Ports de lettres pour Uelz et Wolfenbuttel.	—	50	—	2	—						
622	» 24	Au rent. Mark de n/ville.	Remboursem. de son prêt et des intérêts..	562	32	307	7	—						
623	» 27	A la Compag. du Gaz de n/ville.	Complément de frais pour l'établissement du gaz.......	563	6	15	7	6	15	7	6	—		
624	» 31	A G. Moll, de Wolfenbüttel	Achat de cuirs à semelles...	564	42	225	—	—						
625	» 31	Au propriétaire Heidt, de n/ville.	Un trimestre de location...	565	50	30	—	—						
626	» 31	A la Société de crédit C. G., de n/v.	Notre prêt en comptes cour.	566	53	150	—	—						
627	» 31	A G. Rohll et fils, de Berlin	Clous à souliers y compris le port........	567	42	11	2	—						
628	» 31	Au chef de magasin Lenhardt.	Minimum de ses appointe- pour décembre.........	568	50	22	—	—						
629	» 31	Solde en caiss.	....		..	90	23	2						
			Total.........		..	19003	16	11	18	13	—	24	27	—

CAISSE

NSES

SOMMES PAYÉES SE RÉPARTISSENT ENTRE LES

COMPTE C — Remboursement de capitaux de garantie			COMPTE C — Payement d'autres créances			COMPTE C — Intérêts sur les diverses créances			COMPTE D — Marchandises			COMPTE E — Frais généraux			COMPTE F — Prêts au comptant			GÉNÉRALITÉS — Articles courants, etc.			OBSERVATIONS
Thalers.	Gr.d'arg.	Pfennige	Thalers.	Gr.d'arg.	Pfennige	Thalers.	Gr.d'arg.	Pfennige	Thalers.	Gr.d'arg.	Pfennige	Thalers.	Gr.d'arg.	Pfennige	Thalers.	Gr.d'arg.	Pfennige	Thalers.	Gr.d'arg.	Pfennige	
18	15	—	150	—	—	98	20	—	16936	7	6	432	25	6	410	—	—	167	18	9	
									1	6	—										
												—	2	—							
			300	—	—	7	7	—													
									225												
												30									
															150						
									11	2	—										
												22									
																		99	23	2	
18	15	—	450	—	—	105	27	—	17173	13	6	484	27	6	360	—	—	267	11	11	

COMPT

FONDS DE RÉSERV

FORMULAIRE N° 3.

DATES	DÉBIT	Numéros du Journal-Caisse.	SOMMES			REMARQUE
			Thalers	Gr. d'arg.	Pfennig.	
	Folio 5 du Grand-Livre.					
	Report d'autre part.		307	14	3	
Décembre 21	A Eleinburg, pour son droit d'admission.............	916	1	—	—	
	TOTAL...	.....	308	14	3	
1873 Janvier 1er	Solde à compte nouveau....	.....	306	8	9	
	Folio 6 du Grand-Livre.					
	INVENTAIRE					
Décembre 27	*Report du folio précédent.*	.....	48	2	3	
	Complément des frais de l'établissement du gaz.......	623	15	7	6	
	TOTAL...	.....	63	9	9	
1873 Janvier 1er	Solde à compte nouveau....	.....	53	12	3	

COMPT

PART

FORMULAIRE N° 4.

DATES	Numéro du registre des Sociétaires	NOM ET DOMICILE du SOCIÉTAIRE et autres détails	Numéro du Journal-Caisse	RECETTES	
				Thalers	Gr. d'arg.
		Folio 10 du Grand-Livre.			
1869 sept. 1er	26	A. Griepenkerl, cordonnier, de notre ville, son versement	311	1	—
1870 mars 1er	»	— Dividende pour 1869	—	8	5
1871 mars 1er	»	— — — 1870	—	10	7
» »	»	— Intérêts 5 0/0 pour 1870	—	—	13
1872 fév. 29	»	— , Dividende pour 1871	—	4	»
» » 29	»	— Intérêts 5 0, 0 pour 1871	—	—	28
1872 mars 1er	»	— Rembours. de son boni.	168	—	—
		Folio 20 du Grand-Livre.			
1872 déc. 24	50	F.-G. Eilenburg, de notre ville, son versement........	017	1	—

T INVENTAIRE

DATES	CRÉDIT	Numéros du Journal-Caisse.	SOMMES			REMARQUES
			Thalers.	Gr. d'arg.	Pfennige.	
	Folio 5 du Grand-Livre.					
	Report d'autre part.		2	5	6	
écembre 31	Solde..........................		306	8	9	
	TOTAL...		308	14	3	
	Folio 6 du Grand-Livre.					
	INVENTAIRE					
	Report du folio précédent.		3	4	3	
	Le ferblantier Schmidt, achat d'une vieille lampe à huile.	923	—	7	6	
	Déduction de 15 0/0 sur le précédent inventaire de fin décembre 1871................		6	15	9	Le solde à la fin de décembre 1871 était de thal. 43.15
	Solde......................		53	12	3	
	TOTAL...		63	9	9	

OCIALES

PAYEMENTS		SOLDE			PAYEMENT COMPTANT d'Intérêts (dividendes)					REMARQUES
					pour l'année.	Numéro d'après le Journal-Caisse.	SOMMES			
Gr. d'arg.	Pfennige.	Thalers	Gr. d'arg.	Pfennige			Thalers.	Gr. d'arg	Pfennige	
—	—	1	—	—						
		9	5	—						
		(10	26	—						Il a cessé de faire partie de la Société le 1er septembre par suite de retards à s'acquitter.
27										
		1	—	—						

FORMULAIRE N° 5. FONDS ÉTRANGERS, CAPITAUX

DATES	NOMS ET DOMICILES des créanciers ET AUTRES DÉTAILS — Conditions des Emprunts	Numéros du Journal-Caisse	DOIT — Capitaux de garantie (emprunts), intérêts à bonifier à la fin de l'année. Thalers	Gr.d'arg.	Pfennige	Intérêts courants jusqu'à fin d'année. Thalers	Gr.d'arg.	Pfennige
	1	**3**	**4**			**5**		
	Folio 27 du Grand-Livre.							
1872	Le sociétaire Müler, de n/ ville.							
Janvier 1er...	Solde à compte nouveau........	—	40	10	—	2	—	
— 30...	S/ apport pour janvier et février.	87	2	—	—	—	2	
Mars 10......	— pour mars, avril et mai...	235	3	—	—	—	3	
Juin 15......	— pour juin, juillet, août et septembre............	440	4	—	—	—	3	—
Décembre 28.	— pour octobre, novembre et décembre	922	3	—	—	—	—	—
	Folio 30 du Grand-Livre.							
1872	Le sociétaire Eilenburg, de n/v.							
Décembre 24.	S/versement pour décembre 1872	918	2	—	—	—	—	—
	Folio 31 du Grand-Livre.							
1872	Mark, rentier, de notre ville.							
Janvier 1er...	Prêt avec avis trimestriel de retrait et intérêts de 5 0/0 l'an. payables par semestre.......	—	400	—	—	20	—	—
Juillet 1er....	Remboursement pour son prêt antérieur.................	298	—	—	—	—	—	—
Decembre 24.	Remboursement du solde......	622	—	—	—	—	—	—
			400	—	—	20	—	—
	Folio 33 du Grand-Livre.							
	Rohn, propriétaire foncier, à Uelz.							
Décembre 26.	S/ prêt avec avis de retrait trimestriel et intérêts à 4 1/2 0/0 l'an, payables par semestre.................	920	200	—	—	—	3	
1873								
Janvier 1er...	Solde report à compte nouveau.	—	200	—	—	20	3	

GARANTIE ET EMPRUNTS CONTRACTÉS

AVOIR

Remboursements de capital			Intérêts à déduire par compensation jusqu'à la fin de l'année.			Intérêts payés comptant.			Solde sur le capital.			Intérêts dus et payements.			REMARQUES
Gr.d'arg.	Pfennige		Thalers.	Gr.d'arg.	Pfennige	Thalers.	Gr.d'arg.	Pfennige	Thalers.	Gr.d'arg.	Pfennige	Thalers.	Gr.d'arg.	Pfennige	
6			7			8			9			10			11
									40	10	—	2	—	—	
									42	10	—	2	2	9	
									45	10	—	2	6	1	
									49	10	—	2	9	1	
									52	10	—	2	9	1	
									2	—	—	—	—	—	
			—	—	—	—	—	—	400	—	—	20	—	—	Le retrait de 1 thalers sur la somme ci-contre a é[té] notifié le 1er jou[r] du 1er trimestre.
	—		2	15	—	10	—	—	300	7	—	7	15	—	
	—		—	8	—	7	—	—	—	—	—	—	—	—	
	—		2	23	—	17	7	—	—	—	—	—	—	—	Le 1er octobre, on a donné avi[s] pour le retrait d[u] solde de 300 thal.
															Compte liquidé.
	—		—	—	—	—	—	—	200	3	9	9	—	—	A la colonne 4, on a compris l[a] somme de 3 gro[s] d'argent et 9 pfen nige, intérêts du[s] pour 1872.

COMPT[E]
MARC[HANDISES]

FORMULAIRE N° 6.

| DATES | DÉTAILS | Numéro du Journal-caisse | MONTANT DES ACHA[TS] | | | | |
| | | | à payer. | | | payés. | |
1	2	3	Thalers.	Gr.d'arg.	Pfennige.	Thalers.	Gr.d'arg.
	Folio 42 du Grand-Livre.						
	Report d'autre part...	—	20129	14	—	20129	14
Déc. 24	5 balles cuirs à semelles (nᵒˢ 2510-60) d'envoi de Moll (port en sus 1 thalers 6 gros d'argent)..............	620	226	6	—		1	6
» 24	Déduction sur le montant d'un coupon velours.................	—	—	—	—	—	—
» 24	Le sociétaire Selchow, son billet du 31 octobre, nᵒ 192..............	919	—	—	—	—	—
» 28	Bénéfice sur les rognures du cuir, nᵒ 2515.	—	—	—	—	—	—
» 31	Le chef de magasin Lenhardt, son versement à la caisse, montant des marchandises payées du 15 au 31 décembre	925	—	—	—	—	—
» 31	Le sociétaire Falk, son effet du 30 septembre, nᵒ 170.............	926	—	—	—	—	—
» 31	Le sociétaire Plitz, de Schönau, son billet du 30 septembre, nᵒ 173.....	927	—	—	—	—	—
» 31	Moll, son envoi cuirs à semelles du 24 décembre.................	624	—	—	—	225	—
» 31	G. Rohll et fils, de Berlin, broquettes.	627	11	2	—	11	2
	TOTAL...	—	20366	22	—	20366	22
» 31	Solde suivant inventaire à reporter à compte nouveau..............	—	3427	6	6	3427	6

COMPT[E]
FRA[IS]

FORMULAIRE N° 3.

| DATES | RECETTES | Numéro du Journal-caisse | SOMMES | | | OBSERV[A]TIONS |
			Thalers.	Gr.d'arg.	Pfennige.	
	Folio 50 du Grand-Livre.					
	Report d'autre part...	—	3	7	8	
. 30	Le cordonnier Lippe, de notre ville, son remboursement sur les frais de procès........................	924	1	5	—	
» 31	Solde des frais généraux en 1872......	—	480	14	10	
	TOTAL....	....	484	27	6	

...ANDISES

MONTANT des ventes			Réduction sur les prix des marchandises			Versements en espèces par le chef de magasin						Payé par les billets des sociétaires						OBSERVA-TIONS
						sur marchandises			sur les crédits			sur marchandises			sur les crédits			
Thalers	Gr.d'arg	Pfennige	Thalers	Gr.d'arg	Pfennige	Thalers	Gr.d'arg	Pfennige	Thalers	Gr.d'arg	Pfennige	Thalers	Gr.d'arg	Pfennige	Thalers	Gr.d'arg	Pfennige	
6			7			8			9			10			11			12
612	26	—	23	2	3	8887	2	—	67	5	4	7584	—	6	135	3	11	
241	15	—																
				5	6													
												12				6		
	7	6																
						525	1	9	6	7	—							
												25				18	9	
												11				8	3	
11	25	—																
866	13	6	25	7	9	9412	3	9	73	12	4	7632	—	6	136	6	11	
731	18	—																

...GÉNÉRAUX

DATES	DÉBOURS	Numéro du Journal-Caisse	SOMMES			OBSERVA-TIONS
			Thalers	Gr.d'arg	Pfennige	
	Folio 50 du Grand-Livre.					
	Report d'autre part…	—	432	25	6	
Déc. 24	Frais de poste à 2 lettres pour Uelz et Wolfenbüttel …	621	—	2	—	
» 31	Location, 4e trimestre, à Heidt …	625	30	—	—	
» 31	Appointements de décembre au chef de magasin Lenhardt …	628	22	—	—	
	Total…		484	27	6	

FORMULAIRE N° 7.

PRÊTS

DATES	NOMS ET DOMICILE des débiteurs ET AUTRES DÉTAILS	Numéro du Journal-Caisse	PRÊTS accordés.			Il a été remboursé sur les prêts.			Créances non liquidées à la fin de l'année.			INTÉRÊTS à payer.			payés.			non liquidés à la fin de l'année.			OBSERVATIONS
1	2	3	4			5			6			7			8			9			10
			Thalers.	Gr. d'arg.	Pfennige	Thalers.	Gr. d'arg.	Pfennige	Thalers.	Gr. d'arg.	Pfennige	Thalers.	Gr. d'arg.	Pfennige	Thalers.	Gr. d'arg.	Pfennige	Thalers.	Gr. d'arg.	Pfennige	
	Folio 53 du Grand-Livre. *Société d'avances, de n/ ville (société coopérative enreg.)*																				
Déc. 27	*Report d'autre part...*	—	410	—	—	333	—	—	—	—	—	3	3	3	1	27	9	—	—	—	
» 27	Remboursements (intérêts compris)........	921	—	—	—	77	—	—	—	—	—	—	—	—	1	5	6	—	—	—	
» 31	Versement en compte courant..	626	150	—	—	—	—	—	150	—	—	—	—	—	—	—	—	—	—	—	
	TOTAL....		560	—	—	410	—	—	150	—	—	3	3	3	3	3	3	—	—	—	
1873 Janv. 1er	Solde à reporter à compte nouveau........		150	—	—	—	—	—	—	—	—	—	—	—	—	—	—	—	—	—	

LIVRE DES EFFETS

FORMULAIRE N° 8.   SOUSCRITS POUR MARCHANDISES

Numéros d'ordre des effets. (1)	DATE de la souscription de l'effet. (2)	NOMS ET DOMICILES des SOUSCRIPTEURS (3)	pour marchandises — Thalers (4)	Gr. d'arg.	Pfennige	pour crédits accordés — Thalers (5)	Gr. d'arg.	Pfennige	Jour de l'échéance des effets. (6)	Payé à compte sur l'effet : Sommes — Thalers (7)	Gr. d'arg.	Pfennige	Jour du payement. (8)	Numéros du Journal-raison. (9)	Sommes donnant droit aux dividendes (après déduction de l'augmentation pour cause de crédits accordés). — Thalers (10)	Gr. d'arg.	Pfennige	Solde à réclamer judiciairement. — Thalers (11)	Gr. d'arg.	Pfennige	OBSERVATIONS (12)
		Le sociét. Falke, de notre ville.																			62 thalers sur marchandises. 20 gr. d'argent 6 pf. sur crédits accordés.
170	30 sept. 72	Son effet........	25	—	—	—	18	9	31 déc. 72	25	18	9	31 déc. 72	926	25	—	—	—	—	—	
188	31 oct. 72	Id..........	20	—	—	—	15	—	31 janv. 73	—	—	—									
201	30 nov. 72	Id..........	42	—	—	—	21	—	31 janv. 73	—	—	—									
		Le soc. Selchow, de notre ville.																			14 thalers sur marchandises. 3 gr. d'argent 6 pf. sur crédit.
192	31 oct. 72	Son billet à ordre	12	—	—	—	6	—	31 déc. 72	12	6	—	24 déc. 72	919	12	—	—	—	—	—	
206	30 nov. 72	Id........	14	—	—	—	7	—	31 janv. 73	—	—	—									

Formulaire N° 9. POUR LE LIVRE DE MAGASIN

DATES	NUMÉROS de série DES CUIRS	PRIX d'achat			PRIX de vente			VENDUS aux prix suivants			SOLDES en magasin			LIVRÉS pour être détaillés			Rabais sur les prix			Sur les rognures pour ventes au détail. Perte			Boni réalisé		
1	2	3			4			5			6			7			8			9			10		
		Thalers.	Gr. d'arg.	Pfennige.	Thalers.	Gr. d'arg.	Pfennige.	Thalers.	Gr. d'arg.	Pfennige.	Thalers.	Gr. d'arg.	Pfennige.	Thalers.	Gr. d'arg.	Pfennige.	Thalers.	Gr. d'arg.	Pfennige.	Thalers.	Gr. d'arg.	Pfennige.	Thalers.	Gr. d'arg.	Pfennige.
25 déc.	1. Farde, cuirs à semelles. N°s 2510 à 2519	45	7	3	—	—	—	—	—	—	—	—	—	—	—	—	—	—	—	—	—	—	—	—	—
	2510	—	—	—	4	28	9	4	28	9	—	—	—	—	—	—	—	—	—	—	—	—	—	—	—
	2511	—	—	—	5	13	3	5	13	3	—	—	—	—	—	—	—	—	—	—	—	—	—	—	—
	2512	—	—	—	4	25	—	4	25	—	—	—	—	—	—	—	—	—	—	—	—	—	—	—	—
	2513	—	—	—	4	25	—	—	—	—	—	—	—	4	25	—	—	—	—	—	—	—	—	—	—
	2514	—	—	—	4	19	9	—	—	—	4	19	9	—	—	—	—	—	—	—	15	—	—	—	—
	2515	—	—	—	3	13	—	—	—	—	—	—	—	3	13	—	—	—	—	—	—	—	—	—	—
	2516	—	—	—	4	28	—	—	—	—	4	28	—	—	—	—	—	—	—	—	—	—	—	7	6
	2517	—	—	—	4	25	6	4	25	6	—	—	—	—	—	—	—	—	—	—	—	—	—	—	—
	2518	—	—	—	5	5	9	—	—	—	5	5	9	—	—	—	—	—	—	—	—	—	—	—	—
	2519	—	—	—	5	4	—	—	—	—	5	4	—	—	—	—	—	—	—	—	—	—	—	—	—
31 déc.		45	7	3	48	10	—	20	2	6	19	27	6	8	10	—	—	—	—	—	15	—	—	7	6

LIVRE DES ROGNURES DE CUIR

FORMULAIRE N° 10.

NUMÉROS des CUIRS	Numéros des rognures.	ENTRÉS en magasin.			VENDUS au prix de			SOLDES en magasin.			REMARQUES
		Thalers.	Gr.d'arg.	Pfennige	Thalers.	Gr.d'arg.	Pfennige	Thalers.	Gr.d'arg.	Pfennige	
2513 4 th. 25 gr.d'arg.	1	—	7	6	—	7	6	—	—	—	
	2	—	7	6	—	7	6	—	—	—	
	3	—	22	—	—	22	—	—	—	—	
	4	—	14	—	—	14	—	—	—	—	
	5	—	11	6	—	11	6	—	—	—	
	6	—	9	6	—	9	6	—	—	—	
	7	1	28	—	1	28	—	—	—	—	
		4	10	—	4	10	—	—	—	—	13 gr. d'argent. — Perte.
2513 3 th. 13 gr. d'arg.	1	1	2	—	1	2	—	—	—	—	
	2	—	10	6	—	10	6	—	—	—	
	3	—	25	—	—	25	—	—	—	—	
	4	—	27	6	—	27	6	—	—	—	
	5	—	17	6	—	17	6	—	—	—	
		3	22	6	3	22	6	—	—	—	7 gr. d'arg. et 6 pfenn. — Boni réalisé.

FORMULAIRE DU LIVRE DE MAGASIN

FORMULAIRE 11. POUR LES ARTICLES VENDUS AU POIDS OU A LA MESURE

DATES (1)	ARTICLES (2)	ENTRÉS EN MAGASIN — Taux de la mesure ou du poids (3)	PRIX d'achat (4)			PRIX de vente (5)			VENDUS AUX PRIX fixes à l'avance — Taux de la mesure ou du poids (6)	PRIX de vente (7)			VENDUS avec rabais — Taux de la mesure ou du poids (8)	PRIX de vente (9)			SOLDES restés en magasin — Taux de la mesure ou du poids (10)	PRIX d'achat (11)			PRIX de vente (12)			REMARQUES (13)
		mèt.	Thalers	Gr.d'arg.	Pfennige	Thalers	Gr.d'arg.	Pfennige	mèt.	Thalers	Gr.d'arg.	Pfennige	mèt.	Thalers	Gr.d'arg.	Pfennige	mèt.	Thalers	Gr.d'arg.	Pfennige	Thalers	Gr.d'arg.	Pfennige	
1er janv. 72	Velours solde, report de 1871 à 20 gr. d'arg.	3.25	2	5	—	2	11	6	3.25	2	11	6	—	—	—	—	—	—	—	—	—	—	—	
15 fév. 72	Nouveaux articles livrés par A. Weich de notre ville, à 22½ gr. d'arg.	10.	7	15	—	8	5	—	10.	8	5	—	—	—	—	—	—	—	—	—	—	—	—	
30 déc. 72	Nouvelles marchandises livrées par Ball de Barmen, à 22½ gr. d'arg.	15.	11	7	6	12	7	6	12.	9	24	—	—	—	—	—	—	—	—	—	—	—	—	
24 déc. 72	Un solde à 25 gros d'argent.	—	—	—	—	—	—	—	—	—	—	—	2.20	1	25	—	3	2	7	6	2	13	6	Perte 5 gr. arg. et 6 pfenn.

FORMULAIRE DU COMPTE DES CLIENTS DE L'ASSOCIATION

FORMULAIRE N° 12.

DATES	MARCHANDISES achetées	SOMMES payées comptant.			SOMMES pour livraisons à crédit.			Augmentation pour cause de crédit accordé.			Il a été payé effectivement.			Chiffre du crédit à la fin du mois.			Règlement en un billet à ordre. Montant dudit effet.			Numéros d'ordre des effets.	Jour de l'échéance.	OBSERVATIONS (Indiquer si l'effet, conformément à la déclaration du caissier, a été payé à l'époque fixée.)
		Thalers	Gr d'arg	Pfennige	Thalers	Gr d'arg	Pfennige	Thalers	Gr d'arg	Pfennige	Thalers	Gr d'arg	Pfennige	Thalers	Gr d'arg	Pfennige	Thalers	Gr d'arg	Pfennige			
1	2	3			4			5			6			7			8			9	10	11
	Le sociét. Selchow, de notre ville.																					
5 oct.	Pour 1 cuir de bœuf, n° 217..........	—	—	—	10	15	—	—	2	9	—	—	—	—	—	—						
15 »	Marchandises div...	—	—	—	2	5	6	—	—	9	—	—	—	—	—	—						
22 »	Marchandises div...	—	—	—	1	22	9	—	—	6	—	—	—	—	—	—						
30 »	1 aune velours.....	—	27	6	—	—	—	—	—	—	—	—	—	—	—	—						
31 »	Versé comptant....	—	—	—	—	—	—	—	—	—	—	—	—	2	7	3						
		—	—	—	14	13	3	—	4	—	—	—	—	—	—	—						
6 nov.	2 cuirs pour semelles, nos 1943-1944..	—	—	—	11	4	6	—	3	—	12	—	—	—	—	—	12	6	—	192	31 déc. 72	L'effet a été payé le 24 déc.
17 »	Rognures diverses..	—	—	—	4	15	6	—	1	3	—	—	—	—	—	—						
30 »	Versé comptant ...	—	—	—	—	—	—	—	—	—	—	—	—	1	24	3						
		—	—	—	15	20	—	—	4	3	—	—	—	—	—	—						
3 déc.	5 cuirs à semelles, nos 2002-2007	—	—	—	26	7	6	—	6	9	14	—	—	—	—	—	14	7	—	206	31 janv. 72	
10 »	Marchandises div...	—	—	—	9	5	—	—	2	6	—	—	—	—	—	—						
24 »	Marchandises diverses et son versem. comptant........	2	8	3	—	—	—	—	—	—	—	—	—	35	21	9						
		—	—	—	35	12	6	—	9	3	—	—	—	—	—	—						

FORMULAIRE DU LIVRE DE

FORMULAIRE N° 13.

		SOMMES versées en espèces par le chef de magasin			
		pour le compte marchandises		pour les augmentations dues en raison du crédit accordé	
DATES	DÉTAILS	Thaler.	Gr.d'arg.	Pfennige	Thaler.	Gr.d'arg.	Pfennige
1	2	3			4		
	Report d'autre part...	454	24	3	2	16	9
24 décembre	Selchow, marchandises diverses	37	20	9	—	9	3
24 »	Falke, »	11	5	9	—	3	6
24 »	Plitz (de Schönau) »	10	7	6	—	2	6
24 »	Déduction sur un coupon de velours.	—	—	—	—	—	—
27 »	Müler, marchandises diverses.......	14	3	6	—	5	—
31 »	Senfft, »	—	—	—	—	—	—
31 »	Pilsach, »	—	—	—	—	—	—
31 »	Münchhausen. »	—	—	—	—	—	—
31 »	Horn, »	—	—	—	—	—	—
31 »	Wetzleben, »	—	—	—	—	—	—
31 »	Vingt autres sociétaires, ensemble..	—	—	—	—	—	—
		528	1	9	3	7	—

QUITTANCES DU CAISSIER

BILLETS A ORDRE remis par le chef de magasin						DÉDUCTIONS sur les marchandises			QUITTANCE du caissier signée de sa propre main
SOMMES relatives aux marchandises			SOMMES relatives au crédit						
5			6			7			8
Thalers.	Gr. d'arg.	Pfennige	Thalers.	Gr. d'arg.	Pfennige	Thalers.	Gr. d'arg.	Pfennige	
—	—	—	—	—	—	—	—	—	
—	—	—	—	—	—	—	—	—	
—	—	—	—	—	—	—	5	6	
45	25	—	—	10	6	—	—	—	Reçu suivant détail ci-dessous :
31	27	6	—	17	6	—	—	—	En espèces,
21	15	—	—	16	6	—	—	—	Pour marchandises. th. 528 1 9
25	—	—	—	6	3	—	—	—	Pour augmentations de prix, en raison des crédits. . . . . 3 7 —
27	—	—	—	20	3	—	—	—	En billets.
300	—	—	5	—	—	—	—	—	Sur marchandises. . th. 424 7 6
—	—	—	—	—	—	—	—	—	Sur le surplus pour les crédits . . . . 7 11 —
424	7	6	7	11	—	—	5	6	Déductions. . . . . — 5 6
									Total . . . th. 965 2 9

Le 31 décembre 1872.

CAMPHANS,
Caissier.

COPIE DU JOURNAL-CAISSE

FORMULAIRE N° 14   RECETTES

Numéros de Série	Jour du versement	NOM et domicile du payeur	NATURE des recettes	Folio du Grand-Livre	CHIFFRES des recettes			REMARQUES
					Thaler.	Gr. d'arg.	Pfennig.	
			Report d'autre part........	..	18.136	17	2	
916	24 déc.	Le cordonnier Eilenburg, de notre ville.	Droits d'entrée..	5	1	—	—	
917	24 —	Le même.	Versement sur sa part sociale...	20	1	—	—	
918	24 —	Le même.	Versement sur son capital de garantie......	30	2	—	—	
919	24 —	Le sociétaire Selchow, de notre ville.	Son billet du 31 octobre n° 192.	42	12	6	—	
920	26 —	Bohn, propriétaire foncier à Uelz.	Son prêt à 4 ½ 0/0	33	200	—	—	
921	27 —	La société de crédit de notre ville.	Remboursement de son emprunt	53	78	5	6	
922	28 —	Le sociétaire Müller, de notre ville.	Son capital de garantie pour oct., nov., déc.	27	3	—	—	
923	29 —	Le ferblantier Schmidt, de notre ville.	Une vieille lampe à huile suivant inventaire. ...	6	—	7	6	
924	30 —	Le cordonnier Lippe, de notre ville.	Remboursem.t des frais de procès.	50	1	5	—	
925	31 —	Le chef de magasin Lenhardt	March.ses payées du 15 au 31 déc.	42	531	8	9	
926	31 —	Le sociétaire Falke, de notre ville	Son billet du 30 septembre numéro 170.	42	25	18	9	
927	31 —	Le sociétaire Plitz, de Schönau.	Son billet du 30 sept. n° 173...	42	11	8	3	
			TOTAL........		19.003	16	11	

TENU PAR LE GÉRANT

DÉBOURS

Numéros de Série	Jour du payement	NOM et domicile de l'encaisseur	NATURE des dépenses	Numéros du Journal	Folio du Grand-Livre	Thaler.	Gr. d'arg.	Pfennig	REMARQUES
			Report d'autre part.........			18.141	29	3	
620	24 déc.	L'expéditionnaire Haber, de n/ ville.	Transport de cuirs à semelles	561	42	1	6	—	
621	24 —	A l'hôtel des postes de notre ville.	Ports de lettres pour Uelz et Wolfenbüttel..	—	50	—	2	—	
622	24 —	Le rentier Mark, de notre ville.	Pour le remboursement de son prêt avec les intérêts.........	562	32	307	7	—	
623	27 —	A l'usine à gaz de n/ ville.	Pour le complément des frais de l'établissement du gaz...	563	6	15	7	6	
624	31 —	G. Moll, à Wolfenbüttel.	Cuirs à semelles.	564	42	225	—	—	
625	31 —	Heidt, propriétaire du local de l'association.	Trimestre de location........	565	50	30	—	—	
626	31 —	La Société C. G. de n/ ville.	Son prêt en compte courant...	566	53	150	—	—	
627	31 —	G. Bohl et fils, de Berlin.	Broquettes pour souliers y compris le port...	567	42	11	2	—	
628	31 —	Le chef de magasin Lenhardt.	Minimum de traitement pour décembre.....	568	50	22	—	—	
629	31 —	Solde en caisse	....	—	—	90	23	2	
			Total..........			19.003	16	11	

FORMULAIRE POUR LE LIVRE DE QUITTANCES

DU CHEF DE MAGASIN

FORMULAIRE Nº 15.

DATES	MARCHANDISES reçues EN MAGASIN	Folios du Livre de magasin	CHIFFRE des ACHATS			CHIFFRE des VENTES			REÇUS du chef de magasin signés de sa main.
			Thalers.	Gr. d'arg.	Pfennig.	Thalers.	Gr. d'arg.	Pfennig.	
24 déc.	5 Fardes, cuirs forts nᵒˢ 2510 à 2560 ..	417-419	226	6	—	231	15	—	Lenhardt.
28 »	Sur les rognures du cuir, nᵒ 2515, bé-néfice	417	—	—	—	—	7	6	Lenhardt.

FORMULAIRE D'UN CARNET D'ACHATS

APPARTENANT AU SOCIÉTAIRE SELCHOW

FORMULAIRE Nº 16.

DATES	ARTICLES ACHETÉS	Numéros du Journal-Caisse	PRIX sans augmentation pour crédit.			REÇUS signés de la main du chef de magasin ou du caissier.
			Thal-rs.	Gr. d'arg.	Pfennig.	
30 oct.	1 aune velours........	—	—	27	6	Lenhardt.
31 »	Rabais sur les marchandises d'octobre..................	—	2	13	3	Lenhardt.
30 nov.	Rabais sur les marchandises de novembre..................	—	1	20	—	Lenhardt.
24 déc.	Marchandises diverses et rabais pour le mois de dé-cembre....................	—	37	20	9	Lenhardt.
24 »	Son effet du 31 octobre, nᵒ 192....................	919	12	—	—	Camphaus.

CHAPITRE II

Sociétés coopératives de magasinage.

Comme nous l'avons déjà fait à l'égard des Sociétés coopératives constituées en vue de l'achat des matières premières, nous avons dans le présent chapitre, également condensé dans des statuts-types et de façon à présenter un tableau net et saisissant, tout ce qui a trait à l'organisation légale ou économique des formes dont il va être question, et nous aurons soin de nous reporter à ces statuts dans les explications relatives aux mesures qui ont pour objet d'assurer la réussite de ces combinaisons.

1.

ORGANES DE LA SOCIÉTÉ COOPÉRATIVE

Les considérations que nous avons émises dans la première division de cet ouvrage, à la page 5, et plus en détail, aux pages 76 et suivantes relativement aux Sociétés coopératives pour l'achat des matières premières, sont également presque toujours applicables aux Sociétés du genre de celles dont nous parlons, pour tout ce qui a trait à leurs principaux organes :

direction, délégation, assemblée générale, et aux rapports où ceux-ci se trouvent vis-à-vis les uns des autres. Dans les cas où, en raison des buts que poursuivent ces associations, il y a lieu d'apporter de nombreuses modifications au fonctionnement desdits organes. les statuts ne manqueront pas de les indiquer. Ici encore, *en ce qui concerne les rapports extérieurs*, il convient de laisser à la direction le soin de représenter la Société et de contracter des engagements avec des tiers, en l'autorisant à signer.

Par contre, dans les *affaires intérieures*, le plus souvent une action commune de la direction et de la délégation paraît mieux répondre au but, d'autant que l'administration elle-même est bien plus simple, le *contrôle* infiniment plus facile que lorsqu'il s'agit des Sociétés d'achat de matières premières. tandis que, dans ces dernières, les transactions absorbent la journée entière, tout en se réduisant à des sommes d'un chiffre souvent insignifiant, et encore nous ne parlons ici ni des peines de toute nature qui sont la conséquence des crédits faits aux sociétaires, ni de la surveillance occasionnée par la question du dividende.

Dans les *Sociétés de magasinage*, il n'existe, par contre, rien de pareil, et le détail s'y réduit à quelques ventes, mais qui donnent un chiffre élevé. Il faut donc, par ces motifs. que les affaires aient acquis un développement peu commun, avant de songer à placer, à côté du Comité de direction, des employés spéciaux, tels que chef de magasin, trésorier, etc. En effet, la nécessité où l'on se trouve, ainsi que nous l'avons fait ressortir, page 110, de donner des appointements aux directeurs, aurait pour résultat, en raison de l'adjonction de nouveaux fonctionnaires, d'augmenter les frais généraux dans une proportion écrasante pour les sociétaires.

Que la tâche principale de l'administration consiste, dans le cas qui nous occupe, à prendre les mesures suivantes, c'est-à-dire à se procurer un local convenable pour y établir un magasin de ventes, à approvisionner celui-ci du mieux possible, tant comme assortiment que comme qualité, à faire, enfin, marcher de pair la satisfaction des besoins de la clientèle et les intérêts des sociétaires, c'est ce qui ressort du but général qu'on se propose. De ces considérations découlent ensuite, et tout naturellement, les dispositions des statuts-types relatives à la participation de chacun de ces organes dans le fonctionnement général. Bien que la direction soit chargée de conclure les contrats nécessaires et de prendre les différentes mesures indispensables pour la vente et pour la marche de l'établissement dont elle a également la gestion, elle n'en est pas moins tenue de demander l'approbation et, au besoin, le concours des autres organes, quand il s'agit des règlements généraux des affaires, de même que pour les décisions spéciales et pour toutes les opérations qu'il y a lieu, dans les cas difficiles, d'arrêter d'un commun accord, conformément aux prescriptions contenues dans les statuts-types.

2.

ACCEPTATION DES ARTICLES DESTINÉS AU MAGASIN ET ÉTABLISSEMENT DES PRIX

Le premier point que nous ayons maintenant à examiner est relatif à l'admission des articles destinés à l'assortiment du magasin et surtout à la fixation de leurs prix. Bien que les articles soient reçus en dépôt et vendus pour le compte des sociétaires qui les consignent, l'intérêt collectif des membres de l'association exige que ce point soit soustrait à la décision exclusive de chaque individu. Si l'on veut que des entreprises de ce genre puissent prospérer sous tous les rapports, il importe que les marchandises exposées dans le magasin répondent au goût du public, que l'assortiment en soit aussi complet et varié que possible, la fabrication bien entendue et les prix modérés, afin d'éviter de mécontenter ou de surfaire les clients. Par ces motifs, il faut, en tout temps, pouvoir refuser les articles qui ne conviennent pas, ou pouvoir exiger qu'ils soient retirés. A toute éventualité, l'on devra être autorisé à prendre une décision à l'égard des questions de qualité et de prix des articles ainsi consignés, après discussion préalable en présence du sociétaire qui en aura fait la livraison au magasin. Au cas où les intéressés ne seraient pas contents, tout ce qu'on peut leur accorder, c'est ou de retirer les marchandises dont il s'agira, ou bien encore de saisir l'assemblée générale de leurs réclamations. Quant aux crédits qu'il pourrait y avoir lieu de faire aux acheteurs, c'est au propriétaire seul des articles consignés qu'il appartient, car il est seul à en assumer les risques.

3.

COMMANDES POUR LE MAGASIN

Une conséquence ultérieure des précédentes conditions commerciales, c'est que, dans le cas où certains articles demandés du public viendraient à manquer en magasin, des commandes pourraient être confiées aux membres qui seront en position de s'en charger. Bien plus, si parmi eux il ne se trouvait personne qui fût disposé à consigner pour son propre compte les marchandises dont il s'agirait, ces commandes pourraient, en pareille circonstance, être exécutées pour le compte et aux risques de l'association, et l'on pourrait ainsi faire l'acquisition des matières premières dont on aurait besoin dans ce cas. Ceci impliquerait, dans une certaine mesure, un acheminement à la *Société coopérative de production.*

4.

DROITS ET OBLIGATIONS DES SOCIÉTAIRES

En ce qui concerne les engagements propres aux sociétaires pour cette branche de la coopération, comme les conditions de bail pour le local figurent au premier plan, la conclusion du contrat d'association semble devoir s'étendre à un laps de temps fixe, au moins de cinq à six ans au début, ce qui ne saurait être sans influence sur les clauses d'après lesquelles pourra s'effectuer la sortie des membres. Or, comme en raison du paragraphe 38 de la loi sur les Sociétés coopératives, il n'est pas permis de former une association même pour le temps indiqué ci-dessus, tout restreint qu'il soit, l'inconvénient qu'entraînerait la sortie d'un nombre considérable de sociétaires par rapport au contrat de location conclu pour un temps plus long doit forcément conduire à stipuler des termes éloignés, d'une ou de plusieurs années, pour les notifications de sortie de la Société;

et c'est à quoi l'on a eu égard dans les statuts destinés à servir de guide. Dans ces mêmes statuts, l'on a aussi établi, au paragraphe 55, lettre *b*, une autre obligation résultant également de considérations relatives à la question de local. Elle a pour objet d'empêcher qu'en calculant l'emplacement nécessaire pour satisfaire aux besoins de la collectivité, on n'altère les évaluations de façon à ce qu'un sociétaire ne puisse, pour son avantage particulier, prétendre occuper par ses consignations ni trop, ni trop peu d'espace dans le magasin.

5.

MOYENS DE RÉUNIR LES FONDS NÉCESSAIRES AU BUT DE LA SOCIÉTÉ. — DROITS DE MAGASINAGE ET PRÉLÈVEMENT D'UN TANT POUR CENT SUR LES VENTES.

Les Sociétés coopératives de magasinage se distinguent d'une façon caractéristique des autres groupes par les chiffres peu élevés des fonds nécessaires à leur fonctionnement et par les faibles risques auxquels elles se trouvent exposées.

Il devra naturellement être pourvu aux frais d'administration, ainsi que cela est prescrit dans les statuts-types, par chacun des sociétaires. Ce sont eux, en effet, qui se servent du magasin, et comme l'on a constamment entre les mains un gage dans les marchandises consignées ou dans l'argent retiré de la vente des articles, il ne peut survenir de pertes, du moins dans le plus grand nombre des cas. Rien de plus juste et de plus conforme au but que l'on poursuit que de tenir compte de ces frais généraux et d'étre autorisé à en percevoir le montant, tantôt sous forme de loyer, tantôt par la voie de retenues d'un tant pour cent sur les ventes, toujours à la charge des sociétaires. C'est, sans contredit, le dépôt en magasin joint à la conservation en bon état des articles qui, même abstraction faite de tous frais de vente, occasionnent la plus lourde dépense en raison du loyer et des appointements à allouer.

Il n'est donc que juste de prélever à cet effet, et eu égard à ces circonstances, *un droit de magasinage* sur les déposants : 1° en raison du temps pendant lequel on gardera les articles, c'est-à dire d'après le nombre de semaines ou de mois; 2° en raison de l'emplacement nécessaire aux objets consignés. Quant à la question de savoir s'il convient, et dans quelle mesure, de prendre en considération la valeur des marchandises déposées à raison d'une responsabilité plus grande et des soins plus minutieux qu'exige, à l'occasion, la conservation d'articles de prix, c'est là un point qu'il y aura lieu d'examiner suivant les circonstances, à moins qu'il n'existe à cet égard un dédommagement dans le tant pour cent sur les ventes dont il va être question tout à l'heure. En effet, rien que par les raisons ci dessus exposées, le droit de magasinage devra être perçu dans la forme précédemment indiquée jusqu'au moment où les objets venant à sortir du magasin, soit par le fait de la vente, soit parce que le déposant les en aura retirés, il en résultera, pour le propriétaire d'articles non vendus, une occasion de réaliser ou l'avantage d'un emplacement dont d'autres pourront profiter. Une taxe devra donc être prélevée sur la vente, car il s'agit d'un acte spécial demandant non-seulement des négociations qui exigent une certaine habileté, mais entraînant encore, à l'égard des opérations de caisse, une responsabilité qu'on ne saurait éviter. Il est de l'intérêt des personnes qui consignent des marchandises dans ces conditions que la caisse de la Société ait à retirer des ventes un tant pour cent, sur lequel le chef de magasin reçoit une quote-part qui a pour effet de le stimuler à consacrer tous ses soins à la vente.

Pour être à même de fixer le chiffre des droits de magasinage et du taux de tant pour cent sur les ventes, il faut, tout d'abord, se faire une idée exacte des frais à couvrir et des autres affectations. Les principaux emplois des sommes ainsi obtenues sont les suivants :

1° Le loyer du local;

2° Les appointements des directeurs et de tous autres employés;

3° La *prime d'assurance* contre l'incendie, assurance qui est absolument indispensable en ce qui concerne le magasin; de plus, l'impôt à payer à l'Etat pour les patentes, là où cette mesure est générale;

4° Le dividende, enfin, auquel on a droit au taux courant de l'intérêt.

Pour balancer ces frais, il faut faire figurer en ligne de compte l'importance, calculée un peu au hasard, d'après les déclarations des membres, des consignations que recevra le magasin et celle de la moyenne des ventes. Dans les commencements, à la vérité, on s'appuiera pour ces évaluations plutôt sur des présomptions, et ce n'est que'dans la suite que l'on pourra être fixé à ce sujet, à raison de l'expérience acquise. Par ces motifs, les *droits de magasinage* et le *tant pour cent* sur les ventes devront être fixés, d'année en année, par décision de la Société, suivant les besoins que l'on aura constatés. Seulement, la première année, les chiffres de ces prélèvements devront dépasser quelque peu les évaluations, en se réservant encore, au cas où ils seraient insuffisants, la faculté de réclamer une augmentation de taxe à titre de supplément. La proportion entre les deux taxes en question devra, s'il est possible, être réglée de façon telle que les 2/3 ou même les 3/4 de ces frais inévitables se trouvent couverts par le montant des droits de magasinage, et le 1/4 ou le 1/3 restant, par le tant pour cent sur les ventes. Quelles sommes il faudra ensuite, après avoir pourvu aux dépenses du loyer, affecter sur le revenu total au payement des dividendes et des appointements, c'est un point qui, après tout, dépend entièrement des circonstances locales et qui, dans tout cas, sera facilement réglé par les coopérateurs.

6.

PARTS SOCIALES. — DIVIDENDES. — FONDS DE RÉSERVE

Qu'en dehors des contributions qui sont indispensables pour parer aux frais courants de l'administration, les membres des Sociétés en question soient dans la nécessité de constituer, au moyen de la création de *parts sociales*, un *premier capital*, à défaut duquel l'entreprise manquerait de base au point de vue commercial, c'est ce qui résulte inévitablement rien que du paragraphe 3 de la loi sur les associations coopératives. Toutefois, les risques commerciaux, qui sont ici très faibles, ne rendent certes aucunement utile, quelque prétexte que l'on mette en avant, de porter à un taux élevé le chiffre normal de ces parts sociales. Au contraire, un taux de ce genre non-seulement ne répond pas au but, mais on verra, par les considérations qui suivront plus loin à ce sujet, qu'il faut que les versements des sociétaires aient lieu d'après un taux aussi modéré et aussi *uniforme* que possible, afin que toutes les parts atteignent rapidement et complétement au chiffre normal. Les chiffres des apports dont on s'est servi pour la rédaction du paragraphe 56 des statuts-types satisfont, par conséquent, de tous points au but que l'on a en vue.

Cette façon de procéder est surtout prescrite par les considérations auxquelles il faut avoir égard relativement au dividende. Le plus grand avantage que présente un magasin coopératif consiste principalement dans l'occasion offerte aux sociétaires d'écouler leurs marchandises avec plus de profit qu'ils ne le pourraient faire individuellement. Naturellement ledit avantage, sous ce rapport, ne saurait trouver place dans le bilan de la Société. Celui-ci ne peut présenter que les bénéfices faits par la collectivité et non les avantages qui reviennent individuellement aux intéressés ; en d'autres termes, le bilan ne peut exprimer que l'excédant de l'actif sur le passif obtenu à la fin de l'année, et encore dans la mesure où les droits de magasinage et le tant pour cent sur les ventes dépasseront les frais d'administration auxquels la Société doit forcément subvenir. Les sommes que les membres, sous forme de droits de magasinage et de taxe sur les ventes, auront versées en sus des frais généraux constitueront, par conséquent, les bénéfices de ces Sociétés coopératives. On peut déjà par là reconnaître quelle est, pour les Sociétés de magasinage collectif, la véritable base de la répartition des bénéfices. Comme elles n'ont à pourvoir à d'autres dépenses qu'aux frais courants d'administration, du moment où elles ont la possibilité de réunir les sommes nécessaires pour y subvenir, les parts sociales ne courent, de ce chef, aucun danger. Il est, par conséquent, d'autant plus conforme au but que l'on se propose de répartir, d'accord avec le projet des statuts, les bénéfices en général d'après le montant des droits de magasinage et de tant pour cent sur les ventes que chaque sociétaire aura payés dans le cours de l'année. Les membres, de crainte de perte sur les parts sociales, seront d'autant plus enclins à fixer un taux élevé pour ces deux sortes de revenus. L'on comprendra toutefois sans peine que, sur les bénéfices, il faut réserver aux parts sociales, par voie de prélèvement, un intérêt modéré pour encourager les sociétaires à ne pas différer à compléter les versements qu'ils font dans ce but. Cet intérêt dépendant des revenus que donnent les transactions, on ne peut pas plus que lorsqu'il s'agit d'intérêts dus pour les dettes effectives de la Société, le fixer à l'avance dans l'estimation des frais généraux, mais on l'évaluera d'après le plus haut chiffre de ces revenus. En effet, la distribution de cette sorte d'intérêt dépend de l'existence du bénéfice net que donnera l'entreprise, et, au cas où celui-ci viendrait à manquer, elle se trouverait radicalement supprimée. On pourra consulter à ce sujet les explications détaillées du paragraphe 4 du premier chapitre de la troisième division de cet ouvrage.

Au moyen de ces évaluations, les intérêts de la collectivité, aussi bien que ceux des particuliers, se trouvent sauvegardés sous tous les rapports. En effet, *une participation de cette nature aux pertes de l'entreprise*, bien qu'on la fasse reposer, d'accord avec le paragraphe 68 des statuts, de la façon la plus formelle sur la garantie que présentent les parts sociales, aboutit au fond, en raison même du chiffre peu élevé desdites parts, ainsi qu'en raison des précautions prises pour leur prompt, général et complet payement (autant de points qui n'ont pas été perdus de vue dans les statuts), absolument au même résultat que si des apports eussent été prélevés par tête sur le personnel composant le groupe. En vérité, dans ces sortes de Sociétés coopératives pour lesquelles un capital d'exploitation d'un chiffre important n'est pas nécessaire, moins on a besoin de stimuler, par l'appât d'un dividende élevé, à la formation des parts sociales, et plus les membres se montreront, par conséquent, intéressés à s'assurer, aux conditions les plus modérées qu'il soit possible, la participation aux avantages qu'offre le magasin collectif. Les sociétaires n'ont donc, en général, aucun motif sérieux qui puisse les obliger à se préoccuper de réunir, en vue des risques, des sommes plus fortes que celles qui peuvent résulter des parts sociales peu élevées dont nous avons parlé, pourvu toutefois qu'à la gestion du magasin l'on n'ait pas ajouté quelque autre branche d'opération.

L'assentiment de tous sera indispensable pour fixer les dépenses générales, le loyer à payer pour le magasin et les employés. Les soldes soit de marchandises, soit de caisse seront si minimes qu'il n'y a pas lieu de s'y arrêter. Quant aux reliquats de caisse, ni d'une façon, ni d'autre, il ne peut y avoir même d'accumulation sérieuse de fonds, attendu que les individus qui ont consigné des marchandises qui viendraient à être réalisées par suite de leurs continuelles relations d'affaires avec le magasin en auraient connaissance au jour le jour, si bien que, pour peu que l'on exige du chef de magasin et du caissier un *cautionnement* raisonnable, il ne pourra guère être question ni de pertes, ni de déficit. La formation d'un fonds de réserve en vue d'éventualités de cette nature ne nous paraît ici nullement indiquée.

7.

LA VENTE A CRÉDIT PAR LA SOCIÉTÉ DE MAGASINAGE
COLLECTIF.

Quand nous avons fait la remarque que les considérations précédemment émises relativement aux risques n'étaient justes qu'autant que l'entreprise de magasinage collectif se maintenait dans les bornes fixées par sa nature même, nous avions surtout présentes à l'esprit les mesures auxquelles il convient de s'arrêter lorsqu'il s'agit de faire crédit de la vente des articles emmagasinés dont on a opéré la réalisation. Ce n'est qu'en observant les prescriptions énoncées dans le paragraphe 59 des statuts-types (dernier alinéa) qu'on peut conserver à l'association le caractère qu'on lui a reconnu et d'après lequel ce n'est absolument que *l'emmagasinement ou consignation en magasin des produits des sociétaires qui constitue la chose appartenant à la communauté; la vente facilitée par cette mise en magasin n'ayant lieu en réalité que pour le compte des producteurs individuels.*

Il s'ensuit, en premier lieu et d'une façon incontestable que le chef de magasin n'est autorisé à vendre qu'au comptant et d'après le tarif établi, et, en second lieu, que, si l'occasion d'écouler la marchandise à crédit se présente, le consentement du propriétaire de celle-ci est indispensable; en d'autres termes, qu'il faut savoir s'il lui convient d'accorder le crédit et à quelles conditions. Si l'on voulait se passer de toute autorisation à ce sujet et laisser la faculté au chef de magasin de vendre à crédit sans qu'il eût à en référer, on endosserait alors vis-à-vis du propriétaire des articles vendus la responsabilité résultant de l'insolvabilité de l'acheteur. Mais cela conduirait nécessairement l'association à se charger du soin de vendre les marchandises déposées par les producteurs comme si elles lui appartenaient; en d'autres termes, à les réaliser pour le *compte de la collectivité*, et au lieu de rester Société coopérative de magasinage, à se transformer en *Société coopérative commerciale*, dont les membres achètent et vendent leurs produits mêmes pour leur compte commun et aux risques de l'entreprise collective. Que dans certaines circonstances ce changement puisse être opportun et que déjà plus d'une fois il ait été couronné de succès, ce n'est pas douteux; mais en pareil cas, nous n'avons plus du tout affaire à une Société coopérative se bornant à réunir les conditions préliminaires de *l'exploitation individuelle* d'une industrie, au contraire nous sommes en présence d'une association ayant pour but *l'exploitation collective* d'une industrie et semblable à celles dont nous traiterons dans la troisième division de cet ouvrage. Qu'alors et par suite des risques commerciaux considérablement accrus, le besoin d'un fonds de réserve et de parts sociales plus élevés vienne à se produire, qu'il faille recourir à une administration et à un système de comptabilité plus compliqués, cela va de soi, et dans la division qui va suivre nous aurons à nous occuper des combinaisons pouvant résulter de circonstances de cette nature.

Mais les considérations mêmes auxquelles nous venons de nous livrer rendent absolument nécessaire, dans l'hypothèse où le crédit ne devra être accordé qu'après autorisation de la part du déposant, que la personne dont ce crédit dépend soit, en raison de sa qualité formellement reconnue de créancier, la seule que puisse concerner une dette ainsi contractée. En effet, du moment où la Société se trouverait astreinte à passer des écritures, à se mêler des encaissements, et suivant les circonstances, même à exercer des poursuites pour le recouvrement du montant des marchandises livrées à crédit, il en résulterait pour ses employés un surcroît énorme de travail, à plusieurs égards une grave responsabilité. Il est donc bien plus juste de laisser ce soin à celui-là même qui accorde le crédit et qui est, de plus, intéressé à examiner les conditions dans lesquelles il l'accordera, sans jamais perdre de vue les facilités et les moyens de se faire rembourser. Quant à la Société de magasinage collectif, du moment où l'article a été inscrit comme vendu par le chef de magasin et que le nécessaire à l'égard du prélèvement de tant pour 100 a été fait (car on ne doit pas supposer de non payement de la part de l'acheteur), la Société, disons-nous, considérera l'affaire comme entièrement liquidée.

8.

OPÉRATIONS ACCESSOIRES AUXQUELLES SE LIVRENT LES SOCIÉTÉS COOPÉRATIVES DE MAGASINAGE.

Arrive-t-il qu'un groupe d'ouvriers d'un corps de métiers quelconque parvienne à établir avec succès une Société de magasinage dans le but d'écouler les produits fabriqués par ses membres, le moment alors n'est pas éloigné où ces mêmes ouvriers pourront en venir à l'achat, pour leur compte collectif, des matières premières de leur industrie, et c'est ce qui a déjà eu lieu dans plusieurs cas particuliers.

Toutefois, il n'est pas juste de désigner cette nouvelle entreprise comme ne constituant vis-à-vis de la première qu'une opération purement accessoire dans le sens que nous entendons donner à cette expression. Il s'agit, en effet, de chose compliquée, car il est indispensable, en ce qui concerne l'organisation, d'une part de concilier, par une combinaison bien entendue, les principales dispositions que nous avons établies pour chacune de ces deux catégories de Sociétés, et, d'autre part, d'introduire, au moins dans le fonctionnement intérieur du mécanisme, une administration séparée et une comptabilité spéciale à l'égard des pertes et des bénéfices de chaque branche de cette double entreprise.

A la direction, exclusivement composée du gérant, du trésorier et du teneur de livres, on adjoindra, en qualité d'employés, le chef de magasin et le chef du dépôt, le premier pour gérer le magasin, le second chargé des opérations relatives aux achats de matières premières. Quant aux autres détails, l'on arrêtera les mesures voulues en se conformant aux principales dispositions statutaires qui auront été établies.

1° MAGASIN POUR LA VENTE A LA COMMISSION DE MATIÈRES PREMIÈRES.

Mais, tout à l'opposé du cas précédent, ce qui se présente à nous avec le caractère d'une véritable entreprise accessoire, pour une Société de magasinage collectif, ce sont les opérations *à la commission* dont sont l'objet certains produits bruts, ou matériaux.

Le fabricant ou négociant en gros confie alors à ses propres risques, soit à la Société coopérative, soit à des employés spécialement désignés à cet effet par elle, un lot de marchandises pour être vendu au détail aux sociétaires, et sur le produit il abandonne un tant pour cent aux vendeurs, qui, à leur tour, sont tenus de lui remettre le montant des marchandises ainsi réalisées, les articles non vendus restant pour son compte. L'unique cas où les intérêts de la Société pourraient se trouver engagés, serait celui de pertes sur les sommes à remettre, de détérioration ou de déficit sur l'effectif des marchandises consignées. Aussi, afin de mettre la Société à couvert, même de toute responsabilité à cet égard, il semble que l'on doive conseiller d'abandonner tout arrangement relatif à cette opération de vente à la commission, soit à l'un, soit à l'autre des employés. La personne qui aura consigné un lot quelconque n'aura à traiter qu'avec l'individu préposé à cet effet, sans que la Société ait le moins du monde à intervenir.

2° AVANCES AU COMPTANT SUR LES MARCHANDISES CONSIGNÉES AU MAGASIN COLLECTIF.

L'emprunt sur les marchandises déposées en magasin, qui, à divers titres, peut être avantageux aux sociétaires, entraîne avec soi de sérieuses conséquences. Nous conseillerons, de la façon la plus absolue, de ne pas comprendre ce genre d'opérations parmi les entreprises accessoires à la charge d'une Société coopérative. Si l'on voulait réellement en faire une branche des opérations d'une association de magasinage collectif, on mettrait le pied sur le terrain chanceux d'un établissement de crédit, dont le fonctionnement exige une autre organisation beaucoup plus coûteuse et la réunion d'un capital d'opérations considérable, sans parler de la nécessité d'un fonds de réserve. N'est-il pas plus conforme au but qu'on se propose d'entrer en arrangement avec une des nombreuses Sociétés *d'avances et de crédit*, dont l'accès sera facile, puisque ces établissements, du moment où leurs créances ont pour gage les marchandises déposées dans le magasin collectif, ne pourront que se montrer disposées à se créer, parmi le personnel de la Société, une clientèle assurée ? L'on comprendra sans peine que, dans l'hypothèse où des engagements de cette nature viendraient à être contractés, il faut que le droit de créancier privilégié, que la Société pourra posséder sur ses marchandises, en raison de ses frais de magasinage et de tant pour cent sur les ventes, lui soient garantis. Nous avons indiqué, à un point de vue tout à fait général, les précautions indispensables à cet égard dans le paragraphe 60 des statuts-types.

9.

BAZARS INDUSTRIELS.

Les projets d'organisation qui précèdent ont généralement aussi leur application, lorsqu'au lieu de petits patrons d'un corps quelconque de métier plusieurs corporations s'entendent en vue d'établir pour leur compte collectif et dans le but d'y mettre en vente leurs produits, de grands magasins se subdivisant au besoin chacun en plusieurs comptoirs spéciaux. Tel est, par exemple, le *Bazar industriel de Wiesbaden*. La seule question qui se présente ici, en raison de la masse et de la diversité des articles, est celle du nombre d'employés auxiliaires qu'il convient d'adjoindre à la direction et des circonstances où il y a lieu de recourir à cette mesure.

Mais, s'il s'agissait, au contraire, à la suite d'un accord intervenu, d'une part, entre des industriels de différentes professions ou métiers, et des capitalistes, d'autre part, on a seulement en vue la création d'un local, par voie d'achat d'immeubles ou de construction, à l'effet d'y ouvrir une série de magasins des genres les plus divers, pour les céder en location soit à des sociétaires, pour leur commerce personnel, soit à des tiers, sans qu'il existe d'aucune façon de propriété et de direction commune ou de magasin tenu pour le compte de la collectivité; dans ce cas (et c'est là la manière la plus générale de concevoir un bazar industriel) nous ne saurions trop conseiller de s'abstenir des formes coopératives. Bien mieux, l'on est beaucoup plus sûr, en émettant des *actions*, de réunir le *capital fixe* nécessaire à l'acquisition de l'immeuble.

Aussi, depuis la promulgation de la loi impériale du 11 juin 1870, qui a affranchi les Sociétés par actions de l'autorisation et de la surveillance de l'Etat, il n'existe plus aucun motif pour ne pas entrer dans la voie que nous indiquons et dont par conséquent nous n'avons pas ici à nous occuper davantage.

10.

SYSTÈME DE COMPTABILITÉ ET TENUE DES LIVRES

Que la tenue des livres pour les Sociétés coopératives de magasinage soit de beaucoup plus simple que pour les Sociétés coopératives de matières premières, c'est là un fait qui ressort de leurs combinaisons respectives mêmes, combinaisons que nous avons précédemment exposées. La Société coopérative de magasinage, en raison même de la façon dont elle est constituée, ne vend qu'au comptant, et elle laisse à la charge de celui qui consigne la marchandise les risques résultant des crédits que celui-ci pourrait accorder à l'acheteur des articles déposés en magasin. Cela permet déjà de simplifier considérablement la tenue des livres ; mais une simplification bien autrement importante provient de ce que ces Sociétés n'achetant pas de marchandises pour leur propre compte et n'ayant besoin par suite que d'un faible capital, elles ne sont pas, d'une part, dans le cas de contracter des emprunts de fonds étrangers, et de l'autre, les soldes en caisse s'élèvent rarement à un chiffre tel que leur placement à intérêt dans un établissement financier offrant toutes les garanties désirables soit jugé utile pour ne pas laisser ces fonds inactifs.

Les livres ci-après suffiront donc aux besoins de la comptabilité :

Le caissier tient le JOURNAL-CAISSE (recettes et débours) ainsi que le GRAND-LIVRE.

Au grand-livre on se bornera toutefois à ouvrir les comptes suivants :

1° Compte des parts sociales ;

2° Compte d'inventaire ;

3° Compte de revenu et de frais généraux ;

4° Compte des déposants en magasin.

Si la Société se trouvait en outre faire valoir des fonds étrangers, on ajouterait aux précédents un cinquième compte sous la rubrique :

5° Comptes de fonds étrangers.

Enfin, si la Société, pour le placement des capitaux inactifs provenant par hasard de soldes en caisse, était en relations d'affaires soit avec une banque populaire, soit avec une banque ordinaire, il y aurait lieu d'ouvrir un sixième compte :

6° Compte de prêts.

Le chef de magasin est chargé de tenir :

1° Le livre de magasin ;

2° Le livre de quittances délivrées par le caissier.

Le gérant enfin tient :

1° La copie du journal-caisse ;

2° Le livre des quittances signées par le chef de magasin.

Tout *sociétaire* recevra, une fois pour toutes, un carnet des quittances relatives à ses parts sociales, et l'on aura soin que ce petit livre fasse suite aux statuts et ne forme qu'un seul format avec ceux-ci. De même, on remettra un carnet de reçus relatifs aux droits de magasinage et au tant pour cent qu'ils auront payés, et dont le montant devra servir de base pour évaluer leurs parts respectives dans les bénéfices.

Pour la plupart des livres dont il est indispensable de faire usage pour la comptabilité qui nous occupe, nous croyons suffisant de renvoyer le lecteur aux Formulaires que nous avons signalés à l'attention des Sociétés coopératives de matières premières. Ainsi, dans la disposition à donner au journal-caisse, qui devra être tenu *en double* par le caissier et le gérant, on se réglera d'après le Formulaire n° 14 (voir pages 246-247); pour le compte des parts sociales, on se conformera au Formulaire n° 4 (voir pages 232-233); pour le compte d'inventaire, au Formulaire n° 3 (voir pages 232-233); pour le compte de fonds étrangers, au Formulaire n° 5 (voir pages 234-235), en ayant soin seulement de biffer dans l'entête de la colonne n° 4 les mots : « Capital de garantie, » attendu que, dans les Sociétés coopératives de magasinage, il n'y a pas lieu d'admettre l'existence de fonds de cette nature. Enfin, quant aux comptes de prêts, on suivra le Formulaire n° 7 (voir page 238).

Il ne nous reste plus maintenant qu'à présenter, en y ajoutant les explications qui pourraient être nécessaires, les Formulaires relatifs aux comptes de *Revenus et frais généraux*, des *Déposants en magasin*, ainsi qu'aux *Livre de magasin* et *Livre des quittances signées par le caissier*, enfin, à celui des *Quittances du chef de magasin*.

Le compte de revenus et de frais généraux dressé conformément au Formulaire n° 1, compris dans l'appendice qui fait suite au présent chapitre, offre, en tant que ce ne sont pas seulement les encaissements d'intérêts provenant du compte de prêts ou les payements d'intérêts résultant du compte d'emprunt qui concourent à l'accroissement des revenus ou des dépenses générales, un aperçu complet des recettes de l'entreprise. En effet, si l'on déduit les sommes des colonnes 7 à 9 des totaux fournis par les colonnes 4 à 6, on pourra connaître en tout temps les bénéfices nets réalisés. En outre, les colonnes 4 et 5 additionnées ensemble devront donner la somme totale pour laquelle on a droit à participer aux dividendes et qui, sur les carnets de quittances remis dans ce but aux sociétaires, doit s'élever au même chiffre.

Le *compte des déposants* d'articles à la vente et le *livre de magasin* se contrôlent mutuellement, en ce sens que tous les deux, du moment où le chef de magasin a remis son encaisse, doivent également présenter le même solde en marchandises et le même chiffre de recettes, avec cette différence toutefois que, pour le compte des consignations, ces deux résultats proviennent *des consignations*, et que, par contre, sur le livre de magasin, ils sont fournis par les *différentes catégories* de produits.

Le compte des déposants à la vente ne diffère du compte d'inventaire qu'en un seul point consistant dans l'intercalation, tant à l'*entrée* qu'à la *sortie*, d'une colonne indiquant les numéros inscrits au Livre de magasin.

Chaque sociétaire, par suite du dépôt de ses produits, a sur ce compte une section spéciale où l'on porte au débit les marchandises consignées par lui dès qu'on les a évaluées, en ayant soin de noter le prix fixé pour la vente, et au crédit on fait figurer les articles écoulés dès que le montant en a été versé au sociétaire; ou, si celui-ci a accordé à l'acheteur un crédit, on mentionne simplement la vente, toujours avec une indication du prix auquel elle a eu lieu. Ainsi, en déduisant les entrées des sorties, on peut en tout temps connaître le solde des marchandises restées en magasin et appartenant au sociétaire. Ce n'est pas au compte des dépôts en marchandises que l'on doit passer écritures des droits de magasinage et du tant pour cent sur les ventes, mais bien, comme nous l'avons déjà expliqué, au compte de revenus et de frais généraux.

Sur le *Livre de magasin* (Formulaire n° 11), les marchandises seront classées d'après leur nature et en raison des diverses spécialités d'une même industrie. Ainsi, pour une Société coopérative de magasinage formée par des menuisiers, on établira une première section pour les meubles ouverts et une seconde pour les meubles fermés, et dans le corps de ces deux principales divisions on ouvrira des comptes particuliers pour les chaises, sofas, etc., et, d'autre part, pour les commodes, armoires, etc. Les exemples dont nous avons fait choix dans le Formulaire n° 2 indiquent assez de quelle façon on devra passer écriture lors de la vente. Mais il se présente ici un cas sur lequel nous devons insister tout particulièrement et qui est relatif à la manière de marquer les réductions de prix et surtout les *changements* que l'on peut apporter à ceux primitivement fixés. Le moyen le plus simple, c'est d'ouvrir sur le Livre de magasin une colonne consacrée aux observations (Formulaire n° 11) et lors de la vente d'un article livré dans ces conditions, de porter dans les colonnes 9 ou 10 le prix stipulé avec l'acheteur. Par l'écart existant à l'égard des articles écoulés durant un certain laps de temps, entre les sommes des colonnes 9 et 10 d'une part et les sommes de la colonne 5 d'autre part, il sera facile de relever dans quelle mesure les prix en masse auront subi des modifications. Sur le compte des déposants, les changements de prix seront inscrits au crédit dans la colonne des observations, en face de l'article auquel ils se rapporteront, et de plus, s'il s'agit d'une diminution, on fera figurer au débit le taux auquel le prix primitif se trouvera réduit; si, par contre, il s'agit d'augmentation, le taux auquel le premier prix aura été porté sera indiqué au crédit.

Les droits de magasinage devront naturellement, jusqu'au moment où il y aura changement, être calculés sur les prix antérieurement établis, et ensuite d'après la réduction ou l'augmentation survenue. Le tant pour cent, par contre, aura pour base le prix pratiqué en dernier lieu, c'est-à-dire au moment de la vente.

Le *Livre des quittances* délivrées par le *caissier* (Formulaire n° 3) présente sur un de ses côtés une marge servant pour les décharges du chef de magasin à l'endroit de toutes les marchandises qui sortent du magasin; peu importe maintenant qu'elles soient payées comptant par l'acheteur, ou qu'elles lui aient été vendues à crédit du consentement du propriétaire, ou enfin que celui-ci ait retiré les articles qu'il avait consignés. Dans ce dernier cas, pour plus de facilité, on marquera aussi le prix dans la colonne n° 5, mais le chef de magasin ne délivrera les marchandises à leur propriétaire qu'après que celui-ci aura prouvé, par le reçu du caissier inscrit sur son carnet de quittances, qu'il a acquitté les droits dus pour le séjour en magasin de la marchandise.

Le Livre de quittances du caissier a de plus un autre but, celui de faire contrôler les comptes de ce mandataire par le chef de magasin, en ce qui concerne les droits dus pour l'entrepôt des marchandises et le tant pour cent sur les ventes. On peut bien se reposer sur les sociétaires du soin de veiller à ce que le caissier, en évaluant ces taxes, ne les porte pas sur les comptes à un chiffre trop élevé, mais il ne saurait être aussi facilement admissible de supposer qu'ils prendraient la peine de prévenir le caissier de sa méprise, s'il lui arrivait de les fixer trop bas dans leurs comptes. Donc nous croyons devoir conseiller de faire exercer ce contrôle par le chef de magasin. En effet, du moment où le caissier, à la colonne 7 du Livre de quittances, donne sa signature comme acquit à l'égard des sommes reçues et qui figurent à la colonne n° 4, il atteste en même temps que les droits de magasinage et le tant pour cent indiqués dans la colonne 6 ont été réglés. La somme de la colonne 6 doit donc être conforme au total des colonnes 4 et 5 des comptes de revenus et de frais généraux. (Formulaire n° 1.)

Le *Livre des quittances du chef de magasin*, qui est entre les mains du gérant, remplit le but auquel il est destiné, pourvu qu'il y ait quatre colonnes, c'est-à-dire : 1° une pour la date ; 2° une seconde pour le nom du sociétaire qui, antérieurement à la date marquée, aura consigné des marchandises ; 3° une troisième pour le prix de vente de la marchandise avant qu'elle soit détaillée ; 4° une dernière pour recevoir l'acquit du chef de magasin.

Ce Livre de quittances, disposé de la sorte, présente un résumé par ordre chronologique des écritures qui figurent au crédit sur le compte des déposants, et permet en le comparant avec les comptes particuliers de ces derniers, notamment avec le débit, d'établir facilement quelle est la somme des marchandises dont le chef de magasin doit rendre compte.

Nous avons enfin à mentionner les Livres de quittances relatives aux droits de magasin et au tant pour cent sur les ventes payées par les sociétaires. Ces livres seront, pour plus de commodité, divisés en cinq colonnes, dont la première pour les dates, la seconde pour les numéros d'ordre sous lequel l'article qui motive ces taxes aura été inscrit sur le Livre de magasin; la troisième pour les numéros de report du journal-caisse ; la quatrième pour les sommes acquittées ; la cinquième, enfin, pour les reçus délivrés par le caissier.

Il n'est nullement besoin de consacrer une colonne à la description plus précise des articles. Il n'y a pas lieu d'indiquer, par exemple, dans le cas où il s'agirait d'une Société coopérative de menuiserie, si l'article est un sofa, une table ou tout autre objet. En effet, le renvoi au numéro d'ordre suffit pour qu'il soit possible de retrouver l'article dont il sera question sans beaucoup de peine, et à tout instant, soit sur le compte des déposants, soit sur le Livre de magasin, dans le cas où ce serait nécessaire pour redresser une erreur.

Le règlement des écritures à l'effet de *dresser le relevé de la Caisse avec recettes et dépenses, le Bilan et le Compte de bénéfices*, ne présente que peu de difficultés. Or, comme le journal-caisse ne nous donne les recettes et les dépenses qu'en bloc, et non pas réparties entre les différents comptes, et comme, d'autre part, le paragraphe 64, n° 1, des statuts-types exige un relevé détaillé des unes et des autres, il faudra donc extraire des comptes spéciaux ouverts au grand-livre, lorsqu'on les arrêtera, les éléments de ce relevé, et ne se servir du journal-caisse que comme d'un moyen de contrôle permettant de s'assurer si le total des recettes et des dépenses des comptes individuels est conforme aux totaux que fournit le journal-caisse.

Par rapport au Bilan, nous devons faire observer ici qu'il faut, en premier lieu, lorsqu'on arrêtera les écritures du journal-caisse, établir quel est le solde en espèces qui se trouve en caisse, et qui appartient à l'actif, puis fixer l'inventaire dont l'arrêté de compte donne le montant à ladite époque, ce qui se pratique absolument comme nous l'avons exposé à l'occasion du système de comptabilité relatif aux Sociétés coopératives de matières premières. (Voir page 162, lettre *d*.) La Société a-t-elle un compte de prêts, il faudra clore alors ce compte d'une façon tout à fait semblable à ce que nous avons vu pratiquer pour les Sociétés coopératives de matières premières (page 163).

Quant au solde que présente le capital placé au dehors, il faudra l'inscrire à l'actif, ainsi que les intérêts, qui à la fin de l'année se trouvent être échus, mais non encore payés à la Société.

Enfin, quant aux droits de magasinage échus sur les marchandises qui se trouvent en magasin à la fin de l'année, il faudra également les faire figurer à l'actif comme une créance qui, en vérité, ne sera remboursable que l'année suivante, lors de la vente des articles, mais qui n'en constitue pas moins un boni pour l'année écoulée. Toutefois, si l'on était autorisé à participer aux dividendes en raison de ces droits de magasinage que l'on aurait acquittés, ce ne serait pas, à un autre point de vue, sans danger, attendu que ces droits n'ayant pas été payés avant la fin de l'année, leur rentrée pourrait plus tard rencontrer des obstacles.

Il est donc préférable que ces droits n'autorisent à participer qu'aux seuls dividendes de l'année suivante, tout comme c'est uniquement dans les bénéfices de ladite année que l'on devra comprendre leur montant intégral. Par l'adoption de ce système, dans l'établissement du compte des bénéfices, la Société coopérative dont il s'agit ici, en cas de dissolution par suite de mauvaises affaires, obtient du même coup sur son exercice annuel un surplus qui remplace le fond de réserve des autres Sociétés coopératives et qui lui est en outre de la plus grande utilité pour sa liquidation.

Quant au *passif* de la Société, on l'établit d'abord au moyen des parts sociales, dont on arrête le compte absolument de la même manière que pour les Sociétés coopératives de matières premières (voir page 162, lettre *c*); ensuite s'il y a lieu, par le compte des *fonds étrangers* et par les intérêts dus pour ceux-ci et restant à payer à la fin de l'année. C'est en arrêtant le compte des fonds étrangers, au sujet duquel nous renvoyons aux observations relatives au règlement de ce compte dans les Sociétés coopératives pour l'acquisition des matières premières, pages 163-164, lettres *g* et *h*, que l'on fixe le chiffre desdits intérêts.

En outre, il faut aussi faire figurer dans le *passif* les frais généraux qui n'auraient pas encore été liquidés durant l'année écoulée. On pourra cependant éviter sans trop de difficultés et d'une manière absolue d'avoir à porter des articles de cette nature, par la raison que ces sortes de dépenses, telles que location du magasin, rétribution à allouer à celui qui en a la direction, etc., sont généralement fixées quant à leur chiffre et peuvent par conséquent être réglées par le caissier dans les derniers jours qui précéderont la clôture des écritures. En procédant de la sorte, on simplifiera en outre le règlement des comptes de revenus et de frais généraux, car alors l'excédant des colonnes 4 à 6 sur le total des colonnes 7 à 9 donne les bénéfices de l'année courante, à la condition toutefois de laisser de côté les intérêts dont on pourrait encore avoir à tenir compte; mais, sans qu'il soit nécessaire de déduire ceux qui auraient été payés pour le précédent exercice ou sans avoir à ajouter ceux qui restent encore à liquider sur l'année qui vient de s'écouler.

L'excédant des divers articles désignés dans les pages précédentes comme devant figurer à l'actif, sur le total des articles inscrits au passif, formera le montant des bénéfices, lequel devra s'élever à un chiffre égal à celui que présentera le compte de bénéfices.

Les éléments de ce compte de bénéfices se trouvent généralement fournis par le règlement même des comptes de revenus et de frais généraux (Formulaire n° 1).

Les sommes des colonnes 4, 5 et 6 font partie du débit; celles des colonnes 7, 8 et 9, du crédit du compte de bénéfices. La Société a-t-elle eu recours, pour son roulement de caisse, à des fonds étrangers, les intérêts qui appartiennent à l'année courante viendront s'ajouter au montant du crédit du compte de bénéfices, de même que les intérêts dus, au contraire, pour les sommes qu'elle aura prêtées pendant ladite année, augmenteront le total du débit.

Les marchandises déposées en magasin ne doivent pas être comprises dans le bilan, puisqu'elles n'appartiennent pas à l'association, mais bien aux personnes qui les ont consignées pour être vendues tout simplement à la commission. Cependant, comme le plus ou moins d'avantages que la Société pourra présenter à ses membres dépend de l'importance du chiffre des marchandises réalisées par ses soins, il est nécessaire, partant, pour être complétement fixé sur la situation, de joindre au Bilan, ainsi que le prescrivent les statuts-types, un aperçu des entrées et sorties de marchandises durant l'année et du solde restant en magasin à la fin de l'exercice. Ce tableau s'obtient en faisant d'abord la balance des comptes spéciaux du livre de magasin (Formulaire n° 2), dont la disposition est en raison des diverses catégories de marchandises; puis celle des comptes particuliers des sociétaires, conformément aux subdivisions du livre de consignations à la vente.

Dans ces deux genres de comptes, les totaux devront naturellement être semblables, pourvu toutefois qu'on ait égard aux variations de prix marquées dans la colonne 11 du livre de magasin (Formulaire n° 2) et qui constituent la différence de la colonne 9 par rapport aux colonnes 10 et 5.

Dans la *répartition des bénéfices*, il faut, en premier lieu, avoir égard au contrat conclu avec les membres de la direction relativement à la rémunération de leurs services. Même lorsque le chef de magasin, qui est tenu de consacrer à la Société tout son temps et toutes ses facultés, perçoit, comme de juste, un salaire fixe qui doit être suffisant pour ses besoins, il n'en est cependant pas moins nécessaire de lui accorder, en outre, une part raisonnable dans les bénéfices, si l'on veut qu'il porte un vif intérêt à la prospérité de l'entreprise; et quant aux deux autres membres de la direction, qui n'exercent leurs fonctions que comme auxiliaires, il suffira de leur allouer pour tout traitement un tant pour cent sur les gains.

Une fois ces émoluments réglés, on prélèvera au maximum 5 0/0 sur les bénéfices pour le payement des parts sociales, et le reste sera réparti entre les membres au prorata des droits de magasinage et du tant pour cent sur les ventes qu'ils auront acquittés pendant le cours de l'année.

APPENDICE AU DEUXIÈME CHAPITRE

Il faut considérer comme pouvant aussi servir de guide aux Sociétés coopératives de magasinage, les modèles suivants, que l'on a jugé à propos d'insérer dans l'appendice, au premier chapitre de cette section de l'ouvrage :

1° Modèle d'un procès-verbal d'assemblée générale ;

2° Modèle d'un procès-verbal de séance tenue en commun par les Comités de direction et de délégation ;

3° Contrat d'une Société coopérative avec ses directeurs ;

4° Cédule de cautionnement remise par un employé.

ANNEXE N° 5.

Statuts de la Société coopérative de magasinage (1) ..... enregistrés au greffe de...

Raison sociale, siége et objet de l'entreprise.

§ 1. — Les soussignés se sont réunis pour former entre eux une Société de magasinage sous la raison

______

(1) Il faut apposer, dans ce cas, sur l'acte du contrat d'association le timbre nécessaire qui est, en Prusse, de 15 gros d'argent.

sociale..... Société coopérative, enregistrée au greffe de.....

L'objet de l'entreprise est la vente des marchandises (indiquer ici à quelle branche spéciale de l'industrie elles appartiennent), remises en consignation par les sociétaires dans un magasin commun établi dans ce but.

La Société a son siége à.....

Durée de la Société coopérative.

§ 2. — L'existence de la Société est fixée à... à dater du... jusqu'au... et elle ne pourra être dissoute antérieurement à ladite époque que par les motifs énoncés dans le paragraphe 45.

Capital de la Société coopérative.

§ 3. — Le fonds social sera formé au moyen des versements faits par les membres en vue de la création de leurs parts sociales et pour le payement des frais de magasinage et du tant pour cent sur les ventes, le tout conformément aux dispositions que l'on trouvera plus loin.

Fonctionnement et administration des affaires
de la Société.

§ 4. — La Société coopérative gère elle-même ses affaires, avec le concours de tous ses membres. Ses organes sont :

1° La direction ;

2° La délégation (Conseils de surveillance et d'administration) ;

3° L'assemblée générale.

I. — DE LA DIRECTION

1° *Composition et nomination.*

§ 5. — La direction se compose :

1° D'un gérant ;

2° D'un caissier ;

3° D'un chef de magasin ;

Tous trois choisis parmi les sociétaires, d'abord, pour une période d'une année seulement, mais celle-ci révolue, pour tout le reste de la durée du présent contrat. L'élection aura lieu par bulletin et par scrutin séparé pour chacun des directeurs.

(A l'égard des paragraphes 6, 7, 8, 9, 10, 11, 12, 13, nous renvoyons le lecteur aux pages 36 à 39 de l'appendice du premier chapitre et aux paragraphes 5, 6, 7, 8, 9, 10, 11, 12 des statuts pour les Sociétés coopératives d'achats de matières premières.)

§ 14. — Chaque mois, la direction, avec le concours de la délégation (Conseil d'administration ou de surveillance), fera une vérification des soldes en caisse ou des existences en magasin, et, à cette occasion, le chef de magasin et le caissier auront à préparer les éléments servant de base au relevé mensuel relatif à la situation des affaires.

2° *Obligations spéciales de chaque membre de la direction.*

§ 15. En dehors et concurremment avec leurs obligations générales, les membres de la direction sont tenus de remplir, chacun en ce qui le concerne, les fonctions spéciales dont il va être question.

Le *gérant* reçoit et ouvre les lettres adressées à la

Société; il signe, de plus, celles qu'on envoie. Il doit aussi apporter les premières aux séances, qu'il a mission de présider, afin d'en donner communication.

§ 16. — Il veillera à maintenir un ordre constant dans le magasin, et, à cet effet, il devra y être présent à des heures fixes ; de même, il sera aussi, plus que tout autre, responsable au cas où la vérification mensuelle de la situation de caisse et de l'état de l'entrepôt n'aurait pas lieu régulièrement. C'est encore lui qui est chargé de dresser l'inventaire de fin d'année.

§ 17. — Il tient les livres de contrôle qui sont nécessaires à la vérification des écritures que le chef de magasin et le caissier passent sur les leurs.

§ 18. — Il est dans l'obligation, au cas où il s'apercevrait d'irrégularités ou de déficits provenant de la gestion du chef de magasin ou du caissier, de prévenir immédiatement la délégation, en vue tant de la vérification qu'il y aura lieu de faire que des mesures de sûreté à prendre.

§ 19. — Le caissier est responsable des sommes en caisse et il en a la garde ; il reçoit du chef de magasin tout l'argent qui rentre par suite du mouvement des affaires de la Société, et il remet aux divers membres qui y ont droit les sommes encaissées, après déduction des frais de magasinage et du tant pour cent sur les ventes, ou après retenue de tout autre prélèvement motivé par des engagements qui pourraient avoir comme cause les marchandises vendues.

Il pourvoit, au moyen des fonds en caisse et sur mandat signé par deux des membres de la direction (et il peut être l'un de ceux-ci), aux dépenses de la Société, il tient de plus le livre relatif aux recettes et aux dépenses, ainsi que le carnet des quittances, avec les pièces à l'appui.

§ 20. — Il est en outre chargé, en qualité de *secrétaire*, de tenir, en se conformant aux instructions du gérant, la correspondance. Il signe, en effet, conjointement avec celui-ci, toutes les lettres de nature à engager la Société, de même que les *procès-verbaux* des séances de la direction, et il inscrit les décisions prises sur le registre des procès-verbaux, faisant signer ces derniers par ses collègues de la direction présents à la réunion.

§ 21. — *Le chef de magasin* a pour attributions de recevoir les marchandises consignées pour la vente, de les soumettre à l'examen de la délégation pour qu'elle fixe les prix auxquels elles devront être vendues. Il en a de plus la garde, en se conformant aux instructions de la direction, et veille à leur conservation en bon état, ainsi qu'à l'ordre et à la propreté qui doivent régner dans le magasin.

§ 22. — Il tient les livres réputés nécessaires d'après les instructions qui lui sont données ; il enregistre, suivant qu'il est besoin, les entrées et les sorties des marchandises que l'on consigne pour la vente, ainsi que les recettes provenant de la réalisation des lots déposés, et, enfin, le montant des crédits faits aux acheteurs, paragraphe 59, alinéa 4.

Comme de juste, il verse à la caisse chaque jour, avant la fermeture de l'établissement, les sommes qui ont été payées.

§ 23. — Il est tenu d'être présent avec exactitude aux heures qui seront fixées pour les affaires par la direction, et durant lesquelles il ne pourra s'absenter du magasin et devra s'occuper de donner ses soins à la vente.

§ 24. — Enfin, de concert avec le caissier, il prend soin de dresser le relevé général de l'année qu'il y a lieu d'établir à la fin de chaque exercice annuel.

§ 25. — Dans les cas d'empêchements passagers ou momentanés du *caissier* ou du *chef de magasin*, leurs fonctions seront remplies par le gérant, de même que le chef de magasin remplace ce dernier dans les circonstances analogues.

(A l'égard des paragraphes 26, 27, 28, nous renvoyons aux paragraphes 20, 21 et 22 des statuts relatifs aux Sociétés coopératives de matières premières.)

§ 29. — Par suite du cautionnement que sont tenus de fournir le caissier et le chef de magasin, chacun en ce qui le concerne, il y aura également lieu de passer un contrat avec les personnes qui seront chargées de ces emplois.

II. — DE LA DÉLÉGATION (CONSEIL DE SURVEILLANCE ET D'ADMINISTRATION)

1° *Elections.*

§ 30. — La *délégation*, c'est-à-dire le *Conseil de surveillance ou d'administration*, se compose de trois à cinq membres. Elle est nommée toujours pour la durée d'un an et à un seul tour de scrutin par l'assemblée générale. C'est ainsi qu'on procédera la première fois, c'est-à-dire à l'époque de la fondation de la Société; plus tard, sa nomination aura toujours lieu dans l'assemblée, où la délégation en activité de service sera appelée à faire un rapport sur le résultat de la situation financière. La réélection des mêmes personnes est permise. En cas de décès d'un ou de plusieurs membres de la délégation ou d'empêchement durable, l'on sera tenu de proposer sans retard à l'assemblée générale de procéder à une élection complémentaire pour le temps qui restera encore à courir jusqu'à l'expiration des fonctions.

2° *Gestion des affaires.*

§ 31. — La *délégation* confère à l'un de ses membres les fonctions de président et désigne un autre membre pour le remplacer dans le cas d'empêchement. Pour chaque séance, le président nommera un secrétaire qui sera chargé de la rédaction des procès-verbaux. La délégation expédie les affaires qui sont de son ressort d'une manière identique à celle prescrite par le paragraphe 12 pour l'expédition des affaires qui relèvent de la direction.

§ 32. — La direction, ainsi que le tiers des membres délégués, peuvent en tout temps requérir le président de la délégation de fixer un jour pour la convocation du Comité de délégation, à la condition d'en adresser par écrit la demande, à laquelle le président sera tenu d'obtempérer avec le plus grand empressement.

3° *Révocation des membres de la délégation des fonctions qu'ils exercent.*

(A l'égard des paragraphes 33, 34, 35, 36, nous renvoyons aux paragraphes 30, 31, 32, 33 des statuts relatifs aux Sociétés coopératives pour l'acquisition des matières premières, voyez pages 189 à 191.)

4° *Fonctions communes à la direction et à la délégation.*

§ 37. — Les délégués et les directeurs, dans les séances où ils sont tenus de se réunir et où le droit de vote appartient également aux uns et aux autres, auront à satisfaire aux obligations suivantes, résultant de l'exercice de leur charge.

Ils auront :

A. A se prononcer au sujet de l'admission des marchandises consignées en magasin et devront en fixer le prix de vente après avoir fait appeler le sociétaire à qui elles appartiennent et pris son avis. Celui-ci conserve toujours le droit de retirer ses produits ;

B. A décider le placement le plus avantageux des soldes de caisse restés sans emploi ;

C. A arrêter la rédaction des propositions et motions à faire à *l'assemblée générale* au sujet des points soumis, d'après le paragraphe 47, à ses délibérations et à son approbation.

La direction des débats, dans ces séances, revient de droit au président de la délégation, et il est nécessaire, pour la validité des décisions qui y seront prises, que les membres de ces deux organes de la Société présents aux réunions y soient en majorité.

Quant à la fixation des jours de réunion, l'on n'a qu'à s'en tenir aux dispositions du paragraphe 32.

III. — DE L'ASSEMBLÉE GÉNÉRALE.

A l'égard des paragraphes 38, 39, 40, 41, 42, 43, 44, nous renvoyons aux paragraphes 36, 37, 38, 39, 40, 41, 42 des statuts pour les Sociétés coopératives pour l'achat des matières premières, voir pages 192 à 195.

5° *Décisions.*

§ 45. — Les décisions prises à la majorité des membres présents à l'assemblée générale ont force de loi à l'égard de la Société, du moment où la convocation a été régulièrement faite et où il a été donné connaissance des questions à l'ordre du jour.

Il n'y a d'exception à cette **règle** que :

1° S'il y a lieu de modifier ou de compléter les présents statuts;

2° Dans le cas de dissolution de la Société, avant que les années pour la durée desquelles elle a été fondée soient arrivées à leur terme;

3° S'il y a lieu d'exclure de la Société un ou plusieurs membres;

4° Lorsque des sociétaires ont l'intention de se retirer de la Société avant l'époque voulue en raison des délais de notification.

Dans tous ces cas, le consentement des deux tiers des membres composant la Société est de rigueur.

§ 46. — Les procès-verbaux rédigés à l'occasion des assemblées générales et qui contiennent ce qui s'est passé au sujet des points les plus importants, tels que les décisions prises, les élections auxquelles il aura été procédé, et pour ces dernières le nombre et la répartition des suffrages émis, seront transcrits, avec la date du jour de l'assemblée générale, dans le *livre* spécial des *procès-verbaux*, et signés ensuite par les membres de la direction et de la délégation qui auront assisté aux séances et par trois autres membres au moins de la Société. Il resteront entre les mains de la direction, qui gardera également les exemplaires originaux des feuilles où aura paru la lettre de convocation.

6° Affaires à soumettre aux décisions de l'assemblée générale.

§ 47. L'assemblée générale sera tenue de *décider* sur tous les points suivants :

1° Modifications aux présents statuts de la Société coopérative et articles additionnels qu'il peut y avoir lieu d'y ajouter ;

2° Dissolution et liquidation de la Société coopérative ;

3° Election des *directeurs* et des *délégués*, ainsi que des autres *fonctionnaires* quelconques et *fondés de pouvoirs* nommés à l'occasion des procès dirigés contre les membres du Conseil de surveillance et d'administration ; nomination des représentants de la Société dans les fédérations et de députés aux divers congrès coopératifs ;

4° Révocation des membres de la direction et de la délégation ainsi que de tous employés quelconques et procès à intenter contre ceux-ci ;

5° Contestations sur le sens et la teneur des présents statuts ou des décisions de la Société coopérative ;

6° Réclamations dirigées contre l'administration de la Société et contre la gestion des directeurs, des délégués et de tous autres agents ou employés ;

7° Répartition, à la fin de l'année, des bénéfices donnés par les opérations de la Société et approbation de la gestion des directeurs ;

8° Déduction sur les parts sociales des membres du montant des pertes subies, en dehors du cas de liquidation, et dans la proportion établie par les dispositions du paragraphe 68 ;

9° Admission et exclusion d'un ou de plusieurs membres, et, en outre, autorisation de quitter l'association avant l'époque fixée en raison des délais nécessaires pour la sortie (§ 49) ;

10° Adhésion aux fédérations coopératives et dénonciation des engagements pris.

En outre, la direction et la délégation devront obtenir préalablement *l'assentiment* de l'assemblée générale.

11° A l'égard des contrats qu'il y aura lieu de passer avec les membres de la direction ou les divers autres fonctionnaires relativement à la rétribution de leurs services ;

12° A l'égard des baux de location, de toute stipulation de nature à engager la Société, des dépenses et des allocations pour frais dont le montant viendrait à dépasser 25 thalers ;

13° A l'égard de l'acquisition et de l'aliénation de tous *lots de terrain* et de l'acceptation des charges qui les grevaient, de même qu'à l'égard de l'aliénation *des meubles* dont la valeur dépasserait 20 thalers ;

14° Pour la rédaction des instructions à donner relativement à la marche des opérations, tant à la direction qu'à la délégation, et pour la fixation du minimum des produits que chaque sociétaire aura droit de consigner en magasin ;

15° Pour les emprunts à contracter ;

16° Pour la fixation du taux à établir, relativement *aux droits de magasinage* et *au tant pour cent* sur les ventes que les sociétaires sont tenus d'acquitter, à raison des marchandises déposées dans l'entrepôt.

Obtention et perte de la qualité de Sociétaire.

§ 48. — L'admission des nouveaux membres a lieu en vertu d'une décision de l'assemblée générale et après signature, de la part du nouveau sociétaire, des présents statuts ou d'une déclaration d'adhésion rédigée par écrit.

§ 49. — La *libre sortie* d'un membre s'effectuera à la fin de l'année commerciale, après avis par écrit notifié au moins douze mois à l'avance.

§ 50. — La qualité de membre de l'Association se perd en outre :

1° Par le fait du décès, mais toutefois seulement à la fin de l'année commerciale dans le cours de laquelle la mort du sociétaire a eu lieu ;

2° Par suite d'exclusion.

§ 51. — L'exclusion pourra être proposée en assemblée générale par la direction, la délégation ou le.... des membres.....

1° En raison de la non-observance des engagements statutaires ;

2° Par suite de la déclaration d'incapacité légale, enlevant à un sociétaire l'administration de ses propres biens.

§ 52. — Le membre qui se sera retiré de l'association (§§ 49 à 51) — cette mesure est également applicable aux héritiers du sociétaire décédé — ne peut réclamer que le montant de la part sociale qui lui reviendra au moment même de sa sortie, conformément à ce que les livres en témoigneront, y compris toutefois le dividende de la dernière année commerciale jusqu'à la fin de laquelle il n'a cessé de faire partie de la Société, mais il ne saurait prétendre à aucune part dans le capital, qui appartient en propre à celle-ci. L'individu exclu n'a surtout aucun droit à participer au dividende de l'année courante dans le cours de laquelle l'exclusion a été prononcée.

Le payement des pertes sociales aux membres qui se retirent de l'association ou aux individus exclus, de même encore qu'aux héritiers d'un sociétaire décédé, aura lieu dans le troisième mois après la clôture de l'année commerciale dans le cours ou à l'expiration de laquelle les personnes en question auront cessé de faire partie du groupe coopératif. La Société est toutefois autorisée à retenir sur le montant à payer les sommes que l'ex-sociétaire pourrait rester devoir soit pour droits de magasinage, soit pour toute autre cause.

Les marchandises qui viendraient à se trouver en magasin lorsqu'un membre se retirera, seront aussitôt remises à sa disposition, et si elles n'étaient retirées dans le délai de trois jours, on devra les lui renvoyer à ses frais, à moins que la Société ne voulût user *de son droit de retenue*.

§ 53. — La Société ne peut se soustraire au remboursement des parts sociales, même dans le cas d'une mauvaise situation d'affaires, qu'en se dissolvant ou en liquidant. Le membre sortant devra alors se soumettre à une retenue, sur sa part sociale, dans la mesure où celle-ci aura à contribuer, conformément aux dispositions statutaires, à l'acquittement des dettes du groupe.

En toute éventualité, ledit membre continuera à être solidairement responsable vis-à-vis des créanciers de la Société pendant deux autres années, à compter du jour où il s'est retiré, de tous les engagements contractés par la collectivité jusqu'audit jour, en vertu des dispositions du paragraphe 63 de la loi sur les associations coopératives.

Il ne lui est toutefois pas permis de se prévaloir de cette clause pour s'immiscer d'une façon quelconque dans les affaires de la Société.

Droits et devoirs des sociétaires.

§ 54. — Les membres de la Société coopérative sont autorisés :

1° A voter en assemblée générale sur chaque décision à prendre par la Société, et à l'occasion de toutes les élections qui pourraient avoir lieu ;

2° A déposer dans le magasin social, pour y être vendus, les articles de leur industrie, après s'être entendu avec la direction et la délégation, conformément au paragraphe 37 des présents statuts, et en se renfermant dans les limites qui auront été fixées par l'assemblée générale ;

3° A réclamer leur part proportionnelle dans les bénéfices de l'entreprise, dans la mesure établie par le paragraphe 67.

§ 55. — Chaque sociétaire, d'autre part, est tenu :

1° D'effectuer les versements prescrits par le paragraphe 56 pour la formation de sa part sociale ;

2° D'avoir dans le magasin coopératif pour la vente une certaine quantité de marchandises d'après le minimum ou, le cas échéant, le maximum fixés par l'assemblée générale ;

3° D'acquitter les droits de magasinage et de tant pour cent sur les ventes, établis par décision de l'assemblée générale, et à raison des marchandises consignées;

4° De ne rien entreprendre de contraire aux présents statuts ainsi qu'aux décisions et aux intérêts de la Société, et plus particulièrement de n'ouvrir aucun magasin pareil ou de genre analogue dans la localité, soit seul, soit avec le concours d'autres industriels, et de ne participer en quoi que ce puisse être à une fondation de cette nature ni en avançant, par exemple, des fonds, ni en consignant des marchandises;

5° De se reconnaître solidairement responsable, sur tous ses biens, des engagements régulièrement contractés par la Société au cas, toutefois, où le fonds social n'y suffirait pas, étant, au surplus, chose indifférente (voir paragraphe 12 de la loi sur les Sociétés coopératives), que les engagements en question aient été pris avant l'admission du sociétaire ou seulement durant le temps pendant lequel il a fait partie du groupe.

Parts sociales des membres.

§ 56. — La part sociale de chaque membre est fixée à une somme de 10 thalers, dont 2 thalers au moins seront payables au moment même de l'admission et le surplus par fractions mensuelles qui ne pourront être inférieures à 10 gros d'argent, et qui seront exigibles jusqu'à concurrence de la susdite somme.

§ 57. En outre, jusqu'à ce que la part sociale ait atteint le chiffre réglementaire, on retiendra les intérêts et les dividendes sur les bénéfices nets auxquels le sociétaire aura droit, pour les inscrire à la fin de l'année à son crédit, dans un compte spécial et à la suite des autres versements relatifs à cette part.

§ 58. — En ce qui concerne ses parts sociales, chaque membre est porteur d'un carnet spécial où les directeurs marquent les augmentations et, au cas où des pertes surviendraient, les déductions.

Dans aucune circonstance il ne sera permis à qui que ce soit, aussi longtemps du moins qu'on sera membre de la Société coopérative, de retirer de la caisse la part sociale dont on sera possesseur ou d'en disposer d'une façon quelconque. Toute cession notamment, toute mise en gage, toute affectation quelconque de ladite part sont nulles et sans effet à l'égard de la Société coopérative, vis-à-vis de laquelle elle forme la garantie des engagements contractés par son possesseur. C'est là une clause qu'on ne devra pas négliger de mentionner sur le carnet en question.

Transactions intérieures de la Société.

§ 59. — Les marchandises destinées au magasin collectif devront être remises aux heures fixées pour les affaires.

La direction et la délégation décideront d'un commun accord tous les points relatifs à l'acceptation desdites marchandises, à la place qu'elles devront occuper dans le magasin et à l'étalage, enfin à la fixation des prix. L'une et l'autre auront également à se prononcer quand il sera question de refuser des articles qui ne paraîtraient pas convenables pour la vente. Leurs décisions ne comporteront d'autre appel que le recours à l'assemblée générale.

Aucun article ne pourra être mis en vente avant que le prix n'en ait été établi.

La vente ne peut avoir lieu qu'au comptant et sous

la responsabilité personnelle du chef de magasin, sans qu'il soit besoin d'une autorisation spéciale de la part du propriétaire de la marchandise.

Au cas où il serait fait crédit du montant de la vente, l'acheteur ne pourra jamais éviter de se considérer comme créancier vis-à-vis du producteur de l'article vendu et, en cette qualité, devra s'entendre avec celui-ci au sujet de la somme à rembourser.

§ 60. — Sur les marchandises consignées, il y aura lieu :

1° De prélever un droit de magasinage pour le temps durant lequel les marchandises seront demeurées en magasin ;

2° De retenir, au moment même de la recette provenant de l'article ou des articles vendus, le tant pour cent.

Le taux de ces frais sera fixé pour l'année suivante par une décision de l'assemblée générale, prise à la fin de chaque année. Les marchandises restant en dépôt dans le magasin de l'association serviront de gage quant au remboursement de ces dépenses, de même que les sommes provenant des ventes fourniront dans ce cas, pour ainsi dire, une hypothèque de second degré. Il n'est donc pas permis au propriétaire de la marchandise ou desdites sommes d'en disposer en vue de s'affranchir des engagements pris à l'égard de la caisse sociale.

§ 61. — Les commandes qui pourraient être confiées au magasin sociétaire seront reçues par le chef de magasin et devront, au cas où les membres de l'association ne parviendraient pas à s'entendre pour l'exécution, être réparties entre ceux-ci par les soins de la direction d'une manière aussi égale que possible. Mais, même alors, il ne faudra jamais perdre de vue la nécessité d'en charger de préférence ceux qui sont en position de fournir des marchandises irréprochables. Si la commission avait été donnée sur échantillon, c'est le propriétaire de celui-ci qui aura droit à la préférence.

Système de comptabilité.

§ 62. — L'année commerciale part du ... pour terminer au ..., et dès qu'elle touche à sa fin, la direction devra aussitôt :

1º Procéder, avec l'aide des membres de la délégation, à la vérification du solde en caisse, des titres de créances et des existences en magasin, afin d'établir le chiffre des uns et des autres;

2º S'occuper d'arrêter les comptes des divers livres.

§ 63. — La direction sera tenue, dans le délai de quatre semaines au plus, de soumettre aux délégués le règlement complet des écritures de l'année. Si cela n'avait pas lieu, l'assemblée sera immédiatement convoquée et celle-ci aura le droit de faire procéder, aux frais de la direction, à la vérification desdites écritures par des employés spécialement nommés à cet effet.

§ 64. — Le relevé de l'année comprendra :

1º Toutes les *recettes* et *dépenses* faites pendant le cours de l'année, en ayant égard aux divisions principales introduites pour les divers comptes dans la tenue des écritures;

2º Un compte spécial de *profits* et *pertes*;

3º Un *bilan* de la situation financière de la Société coopérative à la fin de l'année. On y ajoutera un état détaillé du solde restant à ladite époque en magasin, en fait d'articles propres à la vente, afin que les sociétaires puissent en prendre connaissance.

§ 65. — Dans le *bilan*, il y aura lieu de porter à *l'actif :*

1° Les espèces formant le solde en caisse ;

2° La valeur des ustensiles après une déduction pour l'année de..... pour 100 ;

3° Les créances résultant des *droits de magasinage* ou provenant d'autres arriérés. Parmi ces créances, toutefois, l'on ne devra faire figurer celles dont le recouvrement serait douteux que pour le montant de leur valeur présumée ; quant à celles qui seraient irrecouvrables, elles devront être exclues et rejetées sans hésitation ;

4° Les *immeubles*, s'il en existe, estimés d'après leur valeur de l'époque.

On inscrira par contre au *passif :*

1° Les parts sociales des membres ;

2° Les fonds empruntés avec les intérêts y relatifs ;

3° Les frais généraux non encore liquidés.

L'excédant de l'actif sur le passif donne le *bénéfice net.*

§ 66. — A l'égard de ce paragraphe, nous renvoyons au paragraphe 80 des statuts relatifs aux Sociétés coopératives pour achats de matières premières. (Voir page 210.)

Bénéfices et pertes.

§ 67. — Sur les bénéfices de l'année, on acquittera en premier lieu les intérêts à 5 0/0, mais pas au-dessus de ce taux, des sommes versées par les sociétaires pour la formation de leurs parts, et qui auront été inscrites à leur crédit, à la condition toutefois que ces sommes seront restées dans la caisse sociale durant le cours de l'année commerciale. Le surplus qui restera ensuite sera distribué entre les membres à titre de boni leur revenant sur les sommes payées pour droits de magasinage ou sous forme de tant pour 100 sur les ventes.

§ 68. — Dans la mesure où les pertes ne pourraient être couvertes par les revenus des opérations de l'entreprise, il y aura lieu à *déduction sur les parts sociales*, mais seulement dans la proportion du chiffre des sommes payées à cet effet et inscrites au crédit du sociétaire. Si la totalité des parts sociales venait à être absorbée et que des versements supplémentaires fussent nécessaires, une contribution par tête frappera également tous les membres du groupe.

Dissolution de la Société et solidarité des membres.

§ 69. — La dissolution de la Société a lieu :

1° A l'expiration du terme stipulé dans le contrat d'association ;

2° Avant cette époque, par décision de l'assemblée générale ;

3° Par déclaration judiciaire dans les cas énoncés paragraphe 35 de la loi sur les Sociétés coopératives.

§ 70. — *L'ouverture du concours des créanciers* à l'égard du *capital social* sera prononcé par le tribunal sur la déclaration obligatoire pour la direction de la suspension des payements, mais sans entraîner l'ouverture du concours à l'égard des biens particuliers des sociétaires.

§ 71. — Bien plus, les créanciers de la Société

coopérative ne sont autorisés qu'après clôture du concours, et tout autant que leurs titres de créanciers y auront été reconnus, à exercer leur recours contre les membres pris individuellement et à raison de l'engagement solidaire de ceux-ci et des pertes subies. Pour prévenir ce recours, la direction devra faire les démarches nécessaires pour l'introduction de la procédure prescrite par les paragraphes 52 et suivants de la loi sur les Sociétés coopératives.

§ 72. — A la suite de la dissolution de la Société, hors le cas de faillite, la *liquidation* devra être faite, conformément aux prescriptions des paragraphes 40 et suivants de la loi du 4 juillet 1868 relative aux Sociétés coopératives, par les soins de la direction; toutefois, l'assemblée générale aura le droit de nommer à la place de celle-ci d'autres *liquidateurs*.

Les notifications à faire par la Société coopérative et les journaux désignés pour ces publications.

§ 73. — Toutes les notifications et publications relatives aux intérêts de la Société coopérative devront être faites sous la raison sociale de celle-ci, et signées par deux des membres de la direction. Il est fait toutefois exception, en ce qui concerne les convocations pour l'assemblée générale, au sujet desquelles les dispositions précédentes du paragraphe 39 restent applicables.

§ 74. — La Société coopérative a fait choix, pour la publication de ses communications, du journal le ……

Dans le cas où cette feuille cesserait de paraître, la direction est autorisée à s'entendre avec la délégation pour en désigner provisoirement une autre à la place dudit journal; mais, en pareil cas, il faudra provoquer une décision définitive de la part de l'assemblée générale.

Ratification des statuts.

§ 75. — Les statuts actuels se trouveront ratifiés par le fait de l'apposition, à la suite de ceux-ci, du nom et de la signature des membres présents à l'assemblée générale qui a adopté. Quant aux membres absents et à toutes les personnes qui désireront, dans la suite, faire partie de la Société, il suffira d'une simple déclaration d'adhésion par écrit.

Contestations au sujet des statuts et des décisions.

§ 76. — Toutes les contestations relatives au sens et aux dispositions spéciales des présents statuts, de même qu'aux décisions ultérieures de la Société, seront définitivement tranchées par les décisions de l'assemblée générale. Il n'est permis, dans ce cas, à aucun membre d'en appeler, et tout recours légal lui est surtout interdit.

COMPTES DE REVENUS & DE FRAIS GÉNÉRAUX

FORMULAIRE N° 1.

DATES	DÉTAILS	Numéros du Journal-caisse.	REVENUS									FRAIS GÉNÉRAUX									OBSERVATIONS
			Droits de magasinage.			Tant pour cent sur les ventes.			Recettes provenant d'affaires diverses.			Traitements et rétributions.			Locations et autres frais pour le magasin.			Dépenses et frais divers			
1	2	3	4			5			6			7			8			9			10
			Thalers.	Gr. d'arg.	Pfennige	Thalers.	Gr. d'arg.	Pfennige	Thalers.	Gr. d'arg.	Pfennige	Thalers.	Gr. d'arg.	Pfennige	Thalers.	Gr. d'arg.	Pfennige	Thalers.	Gr. d'arg.	Pfennige	
21 déc.	A. Wolff, de notre ville, un canapé-ottomane, bois d'acajou. C. 715.............	811	—	11	—	—	5	6	—	—	—	—	—	—	—	—	—	—	—	—	
23 »	Nettoyage du magasin.......	513	—	—	—	—	—	—	—	—	—	—	—	—	1	—	—	—	—	—	
23 »	Lettre avec dessin adressée à Bühler, à Stuttgard........	511	—	—	—	—	—	—	—	—	—	—	—	—	—	—	—	—	2	—	
30 »	Schmidt, chef de magasin ; son traitement de décembre....	520	—	—	—	—	—	—	—	—	—	20	—	—	—	—	—	—	—	—	

FORMULAIRE N° 2.

Numéros d'ordre des articles.	ENTRÉES						La vente a-t-elle eu lieu à crédit?	SORTIES									OBSERVATIONS
	NATURE des articles.	NOMS des déposants.	Dates des consignations.	PRIX				Dates de la sortie.	NOM et DOMICILE de l'acheteur.	SOMMES payées comptant			SOMMES pour ventes à crédit.			
				Thalers.	Gr. d'arg.	Pfennige				Thalers.	Gr. d'arg.	Pfennige	Thalers.	Gr. d'arg.	Pfennige	
1	2	3	4	5			6	7	8	9			10			11
C. 715	Sopha-ottomane acajou.	A. Wolff, de notre ville..	1er déc.	22	—	—	Non	21 déc.	L'honorable conseiller Mittnacht à Carlsruhe....	22	—	—	—	—	—	
C. 716	Id., id.	Ch. Borne, de notre ville..	2 »	25	—	—	Non	23 »	De Brühl, de notre ville........	23	—	—	—	—	—	Le 20 décembre, réduit à 23 thal.

FORMULAIRE N° 3.

DATES	NUMÉRO de l'article.	NOM DU DÉPOSANT en magasin.	PRIX payé comptant			CHIFFRE du crédit accordé.			DROITS de magasinage et tant pour cent sur les ventes à porter en compte.			RÉCÉPISSÉS du caissier signés de sa main.
1	2	3	4			5			6			7
			Thalers.	Gr. d'arg.	Pfennige	Thalers.	Gr. d'arg.	Pfennige	Thalers.	Gr. d'arg.	Pfennige	
21 décembre.	C. 715.	A. Wolff, de notre ville.	22	—	—	—	—	—	—	16	6	Ernst, caissier.

TROISIÈME SECTION

Sociétés coopératives pour l'exploitation indus trielle de compte commun et à risques communs.

I.

DÉTAILS HISTORIQUES

C'est un fait constaté par nous dans l'Introduction même qui précède ce livre, que non-seulement les Sociétés coopératives qui ont pour but de fournir à l'individu les moyens nécessaires pour le fonctionnement de l'industrie qu'il exerce, mais que celles-là aussi dont l'organisation est conçue en vue d'une *exploitation collective* d'une industrie quelconque, ont acquis en Allemagne, durant ces dernières années, un degré de vitalité beaucoup plus marqué que par le passé. En outre, dès la fin de la guerre contre la France, une très grande activité s'est manifestée dans les cercles ouvriers que ces institutions intéressent, à ce point que le relevé statistique contenu dans le compte rendu que l'auteur publie annuellement, et dont il a déjà été fait mention à plusieurs reprises, signalait, pour l'année 1871, l'existence de 116 de ces Sociétés dans les diverses branches de l'industrie. On a compris parmi celles-ci 23 Sociétés coopératives de construction, mais c'est à tort, en ce sens que les membres de ce genre d'association ne prennent pas part à l'industrie du bâtiment en vue de se procurer des moyens d'existence, ces institutions n'ayant d'autre objet que de pourvoir leurs adhérents de logements, et ces groupes ne se composant pas, par suite, d'ouvriers industriels, mais bien de gens qui ont besoin de locaux pour y habiter.

Parmi les groupes industriels, ceux qui figurent au premier rang sont les Sociétés coopératives de tailleurs, on en compte 17 ; celles de tisserands (étoffes de laine, cotonnades et toiles), il en existe 16 ; enfin celles des menuisiers, on en connaît une dizaine.

Les motifs pour lesquels cette catégorie de Sociétés coopératives n'a atteint que tout dernièrement le degré de développement qu'avaient acquis les autres formes de la coopération ont déjà été examinés dans la première partie de cet ouvrage. L'écrivain, en raison de sa position de chef des coopérateurs allemands, devait, pour sa part, faire tous ses efforts pour empêcher toute démarche précipitée. Et combien n'était-il pas fondé à avertir les ouvriers de se bien garder :

« De procéder à la formation de Sociétés coopératives de production *sans y être préparés*, sans avoir passé par l'école primaire des autres formes coopératives, et sans avoir enfin réuni, au préalable, le capital indispensable. »

Les faits ne l'ont que trop prouvé.

Avec quelle rapidité ces institutions, par lesquelles on n'a pas craint, en 1848, de débuter en France, et même sur quelques points de notre territoire, n'ont-elle pas succombé, pareilles à ces plantes que fait éclore la végétation hâtive des serres chaudes ? Quel contraste avec l'*Angleterre*, où ces créations ont joui d'une tout autre stabilité ! Mais, là même, ce ne fut toutefois qu'une dizaine d'années après les commencements de l'évolution coopérative, qui débuta par les groupes de consommation que l'on s'avisa de procéder à la formation d'établissements de fabrication collective, en prenant pour point de départ de ces premières entreprises les *stores*, qui fournissaient une base d'une solidité déjà éprouvée. Ce même phénomène peut être observé chez nous. Parmi les Sociétés coopératives de production, celles pour la fondation desquelles on a agi avec beaucoup de circonspection, et après être passé par l'école primaire des formes simples de la coopération, et pour l'organisation desquelles l'écrivain a souvent eu l'occasion d'intervenir activement et d'indiquer les combinaisons les plus favorables à leur développement, ont marché pour la plupart, dès leurs début, de façon à faire concevoir les meilleures espérances. Un certain nombre a, dès maintenant, une base assurée de prospérité commerciale. Sous ce rapport, les considérations suivantes nous paraissent devoir servir de règle générale.

2.

CONDITIONS PRÉLIMINAIRES NÉCESSAIRES POUR LA FONDATION DES SOCIÉTÉS DE PRODUCTION.

Si la Société coopérative *de production*, c'est-à-dire le groupement d'un certain nombre de petits patrons ou même d'ouvriers salariés, en vue de l'exploitation industrielle en grand pour le compte commun, et en assumant collectivement les risques à courir, constitue le plus haut degré de la coopération et touche même directement à la solution du problème social, c'est aussi, sans conteste, la forme qui présente le plus de difficultés et celle qui, sous tous les rapports, exige le plus de qualités de la part des membres de l'association, aussi bien au point de vue du travail, de l'activité, de la persévérance, de la prévision et de l'habileté professionnelle et commerciale, qu'en ce qui concerne les conditions voulues pour pouvoir réunir le capital indispensable. Que de peines et que de sacrifices pour fonder des établissements de ce genre et pour mener à bonne fin de telles entreprises! C'est ce qu'attestera hautement le récit des faits qui se sont passés en *Angleterre* et en *France*. Dissimuler aux gens de pareilles difficultés, ce serait encourir la plus grave des responsabilités.

Par quels degrés d'abnégation ne faut-il pas passer et à quelles privations les membres des associations en question ne sont-ils pas forcés de s'exposer avant que l'entreprise puisse élever leur condition et les amener à posséder une situation économique assurée et satisfaisante! Il faut du courage, une ferme résolution, une persévérance des plus tenaces pour n'y pas renoncer et faire réussir, au contraire, l'entreprise. Suppose-t-on chez les membres de ces Sociétés l'absence de toutes connaissances préparatoires, d'où leur viendrait la capacité nécessaire pour monter de grands établissements, et comment pourraient-ils les administrer si, dans des sphères plus humbles, ils ne s'étaient formés à l'avance et mis, par une longue et constante pratique, au courant des affaires industrielles et commerciales? Leur serait-il, d'ailleurs, possible, au sortir même de l'atelier, d'apporter avec eux autant d'habileté mécanique et technique dans leurs travaux et ce coup d'œil qui embrasse l'ensemble des opérations d'une grande entreprise, sans jamais perdre de vue la situation du marché universel en ce qui concerne les provenances et les débouchés? Au surplus, ce qu'ils ne seraient jamais en position d'apporter, vu leur état d'isolement à notre époque, c'est le *véritable esprit de la coopération.*

A parler sans détour, ces aspirations à s'élever dans l'ordre social, et en vue de ce résultat, cette subordination à une direction stable, issue de leur sein même, se heurteront, chez nos ouvriers *allemands*, à de bien autres difficultés que s'il s'agissait de *Français* ou d'*Anglais*. L'esprit de séparatisme règne encore trop puissamment, l'envie et la méfiance hérissent encore de trop d'obstacles les opérations entreprises collectivement, surtout si, par hasard, le sociétaire aujourd'hui placé dans un poste éminent, à la tête de l'association, n'a été jusqu'à présent qu'un simple coopérateur. Comme les membres du groupe se sentent les maîtres de l'établissement, il leur est dur de s'accoutumer à la discipline. C'est là un fait qu'ont pu constater tous ceux qui se sont occupés de ces choses dans la pratique. Pourtant une direction stable et unique, des règlements sévères sont indispensables dans des entreprises de cette nature, si l'on ne veut pas courir au devant d'une ruine inévitable.

Enfin, et c'est là un point de la plus haute importance, il s'agit de créer un capital de *fondation* et d'*exploitation* dans une combinaison où la réunion préalable, de la part des membres, des fonds, de quelque façon qu'ils puissent être obtenus, eu égard à la position des sociétaires, n'en est pas moins la première condition à remplir. En effet, bien que par rapport aux moyens de se procurer les fonds en question l'on puisse, dans une entreprise coopérative de production plus que dans toute autre, recourir au *crédit*, encore faut-il que ce crédit repose sur une base acceptable. Or, la *solidarité* à elle seule et de par elle-même ne pourrait constituer ladite base : loin de là, il faut ici présupposer l'existence de certaines conditions matérielles et appréciables qui permettent de juger de la *vitalité* de l'entreprise et qui ont pour effet d'attirer les capitaux. En réalité, pour la Société coopérative de production, les choses, sous ce rapport, ne se présentent pas tout à fait de la même manière que pour les associations de *crédit*, de *matières premières* et de *consommation*. Les personnes qui font partie de ces trois derniers groupes se trouvent déjà dans des conditions qui leur assurent le gain nécessaire à leur existence matérielle, ils exercent, en effet, un métier à eux, ont un établissement, ou bien ils travaillent, en qualité de salariés, dans des usines, des ateliers dirigés par d'autres. C'est même en cela que se trouve réellement *la garantie de la solidarité* qu'ils offrent au cas où l'entreprise coopérative viendrait à échouer, car leur branche d'industrie ne serait pas pour cela atteinte par contre-coup; bien plus, c'est elle qui, grâce à leur travail, leur fournirait les ressources pécuniaires exigibles pour le remboursement des dettes de la Société coopérative.

Il en est tout autrement pour le *groupe coopératif de production*. Ici, les sociétaires, petits patrons ou ouvriers salariés, renoncent à ce qui formait précédemment la source de leurs revenus, pour tirer leurs moyens mêmes d'existence de l'exploitation collective. L'insolvabilité de la Société coopérative est donc, dans ce cas, en règle générale, l'insolvabilité des membres eux-mêmes, et les créanciers du groupe ne trouvent pas, ainsi que cela a lieu pour les autres catégories de Sociétés coopératives, dans l'industrie spéciale à chacun des individus qui la composent, un point qui offre prise pour l'exercice de leurs droits, ni un état de choses qui permette à ces sociétaires d'être en position de faire face aux engagements contractés par la Société. La Société coopérative doit, par suite, pouvoir démontrer d'une façon saisissante la vitalité dont elle est douée au point de vue financier, si elle entend avoir recours au crédit. Ce qui la conduira surtout au but qu'elle a en vue, c'est la possession d'un *capital* provenant de l'*épargne*, au moyen duquel elle puisse parer au moins aux premiers besoins qu'entraînera sa fondation. En outre de la garantie matérielle qu'offre un capital ainsi réuni, le public y trouve une preuve de l'existence préalable des qualités de prévoyance et d'activité nécessaires aux individus qui font partie de ces institutions, en d'autres termes, *la garantie morale* dont il est absolument impossible de se passer et qui sert à compléter ce qui pourrait encore manquer du côté de la garantie matérielle.

Par la réunion de ce premier capital d'établissement, qu'il a fallu péniblement amasser par la voie de l'épargne, les sociétaires prouvent qu'ils ont l'intelligence des conditions commerciales qui sont jointes à leur entreprise, et qu'ils possèdent en même temps,

et de plus, la force morale de faire des sacrifices et de
s'imposer des privations afin de parvenir; enfin, qu'ils
savent renoncer, en vue d'avantages futurs et permanents, aux jouissances du moment. Ce n'est qu'en
faisant preuve de la sorte des qualités en question que
naît la confiance dans la vitalité de l'entreprise; ce
n'est qu'en *méritant le crédit* qu'on se trouve *avoir
les conditions nécessaires pour l'obtenir*. Il faut donc,
avant que d'ouvrir l'établissement coopératif, avoir
amassé un fonds de roulement suffisant pour être en
mesure de pourvoir aux premiers frais d'installation,
de bâtisses, de machines, etc. Par la suite, il sera facile d'obtenir des crédits à ce sujet, de contracter
alors des engagements à terme, et qu'il soit possible,
sans trop de difficultés, à un grand nombre d'ouvriers
agissant de concert en vue de s'associer, de réunir un
capital de ce genre en peu d'années : c'est ce que l'expérience a démontré. Nous en donnerons un exemple
emprunté à une branche de l'industrie qui exige
l'immobilisation d'un capital très considérable; nous
citerons donc la Société coopérative formée à Chem-
nitz par les ouvriers constructeurs de machines. Une
centaine de ces ouvriers ont pu, dans l'espace d'une
année ou deux environ, amasser près de 13,000 thalers, et, par suite, acheter, dans le faubourg de ladite
ville, un lot de terrain assez vaste pour leur genre
d'industrie, y compris les usines, machines à vapeur
et autres pour la somme de 31,000 thalers. Après versement de 10,000 thalers, ils obtinrent non-seulement
crédit sur hypothèque de l'arriéré du montant de
l'achat, mais, en outre, par l'entremise de la *Société
saxonne de crédit*, un prêt suffisant pour l'exploitation
de leur établissement, qui continua de marcher jus-

qu'a u moment même où il se trouvait dans les conditions les plus favorables. La guerre de 1866 força malheureusement cette Société à se dissoudre. Les choses se sont passées de la même manière, bien que sur une échelle plus restreinte, pour les associations coopératives des *ouvriers fabricants de cigares à Berlin et à Delitzsch; des ouvriers fabricants de lampes, à Berlin; des ouvriers fabricants de chronomètres, à Fribourg, en Silésie*, etc. Tous ces groupes figurent chez nous au premier rang et ont sur les autres une avance considérable. Dans plusieurs localités, sur les conseils de l'auteur, et dans le but de réunir au préalable les fonds nécessaires, ainsi que pour s'accoutumer aux opérations faites en commun, il a été fondé de véritables *caisses d'épargne* (1). Nous avons joint à l'appendice du chapitre premier de la présente division de l'ouvrage un modèle des statuts à leur usage. .

Dans ces sortes d'institutions, l'on a pour but fixe de réunir une somme déterminée à l'avance, avant de procéder à l'ouverture de l'établissement coopératif de production. La première chose en pareil cas, et dont on ne saurait se dispenser sous aucun prétexte,

---

(1) Ces *Caisses* ou *Sociétés* d'épargne, en raison de l'extrême simplicité de leur tâche, qui ne donne lieu qu'à des opérations commerciales très simples en elles-mêmes, ne devront pas être organisées à l'instar des Sociétés coopératives, mais bien sur le modèle des *Sociétés* ou *Compagnies ordinaires de droit commun*, comme on le voit par les statuts types, à la suite du premier chapitre de cette division. L'on devra surtout se garder des opérations propres aux institutions de crédit et auxquelles celles-ci se livrent pour faire valoir les fonds que l'épargne leur a confiés, et se décharger de ce soin sur une maison de banque offrant toute sécurité où l'on placera les sommes amassées, afin de les soustraire à tous risques quelconques.

c'est que, dans l'évaluation à faire dans ce cas, il y soit procédé par les intéressés eux-mêmes, en raison des conditions spéciales de chaque industrie. Nous conseillerons donc à ceux-ci, tandis qu'il en est encore temps pour eux, de tâcher d'acquérir surtout les notions relatives à leur entreprise. Il faut, en outre, ne pas perdre de vue les dépenses à supporter pour se procurer les locaux nécessaires à l'exploitation que l'on a en vue ou pour les achats d'outils, de matières premières, et tenir également compte des sommes à consacrer aux salaires des coopérateurs avant que, dans les débuts du moins, on puisse penser à écouler les produits qui auront été manufacturés. En effet, et c'est une remarque que nous avons déjà faite, tant que l'entreprise n'a pas commencé à fonctionner. elle n'existe pas en réalité. Il ne saurait donc être question de *crédit* dans le sens véritable de ce mot, puisque ce crédit repose sur la *confiance que l'on a dans la vitalité de l'entreprise*, c'est-à-dire sur les conditions qui la rendent plus ou moins viable. Il faut donc que les coopérateurs eux-mêmes soient les *fondateurs* de l'établissement industriel coopératif et, chose qui importe au suprême degré, qu'ils le soient avec leurs propres ressources. Ce n'est qu'alors qu'ils pourront songer à avoir à leur disposition les fonds nécessaires à la continuation de l'entreprise et à son développement. Demander qu'au début, et sans qu'ils aient à y contribuer, les fonds leur soient fournis par des tiers, — ce que les socialistes n'hésitent pas à exiger de l'E- tat, — ce serait de leur part ni plus ni moins que se reconnaître incapables d'une pareille entreprise. Ceux parmi les artisans et les ouvriers qui n'ont ni le degré de prévoyance, ni la force morale de se soumettr à l'avance, à la discipline indispensable, aux conditions nécessaires d'abnégation et de sacrifices matériels qui sont, pour ainsi dire, la semence de la moisson prochaine, n'ont pas en leur possession l'instrument voulu pour l'exécution d'une œuvre qui demande des efforts si persévérants. C'est là un point à considérer avant tout par ceux qui se préoccupent de ces questions.

En effet, bien que nous soyons à une époque où, en raison de l'état du mouvement ouvrier dans notre pays, il convienne de signaler la Société coopérative de production comme constituant l'un des moyens les plus efficaces d'arriver à l'égalité sociale, et bien qu'il soit également utile d'en discuter les conditions et de mettre sous les yeux les diverses combinaisons de cette forme, l'on ne saurait toutefois trop se garder d'*inviter* telles ou telles personnes ou telles catégories de personnes à fonder des établissements de ce genre.

Si les ouvriers ne s'y sentent pas portés par la nécessité ou par leurs propres aspirations, à ce point que l'initiative à cet égard jaillisse de leur sein même, c'est qu'ils ne s'y sentent pas encore aptes. Ce n'est donc pas un devoir d'appeler à la vie, dans cet ordre de choses, des entreprises qui ne sont pas encore parvenues au degré de maturité voulue et qui sont en outre dépourvues de toute base solide; mais il faut, par un enseignement donné à propos et au moyen de notions préparatoires, s'y opposer et ramener les intéressés dans la droite voie, si l'on ne veut pas assister aux conséquences les plus désastreuses. En amenant ainsi un certain nombre de personnes à renoncer à leur précédente condition sociale et à rattacher leurs moyens d'existence à une entreprise de ce genre, on les jettera, si elle vient à échouer, dans la plus triste des situations. De plus, et c'est à quoi il y a surtout lieu de réfléchir, l'éclat que produira un seul échec ne suffira que trop à discréditer cette combinaison aux yeux de l'opinion publique.

3.

RAPPORTS EXISTANTS ENTRE LA SOCIÉTÉ DE PRODUCTION ET LES AUTRES BRANCHES DE LA COOPÉRATION.

Si nous réfléchissons un instant aux rapports de la Société de production avec les autres groupes coopératifs, il ne saurait, du moins en général, être question chez nous d'un appui de la part de ces derniers, ainsi que cela a eu lieu en Angleterre de la part des *Sociétés de consommation*. A la vérité, récemment, un certain nombre des plus importantes parmi ces associations ont également chez nous abordé la fabrication de quelques articles destinés à la consommation. Toutefois, il serait chez nous impossible de faire remonter l'origine des Sociétés coopératives de production aux groupes de consommation, en supposant qu'elles fussent des rejetons de ceux-ci, dont elles se seraient ensuite détachées; bien mieux, elles se sont généralement établies d'une façon toute spontanée. Mais, d'autre part, des rapports mutuellement avantageux se sont, dans la suite, et, plus d'une fois, établis entre les unes et les autres. Non-seulement les groupes coopératifs de consommation constituent à l'égard des marchandises dont ils ont besoin pour leurs magasins la clientèle la plus fidèle des Sociétés de production, mais il fournissent de plus à celles-ci l'occasion d'écouler d'autres articles parmi le personnel desdits groupes. En effet, la poursuite d'un même but économique ainsi que l'égalité de condition de la masse des sociétaires de deux branches font que les ouvriers de l'une et de l'autre ont à cœur, rien que par le fait de la sympathie, de favoriser la prospérité mutuelle de leurs associations respectives. De même, des relations de plus en plus suivies tendent à rattacher les établissements coopératifs de production aux *Sociétés d'avances et de crédit* dont la tâche, dès qu'elles en arrivent à cette phase de leur développement où elles deviennent de véritables *Banques du peuple*, est de procurer aux Sociétés de production par des crédits de banque, c'est-à-dire en escomptant leurs effets de commerce, en leur ouvrant des comptes courants, les moyens de fonctionner, de sorte que ces dernières se sont déjà plus d'une fois rattachées aux premières en qualités de sociétaires.

4.

ASSOCIÉS COMMANDITAIRES

Il nous reste encore à faire mention maintenant des *sociétaires commanditaires*. C'est un point qu'il y a lieu, lorsqu'il s'agit de *Sociétés coopératives de production*, de prendre en sérieuse considération à plusieurs égards. Il se trouve assez souvent des personnes que les soins de l'industrie qu'elles exercent détournent de tout engagement direct dans l'entreprise et qui cependant, soit penchant, soit confiance dans la réussite de celle-ci, sont prêtes à y aventurer, à titre de placement, un certain capital. Par le fait d'ailleurs de leur position qui les rend le plus souvent étrangères à la branche d'industrie qu'il s'agit d'exploiter, il ne leur paraît pas prudent d'adhérer à l'association. Peut-être encore, et c'est plutôt là le motif, ces individus craignent-ils de devoir, à raison de la solidarité, répondre sur leurs biens personnels des obligations contractées par la Société, et redoutent-ils de compromettre ainsi les avantages d'une existence déjà assurée en dehors de l'entreprise. Il n'y a aucune combinaison qui paraisse mieux convenir, en pareil cas, que l'institution sanctionnée, du reste, par notre Code commercial, des *associés commanditaires*. (Voir Code général de commerce pour l'Allemagne, art. 250 et suivants.) L'associé commanditaire ne répond donc que jusqu'à concurrence du montant de sa mise. Quant à la part qu'il doit avoir aux bénéfices et aux pertes et quant aux autres rapports avec l'association, le contrat stipulera sur tous ces points de détail. Dans des conditions de ce genre, les conventions n'ont pas à être notifiées au public et doivent même demeurer inconnues du tribunal de commerce. Il n'y a pas non plus lieu de faire mention dans la raison sociale du commanditaire. Celui-ci, en effet, dans la Société à laquelle il a remis sa mise pour en disposer, n'occupe pas tant la position d'un *cointéressé* que celle d'un *créancier* qui, au lieu d'intérêts, aurait stipulé se réserver une part dans les bénéfices et consenti à courir sa part des risques.

Le recours à la *commandite* se montre encore plus avantageux dans un autre cas qui se présente fréquemmont. Au début, l'entreprise, pour toutes les branches de transactions auxquelles elle donne lieu, se meut dans un cercle très étroit. Il en faut chercher la cause, d'une part, dans le faible capital dont elle dispose, de l'autre, dans la circonspection strictement commandée par ce fait qu'en ce qui concerne la grande industrie, la capacité de direction ne peut s'acquérir que graduellement. Il arrive aussi assez souvent que, dans les commencements, les ouvriers qui se sont réunis pour fonder l'établissement n'y puissent trouver tous à la fois à s'employer, et qu'en attendant une portion d'entre eux soit dans la nécessité de continuer à occuper leur ancienne position de salariés chez d'autres entrepreneurs. L'on a, il est vrai, besoin qu'ils puissent concourir à la fondation de l'établissement et contribuer à l'impulsion que demande l'entreprise, le capital qu'ils étaient disposés à placer dans cette affaire, venant à faire défaut, produirait un déficit très considérable, mais aussi les reconnaître publiquement et immédiatement comme membres de la Société, serait aller à l'encontre d'un inconvénient des plus graves. Il s'agit ici de leur renvoi des fabriques et usines entraînant la perte de leur ancienne position de salariés.

Cette mesure deviendrait presque générale du moment où ceux qui leur fournissent du travail apprendraient leur participation à la fondation d'un établissement appelé à faire concurrence à leurs patrons. Mais c'est ce qu'il est impossible d'éviter, car l'exposition publique de la liste des sociétaires, pour les groupes coopératifs sujets aux formalités de l'enregistrement, a lieu inconditionnellement de la part du tribunal, de même que d'un autre côté personne n'est en droit de s'enquérir de quoi que ce soit relativement aux commanditaires. C'est pourquoi, en raison d'un pareil état de choses, sur les conseils de l'auteur, on a eu recours à l'expédient suivant, qui consiste à admettre les cointéressés que la Société ne pourra occuper au début, et jusqu'au moment où cela deviendra possible, à titre de commanditaires, en réglementant leurs rapports avec l'association au moyen d'un contrat et en leur accordant une certaine influence sur les affaires de l'établissement. Nous avons, dans l'Appendice faisant suite au chapitre 1ᵉʳ de la présente division de l'ouvrage, publié un *projet de contrat* conçu en vue de ce dernier cas, car l'importance de la chose rend désirable la réglementation écrite d'une transaction de ce genre, bien que le Code général de commerce de l'Allemagne s'en soit abstenu. Que ce modèle de contrat puisse, à quelques modifications près exigées par la nature des choses, servir de base à la convention qu'il pourrait y avoir lieu de faire avec des commanditaires de la première catégorie, c'est ce qu'on aura nulle peine à comprendre.

5.

INFLUENCE DE LA SOCIÉTÉ COOPÉRATIVE DE PRODUCTION SUR LA SITUATION DES OUVRIERS

Comme conclusion à la discussion des cas que l'on est en général amené à supposer devoir se produire dans cette branche la plus importante de la coopération, quelques mots encore sur l'avenir et sur l'influence qu'elle est appelée à exercer à l'égard d'une transformation de la condition des ouvriers, nous paraissent ici tout à fait à leur place.

Si, d'une part, grâce à la fondation d'un nombre assez considérable de Sociétés coopératives de production nées viables et uniquement dues à l'initiative des ouvriers, l'on démontre l'inanité du dogme socialiste d'après lequel les combinaisons de ce genre seraient matériellement impossibles, que l'on se garde toutefois de tomber dans l'extrême opposé et de prétendre que la coopération représente la *forme dominante de l'industrie dans l'avenir*. De tout temps, l'entrepreneur doué d'intelligence et en possession d'un capital suffisant, rien que par le fait de la nécessité de l'unité de direction conservera, à l'égard des combinaisons collectives, un avantage considérable. Mais, même en reconnaissant que le nombre des groupes coopératifs de production devra, par suite, toujours être relativement restreint, il arrivera toutefois et nécessairement qu'ils ne pourront manquer d'exercer une influence bienfaisante sur la situation des classes ouvrières à laquelle nous faisions tantôt allusion. Cette forme nouvelle de l'industrie suppléera, dans une certaine mesure, au principal avantage que présentait l'ancienne organisation corporative qui, en raison des progrès incessants de la grande industrie, disparaît de plus en plus. Nous voulons parler des rapports réciproques qui existaient autrefois entre le patron, en tant qu'entrepreneur, et ses ouvriers apprentis et compagnons, et qui laissaient à ces derniers la perspective, dans le cours ordinaire des choses, de devenir, tôt ou tard, *patrons* à leur tour. Ces rapports, c'est là un fait qui saute aux yeux, devaient puissamment contribuer à empêcher qu'il se creusât un abîme aussi effrayant que celui qui sépare aujourd'hui les deux classes de l'industrie moderne. Si donc, ceux d'entre les ouvriers qui forment la partie la plus intelligente et l'élément le plus sain de leur classe, entrevoient de plus en plus dans la coopération même, un moyen d'arriver à l'indépendance industrielle, si, pour atteindre à ce résultat, ils sont amenés, à leur tour, à envisager plus sérieusement la tâche de l'entrepreneur et la nature des rapports qui découlent de cette qualité, n'est-il pas évident que cela devra avoir comme conséquence l'amélioration de la situation générale, une plus juste appréciation des services mutuels et une plus grande modération dans les prétentions réciproques ? Mais, même au point de vue matériel du salaire et des conditions de l'offre et de la demande, l'existence des Sociétés coopératives de production devra avoir un contre-coup favorable, même pour les ouvriers qui seront restés en dehors du mouvement coopératif. En effet, les chefs d'industrie, afin de retenir dans leurs fabriques les ouvriers les plus habiles et les plus capables, qui sont précisément ceux qui possèdent au plus haut degré les aptitudes nécessaires à la formation d'institutions coopératives et qui s'y sentent le plus portés, se verront dans la nécessité croissante de faire des concessions à cet effet. C'est alors que se naturalisera, pour ainsi dire, le système conçu à l'origine de l'évolution, nous voulons parler de la *participation des salariés aux bénéfices*, qui sera suivie plus tard de l'*admission des ouvriers dans les entreprises à titre de coassociés.*

Et n'est-ce pas là la voie qui conduira à la forme plus noble et plus parfaite de la Société coopérative de production, où les facteurs de l'industrie moderne, c'est-à-dire la capacité technique et commerciale, l'organisation du travail par les agents mécaniques ou physiques et le capital, s'appuyant naturellement dans l'entreprise commune, auront respectivement la place qui leur est dévolue et où tout individu se trouvera rétribué en raison de ses services ? En réalité. le nivellement des inégalités de classes et l'augmentation de la puissance productive de l'industrie, avec la prodigieuse et bienfaisante influence qu'elle exerce déjà par contre-coup sur les progrès de notre siècle au point de vue économique, humanitaire et social, elle est la perspective qui se déroule à nos yeux : jamais il n'y en eut de plus belle.

CHAPITRE PREMIER

Sociétés coopératives pour les produits industriels.

————

Après l'exposé préliminaire des faits historiques relatifs aux Sociétés coopératives de production en général, nous allons maintenant faire connaître aux lecteurs, dans tous ses détails, l'organisation spéciale à cette catégorie d'associations productives qui sont jusqu'ici propagées sur une plus grande échelle et qui ont, du reste, acquis le plus d'importance à raison du rôle qu'elles jouent au point de vue de la question brûlante de notre siècle. Il s'agit évidemment ici de ces combinaisons grâce auxquelles les artisans et les ouvriers se groupent en vue de se livrer directement, pour leur propre compte et à leurs risques, à la fabrication en grand des produits de leurs industries respectives. Que contrairement aux affirmations des socialistes et 'en dehors même des faits qui se sont produits en *Angleterre*, les entreprises de ce genre puissent réussir, c'est ce que constatent aujourd'hui, dans notre pays même et de la façon la plus irréfutable, les nombreuses tentatives couronnées de succès auxquelles les ouvriers allemands ne cessent de se livrer.

Ici encore, de même que dans les précédentes divisions de cet ouvrage, nous rattacherons les propositions que nous formulerons et les explications dans lesquelles nous entrerons aux *statuts-types* qui figurent à l'appendice faisant suite à ce chapitre. On y trouvera toute l'organisation divisée dans ses diverses parties, ainsi que l'exige la nature des matières.

Cette méthode est, en effet, celle qui a paru répondre le mieux à l'intelligence des personnes intéressées dont le premier mouvement est toujours d'aller consulter les statuts.

Nous renverrons, en conséquence, à la première division de cet ouvrage, pour ce qui a trait à la *fondation* de ces Sociétés, à la *raison sociale*, et aux *autres points généraux*, nous bornant à ne traiter spécialement dans les paragraphes suivants, à l'occasion de ces associations, que des questions importantes.

1.

LES ORGANES DE LA SOCIÉTÉ COOPÉRATIVE DE PRODUCTION N'AYANT QU'UN PETIT NOMBRE DE MEMBRES.

Contrairement à la méthode que nous avons d'ailleurs suivie, nous devons introduire ici, dans la discussion, une distinction entre les Sociétés qui ne recrutent qu'*un petit nombre de membres* et celles qui forment *des groupes considérables*, pour nous occuper de préférence des premières. Ce sont, du reste, les plus nombreuses en règle générale, et ce n'est guère que dans des cas isolés et le plus souvent à la longue qu'il est donné de constater une augmentation do leur personnel. C'est donc en vue de ces Sociétés à personnel restreint, flottant entre 6 et 10 membres, ainsi que cela résulte des faits, qu'ont été rédigés les modèles de statuts, formulaires, etc., que nous avons joints à l'appendice, et que nous allons examiner, car la réglementation établie dans les précédents chapitres y doit subir des modifications profondes.

A. — *Suppression du Comité de délégation.*

Il faut, de toute nécessité, songer à restreindre le nombre des fonctionnaires de la direction et de la délégation, car dans le cas qui nous occupe, les sociétaires ne suffiraient pas pour remplir le nombre des places que les usages ont établies en vue du fonctionnement de ces deux organes, ou tout au moins les membres qui resteraient alors se trouveraient en comparaison des fonctionnaires réduits au point qu'il n'y en aurait pas assez pour représenter la collectivité, ou même pas du tout. Cette diminution dans les emplois qui par elle-même simplifie déjà la marche des affaires, est en outre non-seulement rendue facile au plus haut degré, mais encore commandée par le fait que les coopérateurs travaillent d'ordinaire ensemble dans un même atelier, et se trouvent ainsi en position d'être constamment renseignés sur la situation de l'entreprise, et d'intervenir collectivement au besoin. Cette circonstance a conduit à transférer le droit de contrôle, dont on ne peut se passer, des mains de la délégation à celles de l'*assemblée générale*, la corporation, dans le cas dont il s'agit ici, ne dépassant que bien rarement le nombre des membres dont se compose, suivant les usages le Comité de délégation, ce dernier organe se trouvant ainsi complétement supprimé.

Mais, par suite, on a été amené, pour qu'il fût possible de faire usage de cette faculté de contrôle, à autoriser, en dehors de toute intervention de la direction, la convocation de l'assemblée générale en tout temps et à prendre des mesures pour que celle-ci fût assurée de la présentation de certains travaux préparatoires qui lui sont indispensables pour l'exercice de son droit de surveillance.

B. — *Le Réviseur.*

La dite surveillance s'obtient facilement au moyen de la nomination d'un employé spécial, en se conformant à l'esprit du paragraphe 70 de la loi sur les associations coopératives. Nous voulons parler ici du réviseur qui, en vertu des paragraphes 22 et suivants des statuts-types, réunit en sa personne tous les pouvoirs conférés à la délégation, dans le but d'être constamment renseigné sur la situation des affaires de la Société, à l'exception toutefois du droit d'intervenir directement dans les cas d'irrégularités constatées. Il devra, au contraire, en pareille circonstance, saisir des faits l'assemblée générale, qu'il est en son pouvoir de convoquer en tout temps. Attribuer au réviseur individuellement les autres pouvoirs qui s'étendent jusqu'à la faculté de suspendre la direction de ses fonctions, n'était certes pas chose très praticable. Par contre, c'était lui, en raison de la précision des renseignements qu'il lui est donné d'obtenir, qu'il convenait de charger de la rédaction des rapports trimestriels et de fin d'année sur l'état des affaires et à qui il fallait confier en outre le soin de faire, à l'occasion de ces derniers rapports et après s'être préalablement entendu avec la direction, les propositions qu'il pourrait y avoir lieu d'émettre. De la sorte, les différends qui peuvent surgir entre cet agent de la Société et les directeurs viendront régulièrement devant l'assemblée générale.

C. — *Dualité de la Direction.*

A l'égard des dispositions statutaires relatives aux pouvoirs et à la responsabilité de la direction, nous renvoyons pour les points généraux au contenu de la première section de cet ouvrage, page 5, et à celui de la seconde section, page 78, et nous nous bornons à mentionner ici les quelques modifications qu'entraîne avec soi la limitation au nombre de deux des membres de la direction. Que ce nombre restreint de directeurs soit suffisant pour la surveillance des travaux au point de vue administratif, dans une entreprise dont les opérations, au début, sont si peu étendues, et que, même par rapport aux appointements, il serait à désirer de pouvoir aller plus loin dans cette voie, c'est là une chose hors de doute, mais qui n'est toutefois pas permise. En effet, par les raisons exposées dans la deuxième division de cet ouvrage, pages 79 et 80, on ne peut se passer en aucun cas de la double signature des directeurs, car c'est dans cette disposition que réside la seule garantie efficace contre les procédés arbitraires auxquels pourrait se livrer tel ou tel membre de la direction agissant de son chef. Or, la condition même que seulement la signature des directeurs peut engager légalement la Société coopérative laisse supposer que ceux-ci sont au nombre de deux au moins.

Comment peut être obtenue la répartition des fonctions entre les directeurs par suite de cette mesure, c'est ce dont il est facile de se rendre compte par les diverses parties des statuts-types.

D. — *Appointements des Directeurs.*

Au sujet de la nécessité absolue où l'on est d'assigner aux directeurs un traitement, nous renvoyons une fois de plus aux considérations émises dans la deuxième division, page 110; seulement le mode de payement et de prélèvement de ces appointements doit être réglementé différemment. Les directeurs placés à la tête de l'entreprise sont eux-mêmes des ouvriers qui renoncent à utiliser pour leur propre compte leur temps et leur capacité, afin de les consacrer à la gestion des affaires de la Société; c'est donc à celle-ci qu'ils sont obligés de s'adresser pour l'entretien de leur existence, mais ils ne pourraient pas se contenter d'un tant pour cent sur les revenus éventuels des opérations, si on ne leur garantissait sur ceux-ci un minimum répondant au moins au salaire des meilleurs ouvriers. Quoi qu'il en soit, le système qui consiste à allouer, à titre de traitement, un tant pour cent, n'est, en thèse générale, guère applicable dans le cas actuel. En effet, du moment où l'on saisira la portée des propositions dont nous donnons les raisons au paragraphe 4, et qui, relatives à la répartition des bénéfices, ont donné lieu aux dispositions des paragraphes 55 et 56, l'on reconnaîtra qu'il y a déjà lieu à un prélèvement de tant pour cent sur les revenus, en vue d'une répartition entre tous les ouvriers, sans exception, qui prendront part aux travaux de l'atelier coopératif. Il est, en conséquence, plus conforme au but qu'on se propose de fixer sur-le-champ le chiffre du traitement des directeurs d'après le temps qu'ils auront à consacrer aux affaires projetées, de sorte qu'ils obtiennent une rétribution au moins égale à celle à laquelle ont droit les meilleurs ouvriers dans le même laps de temps. Si les occupations administratives n'absorbent pas tout le temps dont pourraient disposer les directeurs, de sorte qu'ils puissent prendre part aux travaux qui s'exécutent dans les ateliers de la Société, ils recevront alors le salaire qui leur reviendra pour ces travaux d'après le tarif commun, et ne pourront prétendre à une rétribution fixe et déterminée que dans la mesure du temps consacré aux soins de la direction.

Cette disposition est également applicable au *réviseur* et aux *fondés de pouvoirs*, car ceux-ci devront également être indemnisés en raison des heures employées dans l'exercice de leurs charges et sur la base du chiffre le plus élevé des salaires. Du moment ensuite où l'un des membres de la direction ou même tous les deux ne pourront s'occuper que des affaires de la Société, à l'exclusion de toutes autres, la chose se trouvera, dès lors, simplifiée par l'allocation d'un traitement fixe. Ce traitement, dans tous les cas, devra être porté à un chiffre supérieur au total des salaires d'un ouvrier pendant la même période, en raison des conditions de responsabilité et de capacité que doit présenter la direction. A l'endroit de la répartition des bénéfices, basée sur les chiffres auxquels s'élèveront les salaires et les émoluments, les directeurs ainsi que les autres employés y auront tout naturellement part, comme s'il s'agissait de tous autres ouvriers.

E. — *Représentation par un fondé de pouvoirs.*

Tout en renvoyant le lecteur à ce qui a été exposé dans la deuxième division, page 81, au sujet de la nomination d'un *représentant* en cas d'empêchement des directeurs, nous avons toutefois à appeler son attention sur les considérations suivantes : comme notamment en raison de l'introduction d'une double signature, dès que l'un dés deux membres de la direction se trouverait empêché, les affaires seraient immédiatement suspendues, il a bien fallu songer à faire intervenir un remplaçant. Maintenant, pour ne pas être, dans les cas d'*empêchements passagers* de l'un des directeurs, exposé chaque fois à des élections gênantes et coûteuses, à une série de notifications auprès du tribunal de commerce, tantôt par suite de l'entrée en charge du suppléant, tantôt par le fait de la cessation de ses fonctions, la nomination d'un *fondé de pouvoirs*, en qualité d'adjoint, a paru dans de tels cas, conformément aux dispositions du paragraphe 30 de la loi sur les Sociétés coopératives, l'expédient le plus convenable. Nous avons donc cru devoir prescrire cette mesure dans le paragraphe 18 des statuts-types, en exigeant toutefois, cela se comprend, l'approbation de l'assemblée générale.

La *procuration*, comme tous les documents de nature à engager la Société, devra être ratifiée par les deux directeurs. Elle sera générale en ce qui concerne l'autorisation de signer conjointement avec l'un des directeurs, au cas où elle devrait être valable non pour une affaire spéciale, mais pour toutes les affaires qui pourraient survenir. En vue d'éviter qu'il n'en soit fait mauvais usage, il paraît prudent de ne remettre l'acte de procuration entre les mains du fondé de pouvoirs qu'au moment même de son entrée en charge et pour le temps seulement pendant lequel il exercera ses fonctions; celles-ci. venant à cesser, il devra aussitôt être retiré. Il est aussi utile, au commencement et à la fin des fonctions intérimaires du remplaçant, d'en donner connaissance par un écriteau apposé dans le local même de la Société, et quand il existe des affaires ayant de nombreuses ramifications au dehors, d'en informer le public par la voie de la presse. A l'occasion des règlements d'affaires avec des tiers, lorsqu'il y aura lieu pour le fondé de pouvoirs de donner sa signature, il devra chaque fois, pour la régularité, produire sa procuration ; par contre, il n'a ni notification à faire au tribunal de commerce ni signature à communiquer aux magistrats.

F. — *L'Assemblée générale.*

Les formalités relatives aux assemblées générales sont d'ordinaire partout les mêmes; nous renvoyons donc pour les points généraux aux statuts-types qui, à cet égard, ne s'écartent pas de ceux du chapitre précédent, nous bornant ici à faire ressortir quelques détails.

Qu'il soit nécessaire d'autoriser le *réviseur*, qui ici remplace la délégation. à convoquer en tout temps, de concert avec les directeurs, l'assemblée; qu'il convienne, en outre, de l'autoriser à en diriger, conjointement avec ces derniers, les débats, si l'on ne veut frapper à l'avance de stérilité les décisions de la Société coopérative et la livrer à la merci de la direction, c'est ce qui n'a nul besoin de commentaires. Bien plus, il faut reconnaître dans une même mesure au personnel de chacun de ces deux organes, c'est-à-dire au réviseur et aux directeurs, dans le cas où des différends surgiraient, la faculté d'en saisir l'assemblée générale. D'après le paragraphe 31 de la loi sur les Sociétés coopératives, rien ne s'oppose à ce que ce droit soit accordé au réviseur.

Un autre point bien autrement contesté, en ce qui concerne les Sociétés coopératives de production, se rattache à une question de pure pratique, à savoir : si les invitations aux assemblées générales doivent se faire par *les feuilles publiques* qu'il est d'usage de désigner *pour les notifications auxquelles est tenue la Société coopérative*. Ces feuilles doivent être indiquées dans les statuts. (Voir paragraphe 3, n° 11 de la loi sur les associations coopératives.)

Il est formellement question, aux paragraphes 26 et 36 de la loi, des notifications auxquelles nous venons de faire allusion, et dont l'insertion doit avoir lieu dans les feuilles publiques, et à cet égard le juge du tribunal de commerce a été autorisé par le paragraphe 66, à y astreindre la direction au moyen de dispositions pénales.

Cette faculté conférée au juge de faire exécuter les prescriptions relatives aux publications de cette nature ne s'étend toutefois, en aucune manière, aux invitations motivées par les réunions en assemblée générale. Bien mieux, la loi, par le paragraphe 3, n°° 3 à 8, se borne à exiger à cet égard que les statuts, c'est-à-dire le contrat d'association, contiennent seulement des dispositions au sujet des formalités de convocation. Ces dispositions devront être prises en toute liberté et ne se rattachent nullement à la publication prescrite, vu la teneur du paragraphe 3, n° 11, relativement aux communications et notifications obligatoires. C'est, du reste, ce que confirme la déclaration contenue dans le paragraphe 32, en vertu de laquelle : « La convocation de l'assemblée générale devra avoir lieu en la forme prescrite par le contrat d'association. »

En réalité, si l'on examine de plus près la question, l'on ne tardera pas à reconnaître la différence qui existe entre cette convocation et les notifications soumises, en vertu des paragraphes 26 et 36 de la loi, aux formalités de publication. Tandis que les communications dont il s'agit ici, et qui sont relatives aux *variations* du personnel de la Société coopérative que l'on aura constatées à la fin de l'année ou bien encore à la liquidation, au cas où elle viendrait à être décidée, sont de la plus haute importance pour le public en relations d'affaires avec la Société; qu'elles sont, en ce qui concerne cette dernière, la condition indispensable pour donner une base à la garantie solidaire ou aux poursuites judiciaires que l'on pourrait avoir à lui intenter, la convocation en assemblée générale n'est, en somme, qu'une question d'*organisation intérieure* qui ne regarde que les sociétaires, et dont le règlement doit être exclusivement abandonné à leurs soins.

Puisque nous sommes amenés à nous prononcer pour la complète liberté de règlement sur ce point, nous ajouterons qu'il n'est aucune catégorie de

Sociétés coopératives à qui cette mesure convienne à un aussi haut degré que celles dont nous traitons ici. Non-seulement le faible nombre des sociétaires, mais bien mieux encore la circonstance que la plupart d'entre eux travaillent ensemble dans un même atelier, fait que la convocation par l'intermédiaire des journaux paraît absolument hors de propos et même tout à fait dénuée de sens. Laissant de côté la question des frais, il se produira toujours, en raison du temps nécessaire pour que l'insertion puisse paraître et que le journal soit distribué, un retard de plusieurs jours qui, dans un cas comme celui qui nous occupe, où l'assemblée générale intervient, dans une certaine mesure, au lieu et place de la délégation, et où les décisions les plus promptes peuvent être commandées par des circonstances peut-être de la plus haute gravité. Eh quoi! l'on a, à toute heure du jour, les sociétaires sous la main dans *un même local*, et on les convoquerait par l'entremise des journaux que la plupart d'entre eux ne lisent pas, du moins d'une manière régulière! N'est-il pas plus sûr d'apposer un écriteau dans *le local même* où est le siége de la Société, dans un endroit des ateliers où cet avis puisse être aperçu de tous? Au besoin, l'on complétera cette mesure pour les quelques membres qui pourraient n'être pas employés dans l'établissement coopératif, mais qui cependant se trouveraient sur les lieux, par l'envoi d'une circulaire à la main qu'on fera parvenir aux intéressés par une voie sûre, et dont ils auront à délivrer un accusé de réception. Dans l'hypothèse maintenant où, en raison de circonstances tout à fait particulières, quelques-uns des membres seraient établis hors de la localité, nous conseillerions alors de leur imposer, lors de leur admission dans la Société, en l'insérant dans les dispositions statutaires, l'obligation de désigner, parmi leurs co-sociétaires de la localité où se trouve l'atelier coopératif, un fondé de pouvoirs qui s'engage à recevoir, en tout temps, les lettres d'invitation qui leur seraient destinées et à leur en donner connaissance.

A cet égard, nous recommanderons enfin de se conformer à la prescription générale contenue dans le paragraphe 34 des statuts-types, d'après laquelle tous les membres présents à l'assemblée générale, et il est bien rare, quand il s'agit de Sociétés coopératives de production, que l'on ait à constater l'absence d'un membre, soient tenus de signer le procès-verbal et de reconnaître ainsi qu'ils ont pris connaissance des décisions arrêtées dans la réunion. De la sorte, même en supposant des vices de formalité, les résolutions prises ne sauraient être l'objet d'aucune contestation. Qu'au nombre des mesures dont l'exécution est indispensable pour prouver la légalité de *l'invitation*, il faille ranger l'obligation de conserver, conformément au paragraphe ci-dessus, les pièces originales relatives aux différentes convocations, c'est là un point que nous devons tenir pour connu des intéressés.

II

LES ORGANES DE LA SOCIÉTÉ COOPÉRATIVE A PERSONNEL NOMBREUX

C'est une chose évidente que du moment où le nombre des individus groupés en Société de production devient considérable, l'on voit s'évanouir le motif principal des modifications proposées dans le paragraphe précédent à l'égard de l'organisation. d'ailleurs conforme aux principes coopératifs, desdites Sociétés, car le personnel nécessaire pour remplir les différents emplois que l'usage a établis pour le fonctionnement des Comités d'administration et de contrôle, cessera de faire défaut. Outre que l'on obtient ainsi la possibilité de revenir à l'ancienne organisation que le temps a sanctionnée, on y est, au surplus, contraint par la nécessité. En effet, le grand nombre des membres rendrait déjà difficile à l'assemblée générale l'exercice des fonctions qui lui seraient dévolues, par suite des détails de surveillance dont celles-ci se trouveraient compliquées, mais la difficulté serait encore accrue par les obstacles auxquels on se heurterait si l'on voulait réunir les coopérateurs dans un même local, à l'effet de procéder plus facilement et en tout temps aux convocations fréquentes qui seraient indispensables.

A. — *La Délégation.*

Ces considérations rendent avant tout nécessaire l'établissement d'un *Comité de délégation*, c'est-à-dire d'un Conseil de contrôle ou d'administration qui, non-seulement, à l'instar du *réviseur*, prend les mesures préliminaires pour les travaux qu'il y a lieu de faire et les dirige, mais bien plus, en sa qualité d'organe indépendant, en entreprend l'exécution conformément aux attributions qui lui sont conférées par le paragraphe 28 de la loi sur les Sociétés coopératives. L'assemblée générale se trouve, par conséquent, réuntégrée dans les fonctions qui lui reviennent de droit, c'est-à-dire celles de juge suprême et sans appel sur toutes les questions générales, et n'a plus, dès lors, à statuer que dans les circonstances où sont en jeu les plus graves intérêts, ainsi que cela est expliqué, en y déduisant les motifs à l'appui, dans la deuxième division. (Voir page 85.)

Naturellement la *délégation*, pour pouvoir agir en tant que *corps délibérant*, doit être composée de trois personnes au moins. Cette combinaison est d'ailleurs rendue nécessaire par l'obligation de signer, qui lui est imposée en sa qualité de *Conseil* d'administration ou de surveillance, et en outre en raison des pouvoirs considérables qui lui sont attribués par la loi et qui vont jusqu'à autoriser la *révocation provisoire des directeurs*, du moment où elle le juge utile. Comment pourrait-on livrer à l'arbitraire d'une seule personne de pareilles prérogatives?

Il résulte de ces considérations la nécessité de modifier sur les points les plus importants les statuts-types de l'appendice ci-après, rubrique A, qui avaient été conçus en vue d'une Société composée d'un petit nombre de membres. Les modifications dont il s'agit ici ont été l'objet d'une rédaction spéciale et ont été ajoutées à part, à la suite de ces mêmes statuts, sous la rubrique B. On a également eu égard aux observations faites au point de vue général dans les précédents paragraphes (pages 25, 84 et suivantes) relativement au mode d'élection à la composition, au fonctionnement et aux pouvoirs du susdit Comité de délégation appelé, dans le cas dont nous traitons, à remplacer le réviseur, dont la charge se trouve abolie, et on a eu soin d'adapter les dispositions que contenaient lesdits paragraphes aux besoins spéciaux des Sociétés coopératives de production.

B. — *La Direction.*

Convient-il, en établissant un Comité de délégation, de porter le chiffre du personnel composant la direction, comme c'est du reste l'usage, au nombre de *trois membres*, ou bien faut-il maintenir pour ce personnel le nombre de *deux membres*, indispensable pour la double signature? C'est un point qui dépendra, en dehors de la rapidité avec laquelle la Société se recrutera, de l'étendue et du rendement financier des opérations commerciales de l'entreprise coopérative ; car, ici, l'augmentation des travaux administratifs fait surgir la question de rétribution à laquelle, nous l'avons déjà vu, il est impossible, quelque conjoncture que l'on suppose, de se soustraire.

La situation des affaires permet-elle que trois directeurs aient suffisamment d'occupations administratives et qu'en outre ils puissent être rétribués; dans ce cas, nous recommanderons formellement cette combinaison par les motifs qui ont déjà été précédemment développés (pages 78 et 79), et nous avons, en conséquence, indiqué les dispositions nécessaires à cet égard par une addition aux statuts, sous la rubrique B. Par suite, l'on aura trois directeurs à élire, soit :

Le gérant,

Le caissier,

Le directeur du magasin.

Ceux-ci expédieront les affaires au fur et à mesure, en prenant leurs décisions à la pluralité des voix. Ils auront la signature sociale, chacun d'eux devant être co-signataire avec l'un de ses autres collègues. La répartition des fonctions spéciales à chacun se fera d'une façon tout à fait analogue à ce qui a déjà été indiqué dans les précédentes explications relatives aux Sociétés coopératives de matières premières, sauf les modifications qui résulteront de la différence qui existe entre la tâche des premières et celle des groupes coopératifs de production. Entre autres choses, l'on fera disparaître de l'organisation dont il est ici question, les fonctions de fondé de pouvoirs, lequel, conformément au paragraphe 18 des statuts-types (voir lettre A), était substitué au directeur en cas d'empêchement. En effet, la direction se composant ici de trois personnes, le remplacement de l'une par l'autre peut toujours avoir lieu sans qu'il soit apporté d'obstacle à la double signature.

La charge de fondé de pouvoirs permanent étant abolie, il convient de permettre la nomination de *fondés de pouvoirs* et de *commissions* en vue de l'exécution d'un mandat spécial ; cette autorisation a déjà été donnée dans le paragraphe 23 des statuts-types aux Sociétés coopératives de matières premières.

L'ASSEMBLÉE GÉNÉRALE

A l'égard de la *convocation* et de la *direction* de l'assemblée générale, la délégation est, sous tous les rapports, substituée aux lieu et place du *réviseur*, ainsi qu'il est dit dans les statuts-types à la lettre A. Nous renvoyons donc, en ce qui concerne ces deux points, de même que pour les formalités de convocation, aux prescriptions établies à l'endroit des Sociétés coopératives de matières premières. (Voir pages 52 et 53.)

Si la corporation atteint à un chiffre considérable de membres, et que ceux-ci ne soient pas concentrés pour leurs travaux dans un seul atelier, le plus souvent la convocation par l'intermédiaire des feuilles publiques devra être préférée à l'avis par circulaire ou à l'apposition d'un simple écriteau, car il sera alors plus facile d'établir la légalité de l'invitation au moyen du numéro de l'exemplaire original qui aura servi à l'insertion.

L'affichage de l'avis de convocation dans le local même où se trouve l'atelier coopératif n'en restera pas moins une excellente mesure, bien que secondaire. A l'égard de la signature des procès-verbaux, s'il y a des difficultés à l'obtenir de tous les coopérateurs présents aux réunions, l'on se conformera aux dispositions du paragraphe 46 des statuts, relatifs aux Sociétés coopératives de matières premières.

3.

LA QUALITÉ DE SOCIÉTAIRE

A. — *Admission.*

Le lien intime **existant** entre les membres des Sociétés coopératives de production, et qui non-seulement amène des relations personnelles et directes entre eux, mais qui, en outre, a sa raison d'être dans la nécessité où ils sont de s'appuyer mutuellement le plus possible en vue du succès de l'entreprise commune, fait regarder comme indispensable le consentement unanime de tous les membres lorsqu'il s'agit d'admettre dans le groupe un nouveau sociétaire.

Quand il sera question de l'agrandissement de la Société, il ne faudra pas moins qu'au début examiner mûrement si les individus se conviennent entre eux, et si, en admettant telle ou telle personne, un élément de trouble ou dangereux à un point de vue quelconque ne viendra pas exercer une influence nuisible.

Par ces motifs, et sans s'arrêter à la suppression ou non suppression de la délégation, même quand il s'agirait des Sociétés à personnel nombreux de cette branche de la coopération chez lesquelles toutefois le nombre des membres est, de nos jours, encore loin d'atteindre à celui des autres groupes coopératifs, l'on attribuera, en vertu des statuts-types, à l'assemblée générale le droit d'admettre ou de refuser les nouveaux sociétaires, et l'on exigera en outre, pour les décisions qu'il y aura lieu de prendre à cet égard, une majorité des cinq sixièmes de la totalité des membres. Cette condition aura, par rapport à la plupart des petites associations, ce résultat, qui ne présente du reste aucun inconvénient, que l'opposition qui pourrait se produire de la part de deux ou trois sociétaires ne serait pas de nature à empêcher l'admission d'un nouvel adhérent. Cela, au surplus, est tout à fait dans l'ordre des choses. Si l'on ne croit pas, en effet, devoir exiger, dans ce cas, l'assentiment unanime des sociétaires, afin de ne pas avoir à tenir compte de l'opposition isolée d'un ou deux des coopérateurs, et pour ne pas ouvrir ainsi la porte à des chicanes de personne, l'avantage qui résulte de l'adhésion d'un nouveau membre doit toutefois être considérée comme secondaire, en présence du danger de voir se retirer du groupe plusieurs des anciens membres.

B. — *Sortie des membres et délais de notification.*

Relativement au *droit de quitter à volonté* la Société, on a pris soin d'établir, par le paragraphe 37 des statuts-types, *le plus long délai* entre le jour de la notification et l'époque de la sortie même. La nécessité de ne pas exposer la Société à changer trop souvent de local exige que le contrat d'association, ainsi qu'il y est pourvu par le paragraphe 2 des statuts, soit conclu pour un temps déterminé, afin que les termes *des baux* puissent coïncider avec la durée dudit contrat. Cependant, malgré la précaution prise de spécifier ainsi un laps de temps précis, on ne pourrait empêcher les membres qui voudraient se prévaloir de l'article 38 de la loi sur les Sociétés coopératives, de sortir de l'Association avant le terme assigné à sa durée.

L'on ne peut donc parer à cette fâcheuse éventualité qu'en fixant, entre l'avis de sortie et la sortie elle-même, un certain délai plus ou moins long et accompagné des conditions particulières que l'on jugera à propos d'établir, la loi laissant toute latitude à cet égard. L'on devra, par conséquent, à raison des circonstances auxquelles nous venons de faire allusion, prendre les mesures voulues pour faire face aux éventualités dont nous venons de parler.

C. — *D'une admission ultérieure de nouveaux sociétaires.*

Il y a lieu d'entrer ici dans une discussion particulière relativement aux prétentions que l'on a formulées, de plusieurs côtés à la fois, au sujet du droit d'admettre ou de refuser de nouveaux sociétaires vis-à-vis des Sociétés de cette catégorie qui sont parvenues à se créer une base solide d'existence et qui rapportent de beaux revenus à leurs membres.

Nous n'examinons pas en ce moment si de telles prétentions sont fondées ou non ; quoi qu'il en soit, il arrive fréquemment, même lorsque l'entreprise est susceptible de se développer encore, même lorsqu'elle se développe effectivement, qu'on prend le parti d'interdire complétement l'admission de nouveaux membres, et qu'au lieu de ceux-ci on préfère engager des ouvriers salariés, vis-à-vis desquels les anciens coopérateurs, bien que le travail continue, du reste, à se faire en commun, jouent exclusivement le rôle d'*entrepreneurs*.

Reconnaître à qui que ce soit, et sous un prétexte quelconque, le droit de se faire recevoir, dans des cas analogues à ceux dont nous parlons, membres d'une Société, c'est là une idée qui ne peut germer que dans le cerveau des réformateurs socialistes, et il en est à cet égard de même que de *leur droit de créer un atelier universel avec les fonds de l'État*, c'est-à-dire aux frais des autres citoyens. Doit-on maintenant taxer *d'iniquité* la résolution des membres d'une Société qui se trouve dans le cas cité plus haut, de se refuser à admettre de pareilles prétentions ? Eh quoi ! ils auront, à force de sacrifices et par un dur travail, assuré l'avenir de leur entreprise, ils l'auront rendue fructueuse au point de vue des bénéfices, et d'autres, après les avoir laissés dans l'embarras lorsqu'il s'agissait de donner l'impulsion première à l'affaire et qu'on s'efforçait péniblement de réunir des adhérents et des fonds, viendraient maintenant prendre leur part de la moisson que les premiers, réduits à eux-mêmes, avaient semée et cultivée à la sueur de leurs fronts en endurant des privations de toute sorte! En vérité, on se sent bien près de conseiller aux pétitionnaires de reprendre le chemin parcouru par leurs devanciers, afin qu'à leur tour, en prenant exemple d'après l'expérience qui a été faite et qu'a couronnée le succès, ils aient, eux aussi, à s'efforcer d'atteindre au même but par leur propre capacité et par leur persévérance.

Bien qu'il soit impossible de nier la justesse de ce point de vue, il ne faut cependant pas méconnaître que la question demande à être envisagée sous une autre face. Certes, l'on a, *à priori*, de bonnes raisons pour procéder plus prudemment en ce qui concerne l'admission de nouveaux membres dans une Société coopérative dont l'existence est déjà assurée, que s'il s'agissait d'une autre encore en voie de formation et où l'on a besoin, en vue d'augmenter le capital d'exploitation, d'augmenter le personnel qui la compose. Mais, même dans le premier cas, conclure d'une façon absolue n'est pas sans un côté dangereux. L'adjonction d'individus jeunes et habiles, en apportant à la Société les moyens de se renouveler incessamment et en même temps en l'encourageant et en ranimant son ardeur, n'est pas sans utilité; d'ailleurs, on évite ainsi de se laisser écraser ou atteindre partiellement par la concurrence que pourraient faire, en raison de leurs capacités, les personnes en question, si on les poussait, par un refus, à fonder, pour leur propre compte, une entreprise de même genre.

D. — *Admission après un stage.*

L'influence de ces considérations, et bien plus encore le véritable esprit de la coopération qui se répand de plus en plus au sein des classes ouvrières de l'Allemagne, ont fait que le système de *l'exclusion*, du moins parmi le plus grand nombre des Sociétés coopératives de production fondées dans ces derniers temps, a trouvé fort peu de partisans. Bien mieux, là surtout où l'extension des opérations le comporte, on ne s'oppose nullement à l'admission de nouveaux membres, bien que celle-ci, naturellement, ne puisse avoir lieu qu'à de certaines conditions. Et l'on a reconnu, comme formant la condition la plus propre à garantir la Société coopérative contre tout préjudice, sauf le cas où il s'agirait d'une personnalité dont l'adhésion soit unanimement désirée, la fixation d'un temps d'épreuve d'une certaine durée, et pendant lequel l'aspirant au titre de sociétaire travaille, comme ouvrier à gages, dans l'atelier coopératif, et trouve ainsi l'occasion de prouver son habileté technique et les qualités morales qui le rendent aptes à être reçu membre. Cette combinaison lui permettra, en outre, de déposer dans la caisse de l'association les économies nécessaires pour arriver à la formation de la *part sociale* à compte de laquelle il devrait forcément, lors de son admission ultérieure, verser une somme plus ou moins importante, ainsi que cela est prévu par le paragraphe 44 des statuts-types. Ce qui contribuera aussi à assurer l'exécution de cette mesure réglementaire, c'est la combinaison proposée relativement à la *répartition du dividende*. En vertu de cette combinaison, les ouvriers à gages, travaillant dans l'établissement coopératif, lorsque la situation de l'entreprise est prospère, obtiennent une part dans les bénéfices au moyen de ce que l'on appelle un *boni*, et ainsi, en dehors de l'intérêt qu'ils ont à s'assurer cette bonification, ils se trouvent avoir entre les mains les moyens de placer en dépôt les sommes épargnées, ainsi que cela sera expliqué plus en détail dans le paragraphe suivant.

4.

PARTS SOCIALES. — FONDS DE RÉSERVE. DIVIDENDES.

A. — Parts sociales.

Chacun peut voir, du premier coup d'œil, que, dans une entreprise devant marcher en dehors de tout appui étranger, et où la pensée dont on s'inspire est *qu'elle devra fonctionner en grand et autant que possible au moyen des procédés de l'industrie moderne*, la formation d'un capital d'exploitation figurera nécessairement au premier plan. Quels appels répétés à leur énergie personnelle ont dû faire à ce point de vue les coopérateurs, rien que pour organiser au début l'entreprise, c'est ce que nous avons exposé en détail dans les pages qui servent d'introduction générale à la présente division de cet ouvrage. La nécessité d'un fonds d'exploitation suffisant a été également reconnue dans la pratique ; aussi a-t-on d'ordinaire fixé la part sociale à un chiffre assez élevé (les apports de 200 à 300 thalers ne sont pas rares, et dans la suite sont même portés plus haut), au point que les sociétaires n'arrivent, le plus souvent, à compléter la somme demandée à cet effet qu'au moyen de versements ultérieurs et graduels. Travailler de toutes ses forces à l'accroissement du capital d'opérations paraît donc devoir être, avant toute autre, la tâche dont l'accomplissement presse le plus.

B. — *Dividendes.*

Mais rien ne contribuera autant à fortifier chez les coopérateurs le penchant par lequel ils se sentent irrésistiblement portés à ajouter aux sommes déjà déposées les moindres deniers qu'il sont parvenus à économiser, que la jouissance d'un dividende raisonnable. Sous ce rapport, un principe d'équité autant que les usages commerciaux se prononcent pour que, conformément aux motifs que nous avons précédemment développés (pag. 91 et 92), le dividende soit accordé aux membres du groupe sur la base des versements faits en vue de la formation des parts sociales, attendu que celles-ci répondent en première ligne des risques de l'entreprise. D'après les différentes considérations émises antérieurement, la nécessité absolue de distribuer au moins une partie importante des bénéfices résultant des opérations, en prenant pour base de la répartition les parts sociales, devient évidente. Il est même arrivé par suite, et plus d'une fois, que ces Sociétés coopératives de production, celles surtout où l'on est parvenu à réunir dans un temps très court le capital voulu, ont distribué, sur cette base, le montant intégral de leurs bénéfices nets. Dans ce cas, naturellement, les sommes qui revenaient aux individus ne leur étaient pas payées en totalité, mais elles étaient ajoutées à leurs parts jusqu'à ce que celles-ci eussent atteint le chiffre réglementaire. En attendant, ces sommes étaient retenues dans la caisse sociale, ce qu'exigent, en toutes circonstances, nos statuts-types. Mais il y a lieu de faire valoir ici une considération d'une nature contraire et dont on peut d'autant moins refuser de tenir compte qu'elle permet de concilier de la façon la plus heureuse, en vue de la solution de problèmes d'ordre matériel, le côté profondément humain de la coopération avec celui des intérêts. Quelque étroitement lié que soit le développement de l'entreprise à la formation d'un capital d'exploitation suffisant, il dépend peut-être tout autant du zèle des coopérateurs dans l'exécution des travaux, et pour stimuler ce zèle il paraît convenable de répartir, à titre de prime, une partie des bénéfices.

En vue de satisfaire aux diverses exigences en face desquelles l'on se trouve ici, et notamment pour n'apporter aucune entrave à l'augmentation du capital que possède, sous forme de part sociale, chaque membre ou adhérent, on a imaginé la répartition réglementaire prescrite par les paragraphes 55 et 56 des statuts-types, répartition dont on a eu à constater, en maintes occasions, dans la pratique, les avantages réels. Le *capital* et le *travail*, c'est-à-dire les deux facteurs indispensables dans toute production, ont donc été mis sur un même pied d'égalité, et, tout comme sur le marché universel, le travail rapporte ici le salaire habituel, et le capital placé dans l'entreprise les intérêts auxquels il a ordinairement droit, sans compter que l'un et l'autre se trouvent engagés dans les opérations d'un établissement appartenant aux capitalistes et aux travailleurs mêmes. Ce n'est toutefois qu'après que le montant total des salaires et des capitaux, considérés comme avances inévitables, aura été, de même que les autres frais généraux, couvert par les rentrées provenant des opérations et que s'il reste, en outre, un excédant, qu'il pourra être question d'appliquer à d'autres emplois ces rentrées, et qu'elles donneront de véritables bénéfices. Ces bénéfices, conformément à ce que nous avons proposé, seront alors répartis entre le travail et le capital de manière à ce que, dans le partage, il soit attribué :

1° Aux propriétaires des parts sociales, en outre des intérêts habituels qui doivent leur être alloués, une moitié des bénéfices ;

2° Aux ouvriers (y compris les employés), en outre des salaires et traitements auxquels ils ont droit, l'autre moitié des bénéfices.

Ici, de même que c'est le chiffre des versements habituels qui sert, à l'égard du capital, de base naturelle dans la répartition des bénéfices, de même, à l'égard des services et des travaux, ce sera le chiffre des salaires ou des traitements payés individuellement ; car l'on doit admettre à l'avance ce chiffre comme étant en raison de la qualité et de la quantité des services rendus, puisqu'il est au pouvoir de la Société de le fixer.

Il n'y a certes pas lieu de craindre, relativement à cette répartition des bénéfices, aussi équitable que bien entendue, que le penchant des sociétaires à augmenter leur part sociale puisse en devenir moins vif, puisqu'il est pourvu à la formation de celle-ci, non-seulement par l'adjonction des *intérêts*, mais en même temps par des applications spéciales qui servent de compensation pour les risques auxquels elle se trouve exposée. Toutefois, nous croyons devoir appeler l'attention d'une façon particulière sur le caractère des *intérêts* alloués aux parts sociales. Les intérêts que l'on alloue d'ordinaire à un capital engagé à titre de prêt, dans une entreprise appartenant à des tiers, ne dépendent pas de la situation bonne ou mauvaise de celle-ci, mais, au contraire, doivent, en toute circonstance et bien mieux quand les opérations ne donneraient aucun revenu, être payés quand même par l'entrepreneur, au besoin sur le capital. Mais, dans le cas qui nous occupe, les membres de la Société, tout à la fois entrepreneurs et créanciers ayant placé leurs capitaux dans une entreprise qui leur appartient en propre, les choses se passent tout autrement. Ce n'est que sur le *revenu* fourni par les opérations, et en admettant qu'une fois tous les frais payés il en existe un, et non pas sur le capital versé dans l'entreprise, qu'un intérêt, quel qu'il soit, peut être alloué aux propriétaires dudit capital. Se payer à soi-même, sur son propre capital, un intérêt quelconque est en tout temps une illusion, mais dans le cas actuel ce serait, en outre, une illégalité ; car le retrait de la caisse de l'association d'une portion quelconque de la part sociale de chaque membre aurait pour résultat inévitable et direct l'établissement d'un Bilan inexact, balançant par un revenu fictif. En conséquence, la réglementation de cet intérêt sur le pied d'un tant pour cent fixe est également inadmissible, et on ne peut allouer statutairement, ainsi que nous l'avons fait, que la somme disponible la plus élevée à laquelle, les revenus de l'entreprise le permettant, cet intérêt aura pu atteindre (1). Qu'il soit possible

---

(1) Consultez, au sujet de la proportion en question dans les Sociétés coopératives de matières premières, la page 91.

d'aller, dans ce cas, jusqu'à 5 0/0, c'est, d'après les observations ci-dessus, ce qui n'a pas besoin d'être motivé longuement. De plus ceci, en raison de l'ensemble des circonstances qui font que l'intérêt prend plutôt le caractère d'un dividende, peut servir à expliquer la dénomination d'*extra-dividende* que nous donnons, dans le paragraphe 55 des statuts-types, aux imputations ultérieures dont profitent les parts sociales.

Un point non moins évident et qui est la conséquence des considérations précédentes, c'est que toutes les allocations faites sur les parts sociales ne pourront être réparties que dans la mesure des versements effectués par chaque sociétaire, et non d'après le taux réglementaire auquel ces parts doivent s'élever. Ce chiffre réglementaire n'est, à l'origine, proposé que comme un but dont il faut se rapprocher de plus en plus; aussi les versements de la part des individus varient-ils beaucoup (paragraphe 44 des statuts-types).

Celui qui aura versé la somme la plus considérable à cet effet, se trouvera aussi exposé à de plus grands risques, attendu que les pertes que subira l'entreprise seront réparties (en vertu de la disposition statutaire contenue dans le paragraphe 9 de la loi sur les sociétés coopératives et que l'on a maintenu textuellement dans les statuts-types) d'après le chiffre réel de la part sociale, et aucun des membres qui, de la sorte, auront risqué davantage, ne pourra exercer, par voie de reprise, d'action contre ceux qui, ayant fait des versements moins importants auront, partant, moins perdu. Que, d'autre part, à des risques plus considérables il est juste de joindre une participation plus grande aux bénéfices, c'est ce que tout le monde comprendra.

C. — *Fonds de réserve.*

Nous avons déjà exposé précédemment et en détail, voir p. 91 et 92, les motifs qui rendent nécessaire la formation d'un fonds de réserve au moyen des droits d'entrée acquittés par les nouveaux membres et des parts dans les bénéfices. Nous avons aussi donné les raisons qui obligent à maintenir ce fonds sans réduction d'aucune sorte jusqu'à l'époque de la dissolution de la Société coopérative. Les arguments employés alors n'auront rien perdu de leur justesse, si on en fait application aux *groupes coopératifs de production.* Aussi, n'avons-nous pas besoin de nous étendre au sujet des mesures proposées dans le but dont il est ici question par les paragraphes 47 et 49 des statuts-types. Le fait de placer ces capitaux comme réserve dans l'entreprise ne constitue nullement une objection. C'est toujours cette part du capital d'exploitation à laquelle les membres individuellement ne sauraient avoir aucune part et à laquelle, par suite, on doit, en premier lieu, recourir pour le payement des pertes que les revenus de la Société ne suffiraient pas à compenser.

5.

COMPTABILITÉ ET TENUE DES LIVRES. — INVENTAIRE ET BILAN

A. — *Considérations générales.*

Que la méthode de comptabilité en partie double soit également pour les Sociétés coopératives de production celle qui convienne le mieux, si l'on veut avoir à tout moment un aperçu net de la situation financière et de la marche des affaires, c'est ce que nous n'avons pas besoin de faire ressortir d'une manière spéciale, d'après ce que nous avons déjà eu l'occasion d'expliquer à ce sujet à la p. 132. Il va sans dire que cela suppose toutefois que l'on a sous la main un personnel capable d'organiser la tenue des livres d'après ce système, et de le faire fonctionner régulièrement et en tout temps.

En conséquence, nous croyons devoir renvoyer ici une fois de plus au *Guide pour la comptabilité en partie double*, de G. Oppermann, que nous avons déjà cité à plusieurs reprises, en en recommandant l'adoption, et précisément pour la première fois à la page mentionnée plus haut.

Toutefois, cette méthode ne pourrait être employée par les Sociétés coopératives de production sans quelques modifications qui sont indispensables, lorsqu'il s'agit d'associations qui ne se consacrent pas seulement, comme les groupes coopératifs de consommation, à des transactions commerciales, mais qui entreprennent les opérations bien autrement compliquées de la grande industrie.

C'est, en vérité, aux *Sociétés coopératives de production en compte commun* qu'il convient de recommander plus qu'à toutes les autres, l'adoption de la comptabilité en partie double. L'on est d'ailleurs, obligé de supposer que le gérant auquel on a cru devoir confier la direction d'une Société de ce genre possède déjà une certaine capacité commerciale, qu'il a les aptitudes voulues pour disposer avec prévision des ressources qui sont sous sa main. Or, ceux qui seront en état de présenter des qualités de cette nature, seront aussi à même d'arriver à se faire de la marche des affaires, au point de vue des relations commerciales, une idée exacte et indispensable pour appliquer d'une manière convenable le système de la tenue des livres en partie double.

Mais, quel que soit le genre de tenue des livres dont les Sociétés coopératives de production fassent usage, elles devront toujours prendre pour point de mire la nécessité d'obtenir aisément, par le simple examen des livres, le moyen de s'assurer si les prix pratiqués par elles, non-seulement ne dépassent pas ceux que font leurs concurrents, mais encore s'il leur convient de fabriquer à ces prix. Il ne suffit pas, pour la réussite de leur entreprise, de ne pas vendre plus cher que les entrepreneurs qui exploitent pour leur compte personnel la même branche d'industrie, mais il leur faut retirer de ces prix un bénéfice suffisamment rémunérateur.

Ces Sociétés laisseront de côté les articles qui ne leur offriraient pas assez de marge et préféreront s'adonner à ceux qui seraient de nature à leur rapporter davantage, ou bien encore elles s'efforceront de réduire les frais de production, ce qui augmente d'autant le rendement. Les écritures devront, en conséquence, être organisées de façon que la Société coopérative puisse facilement, et avec la plus grande exactitude possible, *établir les frais de fabrication* de ses produits, et ainsi se prononcer en connaissance de cause sur la *convenance des prix de vente.* Une fois que la tenue des livres donne satisfaction sur ce point, la mesure la plus utile consiste ensuite à adopter, avec la majorité des Sociétés coopératives des autres branches, l'année **commerciale** comme *période de comptabilité.*

En effet, les travaux et les soins inséparables des courtes périodes de comptabilité, par suite de la nécessité où l'on est alors d'arrêter plus souvent les comptes, ne sont nullement en rapport avec les avantages que l'on en retire. Ces avantages consistent surtout à permettre à l'administration de se renseigner plus fréquemment au sujet du rendement des opérations, la stimulant ainsi à prendre sans délai les mesures nécessaires pour remédier aux inconvénients qui viennent à se produire : mais ce résultat, ainsi que nous le verrons tout à l'heure, peut être obtenu, pour les Sociétés coopératives de production, d'une façon de beaucoup préférable au moyen de la seule tenue des livres.

Il est toutefois interdit, par le paragraphe 26 de la loi sur les Sociétés coopératives, de proroger le terme assigné pour le règlement des écritures au-delà d'une année, quelque désirable que puisse paraître, par suite de considérations commerciales ou exceptionnelles, cette prorogation. Quant à la question de décider s'il convient de faire coïncider l'année commerciale avec l'*année civile,* cela dépendra exclusivement de cette autre question, à savoir si, pour l'industrie exercée par la Société coopérative, la fin de l'année civile n'est pas l'époque où les travaux donnent le plus. Il ne serait pas à propos, dans ce cas, de placer à cette époque les travaux d'inventaire, en raison de leur importance, d'autant que, pour les associations de cette catégorie, ils causent beaucoup plus de tracas que pour les autres.

Il faut décidément conseiller de fixer la fin de l'année commerciale, sans se préoccuper de l'année civile, à la *morte saison*, époque où les travaux d'inventaire sont encore allégés par ce fait que les approvisionnements de marchandises brutes et de matériaux, et que les stocks d'articles à moitié façonnés ou entièrement fabriqués qui doivent y être compris, sont en général moins considérables qu'en tout autre temps. Si maintenant nous abordons la tenue des livres en elle-même, nous devons, comme conclusion aux statuts-types donnés à l'appendice, faire remarquer, avant d'aller plus loin, que de même que l'organisation en général a subi de certains changements, de même il faudra apporter quelques modifications dans la tenue des livres, suivant que la Société qui l'établira ne se composera que de quelques membres, avec un Comité de direction formé de deux personnes, ou qu'elle comptera un grand nombre de sociétaires, avec un Comité directeur formé alors de trois fonctionnaires. Non-seulement le partage entre les divers membres de la direction des livres à tenir est naturellement tout autre, suivant l'un ou l'autre cas, mais on sent en outre le besoin, lorsque le personnel de la Société est nombreux, d'introduire de nouveaux livres, afin de se rendre mieux compte de la marche des affaires et afin de faciliter à l'administration la surveillance qu'elle est tenue d'exercer.

Nous commencerons par exposer la tenue des livres à l'usage des Sociétés coopératives à personnel restreint.

B. — *Les livres spéciaux que devra tenir la direction lorsqu'elle se composera de deux membres.*

Bien que pour toutes les transactions de nature à

créer des engagements pour la Société, de même que pour les quittances et pour les commandes données en son nom, la signature des deux membres de la direction soit absolument exigible, cela toutefois n'exclut naturellement pas une certaine répartition du travail entre les deux directeurs, tant pour la tenue des livres que pour ce qui concerne l'administration. On confiera donc au *gérant* les livres relatifs à la *fabrique* ou *usine*, ainsi qu'au magasin, au *caissier*, ceux qui auront trait *au maniement des fonds en caisse*, de la sorte, ces deux fonctionnaires se contrôleront l'un l'autre avec toute l'exactitude qu'il est possible d'obtenir.

Le *caissier* aura donc à tenir les livres suivants :

1° Le JOURNAL-CAISSE par *Recettes et débours* (Formulaires n°s 1 et 2) (1).

2° Le GRAND-LIVRE, comprenant les subdivisions ci-après :

a. Compte A, *Fonds de réserve*, conformément au Formulaire imprimé pages 232, 233.

b. Compte B, *Parts sociales*, Formulaire n° 3.

c. Compte C, *Emprunts*, conformément au Formulaire n° 5, imprimé pages 234, 235, sauf la modification par suite de laquelle les mots « capitaux de garantie » disparaissent à la colonne n° 4.

d. Compte D, *Marchandises brutes et matériaux*, Formulaire n° 4.

e. Compte E, *Produits fabriqués*, Formulaire n° 5.

f. Compte G, *Frais généraux*, Formulaire n° 6.

---

(1) Quant aux Formulaires auxquels nous ferons allusion par la suite, nous entendons renvoyer à ceux qui figurent dans l'appendice du présent chapitre, sauf le cas où nous nous référerons formellement à ceux qui se trouvent précédemment imprimés.

h. Compte H, *Prêts*, conformément au Formulaire n° 7, imprimé page 238.

3° Le CARNET DES ÉCHÉANCES pour les traites en circulation sur la Société coopérative, Formulaire n° 7.

4° Le LIVRE DE COPIE DES EFFETS.

Tout sociétaire est porteur d'un carnet de quittances relatives aux payements et aux bonifications imputables aux parts sociales qu'il possède. De plus, tout ouvrier employé dans l'atelier coopératif de la Société, qu'il en soit membre ou non, est muni d'un *livret de salaires*, Formulaire n° 12.

Dans l'application des Formulaires et dans les reports des divers articles que l'on verra figurer aux différents comptes du grand-livre et sur les registres de contrôle, nous avons rempli les formules au moyen de quelques exemples, ainsi que nous l'avions pareillement fait pour la tenue des livres relative aux Sociétés coopératives pour l'achat des matières premières. Nous sommes partis de la supposition qu'il s'agit ici de la comptabilité d'une Société coopérative de *menuisiers et fabricants de meubles*, dont les écritures ont été arrêtées à la fin de février dernier, époque où finissait pour eux l'année commerciale.

Relativement aux écritures du *Journal-Caisse*, il faudra tenir compte des explications détaillées que nous avons données pages 140 et 141, d'après lesquelles, lors du règlement de chaque folio, le total des sommes de la colonne des *recettes*, et respectivement de celle des *débours*, devra être égale au total que donneront dans la balance les comptes spéciaux au débit et au crédit de celle-ci. En cas contraire, il existera une erreur qu'il faudra découvrir au moyen d'une scrupuleuse vérification du journal-caisse et qu'il ne faudra pas manquer de redresser.

On aura soin de reporter du Débit du journal-caisse les sommes reçues et qui concernent le compte A. *Fonds de réserve*, au grand-livre, au folio du débit de ce même compte. C'est ce que l'on fera, par exemple, à l'égard des 3 thalers de droits d'entrée que le sociétaire Mandel (n° 508) a payés et qui augmentent d'autant l'effectif du fonds de réserve. Au folio du Crédit du compte A figurent surtout les pertes qui n'ont pu être couvertes par les revenus de l'exercice annuel.

Sur le compte B des *Parts sociales*, Formulaire n° 3, chaque membre a son compte spécial, où, comme cela est rendu visible par les reports des articles du débit n°s 507 et 509 du journal-caisse, Formulaire n° 3, il est passé écritures à la colonne n° 5 des quotités mensuelles et autres versements à valoir sur la part sociale, de sorte qu'en ajoutant les articles de cette colonne au montant précédemment inscrit dans la colonne 8, l'on établit le solde à porter à nouveau. A l'égard des quotités mensuelles, l'on consacrera sur ce compte un folio entier à chaque membre, et à chaque année on rouvrira ce compte à nouveau; ce qui ne donnera pas beaucoup de peine, en raison du petit nombre des membres de la Société, mais il faudra encore tenir compte des colonnes 6 et 9. D'après les paragraphes 55 et 56, sous la rubrique A, les parts sociales recevront d'abord, *sur les revenus de l'année*, tout au plus 5 0/0 d'intérêt par chaque thaler, fraction non comprise, et par chaque mois complet. Les intérêts dont il sera passé écriture au débit dans ladite colonne ne seront donc qu'éventuels.

Si, par exemple, il résulte du règlement des

comptes de février dernier que les revenus n'aient permis d'accorder que 4 0/0, l'on réduira la créance du sociétaire Starke s'élevant pour lesdits intérêts à la somme de thalers : 10.21. 1/5, de thalers 2.4.3., et l'on passera écriture de cette dernière somme à la colonne n° 7. L'on indiquera de même, à la colonne n° 7, les déductions qu'il pourra y avoir lieu de faire sur les parts sociales, dans le cas où des pertes plus considérables viendraient à se produire, et l'on y marquera également le remboursement de la totalité de la part sociale réclamée par les membres qui auront quitté l'association.

A l'égard du compte C, *Fonds étrangers*, nous renvoyons le lecteur à l'application qui a été faite de ce compte aux Sociétés coopératives de matières premières (voir pages 143 et 144). Ici, il n'existe d'autre différence que celle déjà indiquée de la suppression du titre relatif à la colonne des capitaux de garantie dont les Sociétés coopératives de production n'ont pas lieu de faire usage.

Comme nous traiterons plus loin des comptes D et E, à l'occasion des livres que doit tenir le gérant, nous passons immédiatement au compte F, *Ustensiles et outillage*, qui, de même que le compte A, se trouve organisé de façon à ce que les recettes de caisse, relatives à ce compte figurant au journal-caisse, soient portées au folio du crédit du grand-livre. C'est, du reste, ce qui a été fait pour la somme de 26 thalers provenant de la vente d'une vieille machine à raboter, n° 515, car le solde du compte d'outillage se trouve diminué du montant de ladite somme, par suite de l'aliénation de cette machine. D'autre part, le débours de 75 thalers (n° 425 au crédit du journal-caisse), occasionné par l'achat d'une machine plus perfectionnée, sera porté au débit du compte F, au grand-livre, car le solde en outillage se trouve augmenté de la valeur de ladite machine. Comme l'achat des instruments, machines et autres pièces, n'a pas toujours lieu contre espèces, mais parfois à crédit, on peut, pour tenir écriture des sommes payées à part de celles versées à valoir, et obtenir, ainsi pour ledit compte, un aperçu des engagements de la Société, l'établir sur des bases analogues à celles du compte G, conformément au Formulaire n° 6.

La manière d'opérer les reports du journal-caisse au grand-livre pour ledit compte G résulte des exemples mêmes que présente le Formulaire n° 6, et le seul point que nous ayons à faire ressortir, c'est que les salaires pour les travaux exécutés, et qui constituent une part très importante des frais généraux, ne doivent pas être passés séparément pour chaque membre, mais bien en bloc, chaque semaine, du journal auxiliaire des salaires au compte G, de même qu'ils l'ont été au journal-caisse.

Le compte H, *Prêts*, n'a généralement qu'un seul débiteur, c'est-à-dire le banquier de la Société coopérative chez lequel celle-ci place en dépôt les fonds inactifs provenant des soldes en caisse, ou chez qui, en cas de besoin, elle escompte ses effets de commerce ou enfin emprunte des capitaux pour ses affaires.

De ces différentes sortes d'opérations l'on ne tient toutefois écriture, au compte H, que des dépôts de fonds faits par l'association et des retraits ou remboursements de ces dépôts. L'on ne peut néanmoins se passer absolument de ce compte, parce que le banquier, qu'il s'agisse ici d'une Société de prêts et d'avances ou d'une grande maison de banque, du moment où elles doivent venir en aide au groupe coopératif, au moyen des ressources financières dont elles disposent, voudront avoir le droit d'exiger de leur côté que les soldes inactifs en caisse leur soient versés, ne fût-ce que pour exercer ainsi plus facilement sur les affaires de la Société le contrôle nécessaire à leur sécurité. Au surplus, les groupes coopératifs de production n'ont aucune raison pour se livrer à des prêts d'argent.

Ce serait nuire au rendement de leur entreprise que de retirer de celle-ci une partie du capital dont ils pourraient disposer dans le but de faire des opérations de banque. Les écritures à passer au compte H ne présentent aucune difficulté du moment où l'on s'est mis d'accord avec le banquier de la Société au sujet du taux maximum des intérêts, ainsi que de la manière dont il faudra en faire le règlement.

Bien autrement importants sont les comptes D, *Matériaux et produits bruts*, Formulaire n° 4, et E, *Articles manufacturés*, Formulaire n° 6, en raison de l'étroite dépendance où ils sont vis-à-vis de la *fabrication*, partie essentielle des travaux d'une Société coopérative de production. La tenue des livres par rapport à ces comptes doit être organisée de façon à ce que les deux directeurs ne puissent négliger d'y apporter constamment la plus grande attention, et que gérant et caissier soient à même d'exercer directement vis-à-vis l'un de l'autre un contrôle des plus sévères.

Or, le caissier, plus que tous les autres, étant tenu, en raison du maniement des fonds qui lui sont confiés, de savoir, d'une part, quelles sont les sommes réelles en espèces ou valeurs et les créances dont la Société peut disposer, et, de l'autre, quels sont les engagements contractés par celle-ci, en vue de pouvoir prendre en conséquence, au sujet de la caisse, les dispositions voulues, les comptes D et E, de même que ceux que le caissier tient séparément, devront être divisés en comptes spéciaux et personnels.

On ouvrira donc au compte D, à chaque fournisseur de produits bruts, un compte spécial ; c'est ce que l'on voit par l'exemple relatif aux négociants en bois de menuiserie Saran et fils, Formulaire n° 4. Là, dans les colonnes 6 et 7, on a porté les sommes dues à ce fournisseur pour les matériaux et articles bruts qui ont été livrés par lui à la Société, et, d'autre part, aux colonnes 4 et 5, on voit figurer les articles relatifs aux payements faits par la Société aux fournisseurs précédemment nommés, pour les marchandises livrées par lui, et desquelles il devait être également débité à son tour, en raison du remboursement de sa créance, ce qui explique que l'on ait passé écriture sous la rubrique : *Doit.* Si le payement a lieu au comptant, le montant est inscrit à l'*Avoir* du journal-caisse ; si le règlement se fait au moyen d'un effet, l'on créditera le compte d'effets en libellant l'article en conformité. L'escompte dont il aura été convenu en cas de payement comptant, et qui figure parmi les recettes au journal-caisse, sera rejeté dans la colonne n° 11, après qu'on aura passé en bloc et sans réduction, aux colonnes 4 et 7, le montant de la livraison qui se trouve être l'objet du règlement. Mais comme le payement au moyen d'un effet accepté ne libère la Société que provisoirement et qu'il en naît pour elle l'obligation d'acquitter l'effet à son échéance, il faut, pour que ledit engagement résulte clairement des écritures ajouter, comme complément aux comptes particuliers des personnes, ouverts sous la rubrique D, un compte d'effets sous cette même rubrique et établir celui-ci sur les bases du Formulaire n° 4, sauf que l'on supprimera les colonnes 10 et 11 comme superflues. Dans ce compte d'effets, on passera, ainsi que cela a déjà été expliqué dans les colonnes 6 et 7, la somme de thalers 84,5, », montant de la traite remise à Saran et fils, le 14 janvier, en ayant soin de l'inscrire à cette même date, et lorsqu'elle aura été acquittée après les trois mois de terme qu'elle a à courir, on portera la somme indiquée ci-dessus dans les colonnes 4 et 5. L'on devra également passer écriture dans ces mêmes deux dernières colonnes de la somme de 200 thalers, qui figure sous le numéro 423 à l'*Avoir* du journal-caisse.

Quant aux *frais de transport* qui augmentent dans la proportion du chiffre auquel s'élèvent les prix d'achat des matières brutes et des matériaux, mais qui ne concernent pas le règlement avec le fournisseur, on intercalera, dans le Formulaire n° 4, une double colonne n°ˢ 8 et 9. Comme toutefois, dans l'exemple relatif à Saran et fils, ces négociants habitent dans le local même où se trouve le siége de la Société, il n'y aura pas lieu d'en faire usage.

En comparant entre elles les colonnes 7 et 5 comprenant tous les comptes spéciaux compris sous la rubrique générale D, on jugera mieux dans quelle mesure la Société coopérative se trouvera grevée de dettes pour marchandises ou, à plus exactement parler, de dettes pour achats de matières premières, car l'excédant de la colonne 7 sur la colonne 5 présentera le montant qui restera encore dû.

Au compte E, *produits fabriqués*, on ouvre à tout client duquel on n'exige pas le payement immédiat des marchandises par lui achetées un compte spécial d'une façon analogue à ce qui s'est pratiqué au compte D. Quant aux personnes qui soldent immédiatement les articles qu'elles ont pris en vue de leurs approvisionnements dans les magasins de la Société, on établira, pour ne pas multiplier inutilement les écritures, un compte commun sous la rubrique « comptes divers. » Le compte de Schrauber, entrepreneur de bâtiments, montre comment on s'y prend pour passer les écritures. Il faut inscrire à la colonne n° 9 la perte à l'escompte que doit supporter la Société coopérative sur les effets qu'elle remet à l'escompte, chez son banquier, après qu'on aura crédité le client, dans les colonnes 6 et 7, du montant total de l'effet. Si le ci-dessus nommé Schrauber ne fait pas, au jour de l'échéance, honneur à sa signature, il faudra de nouveau charger son compte de 140 thalers, montant de l'effet n° 72, en y ajoutant, en outre, les intérêts et les frais. Puis la somme que l'on obtiendra alors, vu que la Société, en raison de son endos, ne pourra éviter de rembourser cet effet, devra être portée au crédit du journal-caisse pour y être enfin inscrite au compte E.

On pourrait également, comme complément des comptes de personnes compris sous la rubrique E, ajouter encore un compte d'effets. Toutefois, c'est là un besoin beaucoup moins pressant que quand il s'agirait du compte D, car la Société coopérative n'est tenue de rembourser les effets en question que dans les cas malheureux auxquels il a été fait allusion ci-dessus, c'est-à-dire lorsque l'accepteur refuse le payement, ce qui n'arrive pas dans le cours régulier des affaires.

Mais si, par les raisons alléguées tout à l'heure, l'on peut se passer dans le compte E d'une subdivision relative aux effets, le caissier néanmoins ne devra pas perdre de vue, en arrêtant les mesures de prévision auxquelles il est obligé, la possibilité, en cas d'insolvabilité de la part de l'accepteur et en raison de l'endos de la Société, d'un retour sur celle-ci pour défaut de payement et, partant, il doit pouvoir avoir à tout moment sous les yeux un aperçu net des effets en circulation. Il y arrivera au moyen du *Carnet des échéances pour les effets*, Formulaire n° 7 et en outre par le *Copie des effets*. Ces deux livres sont donc indispensables pour les Sociétés coopératives de production. Le *Carnet des échéances*, Formulaire n° 7, donnera surtout le relevé des effets revêtus de l'acceptation de la Société, et au payement desquels elle ne saurait se soustraire sous aucun prétexte. Dans le *Copie des effets*, on devra reproduire textuellement et sans en excepter aucun tous les effets en circulation sous la garantie solidaire de la Société avec tous les endos qui pourraient s'y trouver, afin d'être à même, en s'aidant de la première colonne du *Carnet d'échéances* qui indique le renvoi au *Copie des effets*, de connaître facilement et à tout moment, s'il se produisait un retour contre la Société, contre qui elle devrait exercer, en premier lieu, son recours.

Les livres que doit tenir le gérant seront surtout ceux qui auront trait à la fabrication, car c'est par eux qu'il pourra veiller à ce que les prix des ventes des produits fabriqués soient en rapport avec les *frais de production*. Parmi ces frais de production figurent en première ligne le coût des matériaux et des produits bruts, enfin les frais généraux, et pour ces derniers l'on aura surtout à tenir compte des salaires relatifs aux travaux de l'atelier coopératif. Le gérant sera, en conséquence, chargé du *Livre de contrôle* relatif au compte D, et ce registre sera établi conformément au Formulaire n° 8. L'on passera, au débit, écriture de toutes les matières brutes et de tous les matériaux reçus en magasin, en y ajoutant les frais de transport. Les sommes à inscrire, dans ce cas, figureront d'abord à la colonne 3, et, une fois payées, leur montant sera porté à la colonne 5, avec indication à la colonne 4 du numéro de renvoi au journal-caisse, folio du crédit. L'escompte accordé pour prompt payement sera inscrit à la colonne 7, et à la colonne 6 l'on indiquera le renvoi au journal-caisse, au folio du débit. Mais aussitôt qu'il arrivera que des marchandises formant partie des approvisionnements en magasin viendront à être livrées à l'atelier coopératif pour la manipulation ou fabrication, il en sera passé écriture à la colonne 5, et si un lot quelconque de matières premières était, mais seulement par exception, vendu, on inscrira, après encaissement, la somme reçue à la colonne 5, et l'on indiquera à la colonne 4 le renvoi au journal-caisse, au folio du débit. Ces marchandises brutes livrées à l'atelier devront naturellement être de nouveau payées aux prix des articles fabriqués dans la même localité. Sans le contrôle que l'on exerce de la sorte à l'égard des produits bruts, il pourrait facilement arriver que de grandes quantités fussent détournées du magasin, sans que l'on pût se rendre compte de la manière dont les faits se seraient passés.

Dans le *Livre de contrôle* relatif au compte E, le gérant sera tenu d'enregistrer sous la rubrique : « *Entrées des marchandises,* » et d'après la série des numéros des pièces, tous les articles fabriqués qui sortiront des ateliers et qui seront prêts pour la vente. Par contre, sous la rubrique : « *Sorties des marchandises* » l'on enregistrera tous ceux qui seront vendus, d'abord dans la colonne 8, et aussitôt après enregistrement du montant des ventes dans la colonne 10, avec le numéro correspondant de renvoi au journal-caisse, folio des recettes. Ledit numéro sera porté dans la colonne 9. Si ensuite le payement se fait au moyen d'un effet que la Société négociera à son banquier, l'escompte, qu'il faut considérer comme une perte pour la Société, devra figurer à la colonne 12, en ajoutant à la colonne 11 l'indication du numéro correspondant du journal-caisse.

Mais il ne faudra pas porter, à la colonne 12, seulement les pertes que supporte la Société par suite de l'escompte en question, mais encore les pertes sur le capital qui atteignent la Société et qui proviennent de la non-exécution des engagements contractés par les clients. Supposons, par exemple, que l'entrepreneur Schrauber, dont le nom figure, Formulaire 9, colonne 7, au dernier article, n'ait pas acquitté, pour cause d'insolvabilité, son acceptation, le montant de 140 *thalers*, devra être inscrit dans ladite colonne. En effet, il faut, dans l'établissement des prix de ventes, tenir compte de ces pertes et, partant, il est indispensable que le gérant puisse en avoir connaissance par une simple inspection de ses livres.

Dans les deux *Livres de contrôle* relatifs au compte D et au compte E, nous avons trouvé, à plusieurs reprises, l'indication des renvois au journal-caisse. Or, comme celui-ci est tenu non pas par le gérant, mais par le caissier, l'on veut exprimer tout simplement ainsi que le gérant doit être au courant des écritures passées par le caissier, et cela d'une façon suivie, au moyen de l'examen desdits livres, ce qui, dans la pratique, ne présente aucune difficulté, attendu que tous les deux travaillent dans le même atelier.

Le *Journal-auxiliaire pour les salaires relatifs aux travaux et pour les appointements*, Formulaire n° 10, répond à un triple but :

1° A éviter au journal-caisse et au compte G une masse considérable d'écritures détaillées, ayant trait à des articles de peu d'importance qui rendent l'inspection des livres plus difficile ; 2° à faciliter l'évaluation des quotes-parts qui reviennent aux salaires sur les bénéfices nets, nous voulons parler ici des *bonis* ; 3° à mettre enfin le gérant qui, par le seul fait d'être chargé de la fabrication, se trouve également appelé à régler le salaire revenant à chacun pour les travaux exécutés, à même de se renseigner constamment au sujet de la partie la plus essentielle des frais généraux. En effet, si nous laissons de côté les sommes insignifiantes, il sera facile de calculer l'augmentation que les articles fabriqués doivent supporter pour une semaine, à raison des frais généraux, tels que location de la fabrique et des ateliers, intérêts payables sur la totalité du capital d'exploitation, et tant pour cent d'usure des ustensiles et de l'outillage. Il sera également tout aussi facile au gérant, à l'aide du Livre de contrôle relatif au compte D, et du journal-auxiliaire des salaires, d'apprécier si les marchandises, qui, d'après le Livre de contrôle relatif au compte E, se trouveront fixées sous le rapport de la main-d'œuvre et prêtes à être livrées à la fin de chaque semaine, peuvent, par leurs prix de ventes, non-seulement couvrir les frais ci-dessus mentionnés mais laisser en outre un bénéfice.

Quant à la manière dont est organisé le journal-auxiliaire, il résulte du Formulaire n° 10 lui-même que ce livre est établi par période trimestrielle. Comme la Société coopérative des fabricants de meubles, que nous avons prise pour exemple, clôture son année commerciale avec la fin de février, les salaires des travaux relatifs à la semaine qui a commencé le 28 décembre 1872 et s'est terminée le 4 janvier 1873, salaires s'élevant en bloc au journal-caisse, folio de crédit n° 421, à thalers 42.7.2, ainsi qu'il en a été passé écriture, est ici inscrit dans la sixième semaine du trimestre. Les salaires ayant droit de participer aux *boni*, s'obtiennent facilement par l'addition des sommes enregistrées, pour les quatre trimestres de l'année, dans l'avant-dernière colonne du Formulaire n° 10. Il y a lieu ici de faire une réserve à l'égard des ouvriers qui, par suite de leur sortie intempestive des ateliers de la Société, seraient déchus, en vertu des statuts, de leurs droits aux *bonis* en question.

Inutile de donner les raisons détaillées qui font que le *Livre des commandes*, Formulaire n° 11, devra être tenu par le gérant qui est chargé de prendre les mesures nécessaires pour les travaux à exécuter dans l'établissement coopératif. La distribution n'exige pas non plus d'explications.

Le livret des quittances des sociétaires, relatif à

leurs versements à valoir sur leurs parts sociales, n'est qu'un retrait du compte B du grand-livre avec une colonne où les directeurs signeront les quittances.

Le *Carnet des salaires*, Formulaire n° 12, est pareillement un extrait du journal-auxiliaire avec les signatures des deux membres de la direction, du gérant pour l'autorisation de toucher, et du caissier comme certification du montant payé, afin que, de la sorte, il reste entre les mains des ouvriers une preuve du chiffre des sommes donnant droit à participer aux *bonis*.

C. — *Modifications dans la tenue des livres des Sociétés coopératives ayant une direction composée de trois membres.*

Les modifications qui doivent se produire, d'après les deux statuts-types qui font partie de l'appendice du présent chapitre, quant à la répartition entre les membres de la direction de fonctions spéciales, lorsque, au lieu d'un Comité de deux membres, on se trouve en présence d'un Comité de trois membres, consistent essentiellement en ceci que les fonctions qui, dans le cas précédent, étaient exclusivement assignées au gérant, se trouvent partagées dans la dernière hypothèse entre le gérant et le chef de magasin.

En ce qui concerne les devoirs particuliers du caissier, il n'y a lieu à aucun changement, la comptabilité dont il est chargé reste, quant au nombre des livres et à la manière de tenir les écritures, la même qui lui avait été assignée dans le précédent paragraphe. Nous croyons devoir recommander, dans le cas qui nous occupe, attendu que, d'après les statuts-types, une direction composée de trois membres n'est instituée que pour les Sociétés qui comptent un nombre considérable de sociétaires, et afin de ne pas charger le journal-caisse d'une trop grande masse de petits articles d'écritures provenant des recettes, de créer, à l'instar du journal-auxiliaire pour les salaires, un *Journal* également *auxiliaire* pour les quotités versées par les membres sur les bases du Formulaire n° 13. On relèvera ensuite sur ce livre les quotités encaissées dans la journée à compte des parts sociales, pour les porter d'un côté, en bloc, sur le journal-caisse, et de l'autre, en détail, sur les différents comptes des sociétaires inscrits sous la rubrique B.

Si la Société coopérative a des *commanditaires*, il faudra étendre, au besoin, à ces derniers l'usage du journal-auxiliaire et établir, en outre, une subdivision du compte B au grand-livre, d'après le Formulaire n°3.

A raison du partage des fonctions entre le gérant et le chef de magasin, il devra toutefois s'ensuivre, d'après la nature des choses, que les livres, jusque-là tenus exclusivement par le gérant, seront en partie retirés des mains de celui-ci pour les confier au chef de magasin. Comme c'est au chef de magasin qu'appartient la surveillance du dépôt des produits bruts et des articles manufacturés, et que, d'autre part, le gérant conserve l'administration générale de l'entreprise et la direction de la fabrique, le premier devra, par conséquent, tenir le livre de contrôle relatif au compte D, Formulaire n° 8, et le second le livre de contrôle relatif au compte E, Formulaire n° 9, dans les mêmes conditions que celles précédemment exposées à l'occasion du gérant.

Maintenant, on aura au folio du crédit du premier de ces comptes l'occasion de faire usage utilement de la colonne 6, pour que le gérant puisse y inscrire les quittances constatant que les marchandises brutes précédemment reçues dans les ateliers lui ont été remises.

Le gérant reste en possession du journal-auxiliaire relatif aux salaires ; mais, comme ce registre ne suffirait pas tout seul à lui donner avec certitude la connaissance des revenus que fournit la fabrication, il tiendra de plus le *Livre d'atelier*, d'après le Formulaire n° 14. ce livre renferme pour le gérant les écritures les plus importantes provenant des livres de contrôle relatifs aux comptes D et E, et lui offre, en même temps, dans les quittances inscrites par le chef de magasin touchant les articles manufacturés reçus par ce dernier, un moyen de contrôle à l'égard de ces produits fabriqués.

Il convient, de plus, de recommander aux Sociétés coopératives dont les affaires auront acquis une extension considérable, d'exiger que le gérant tienne *une copie abrégée du journal-caisse*. C'est là un moyen de contrôle à l'égard du caissier, et, grâce à cette mesure, on ne court pas le risque, dans le cas où, par suite d'un accident quelconque, les livres de caisse viendraient à être détruits, de manquer des éléments nécessaires pour pouvoir rétablir les écritures. Naturellement cette copie ne devra pas être conservée dans le même local que les autres registres commerciaux de la Société.

D. — *Inventaire, bilan et compte de bénéfices.*

Après avoir exposé, dans les pages précédentes, quels livres devront être tenus par une direction composée de deux membres, et signalé les modifications jugées nécessaires si le nombre des directeurs est porté à trois, il reste encore à indiquer la marche à observer da. *l'établissement de l'inventaire* et dans le *règlement des livres.*

Si la Société coopérative n'a pas de délégation, le *réviseur* devra prendre part à l'établissement de l'inventaire, et si elle en a une, on nommera *dans ce but une Commission.* Il n'y a pas du tout lieu ici de recommander, comme on l'a fait pour les Sociétés d'achats de matières premières et pour les groupes de consommation, de prendre comme base de l'inventaire une liste par série alphabétique des matières premières reçues en magasin et des articles manufacturés durant l'année. Ces matières brutes et ces produits fabriqués changent au gré des commandes données par la clientèle, et une liste ainsi dressée à l'avance se trouverait, peut-être bien, chargée d'une multitude d'articles qui n'auraient fait que passer par le magasin ou seraient vendus depuis longtemps déjà. On inscrira donc, lors de l'inventaire, tout d'abord sur un double du Formulaire préparé à cet effet, les articles que l'on trouvera exister encore, en en donnant le signalement exact et en indiquant la quantité. Au surplus, l'inventaire sera divisé en trois parties :

1° La première relative au stock des matières brutes et qui devra présenter le stock actuel comme égal à celui que l'on obtiendra des écritures relatives auxdites marchandises qui auront été passées au livre de contrôle du compte D, si ce dernier livre a été tenu avec exactitude et si, d'ailleurs, il ne s'est produit aucune irrégularité;

2° La seconde, relative à l'atelier de fabrication, énumérant les ustensiles et l'outillage, les matières premières et les matériaux, ainsi que les marchandises entièrement fabriquées et à demi-fabriquées, mais non encore mises en vente;

3° La troisième, relative au magasin des articles manufacturés qui ont déjà été inscrits sur le livre de contrôle E, mais qui ne sont pas encore vendus.

La première partie de l'inventaire est évidemment la plus facile à établir, car elle ne présente que rarement le cas d'une réduction à faire subir à la valeur des matières premières; bien plus, celle-ci se trouve d'ailleurs fixée par *les prix d'achat* qui résultent des livres, à moins que les prix de quelques articles n'aient baissé dans l'intervalle; dans cette dernière supposition, il y aurait lieu, lors de l'inventaire, d'évaluer ces marchandises à leurs plus bas cours.

La seconde partie de l'inventaire offre de nombreuses difficultés. En ce qui concerne les outils et les ustensiles, on devra, en réalité, se borner à établir le chiffre des existences des différents articles indiqués dans le compte F du grand-livre, mais on en évaluera les prix, non pas en détail, tout au contraire, si le solde actuel des articles est le même que celui que devra donner le compte F, on le portera, après estimation, en bloc sur l'inventaire, en ayant soin de déduire le tant pour cent sur l'usure, en conformité des prescriptions statutaires. Les produits bruts et les matériaux qui se trouveront exister dans l'atelier de production, en tenant compte toutefois qu'il ne faut les considérer, en tout cas, du moins en partie, que comme des soldes, devront être estimés d'après le coût de revient. La Société coopérative devra avoir la précaution de s'être bien fixée à l'avance à ce sujet, au moyen de calculs rigoureux, pour ne pas s'exposer au danger de fausser, par une évaluation inexacte, les résultats de l'inventaire tout entier. Mais naturellement, même si les frais de production, sous l'influence de circonstances malheureuses, devaient, pour quelques articles, dépasser les prix de vente, l'on ne devra, sous aucun prétexte, évaluer lesdits articles au-delà de ces prix, et il faudra prendre le plus grand soin dans l'évaluation de ces articles qui ne seraient qu'à demi manufacturés ou qui se trouveraient encore en fabrication. Sur le point de savoir si les marchandises entrées dans l'atelier de fabrication pour y être mises en œuvre l'ont été effectivement et n'ont pas été, en partie peut-être, l'objet de détournements, l'on n'obtient qu'un contrôle très insuffisant en ce qui concerne l'inventaire. Un contrôle bien plus réel, sous ce rapport, résulte des travaux faits en commun par les sociétaires dans le même atelier. Ces derniers, dans leur propre intérêt, devront surveiller toutes choses d'un œil attentif et prendre soin que la série des écritures que présentent les folios des sortes du livre de contrôle relatif au compte D, balance les entrées des marchandises enregistrées dans le livre de contrôle relatif au compte E.

Quant à la troisième partie de l'inventaire, il y a lieu de mentionner tout simplement les remarques que nous avons précédemment faites au sujet des produits fabriqués qui se trouveront exister dans l'atelier, sauf qu'il faudra ici s'assurer, en outre, à l'aide du livre de contrôle relatif au compte E, si les articles marqués dans celui-ci à l'entrée des marchandises, à moins qu'ils ne soient indiqués comme étant vendus, se trouvent bien à ce moment faire partie du stock en magasin.

L'on dressera un procès-verbal des résultats que présentera l'inventaire, et de même que les deux listes de marchandises, après que par un collationnement rigoureux on se sera assuré qu'elles sont parfaitement conformes, il devra être signé par toutes les personnes qui auront pris part audit inventaire. Ce procès-verbal, ainsi qu'une des listes de marchandises, restera entre les mains du réviseur ou de la délégation, s'il y en a une. L'inventaire une fois signé, on inscrira à nouveau les approvisionnements sur les livres de contrôle relatifs soit au compte D, soit au compte E, en en débitant le gérant ou bien, suivant le cas, le chef de magasin. En portant à ce débit les articles manufacturés prêts pour la vente, on le fera naturellement d'après le taux des prix de vente, et non d'après les prix de production. Ces derniers devront être marqués à côté des premiers dans la colonne 4 du Formulaire n° 9, en les accompagnant des numéros de renvois relatifs à l'inventaire. Il faudra, de même, marquer dans la même colonne les prix des produits non manufacturés dont la fabrication aura été achevée depuis. Ces prix devront être ceux-là mêmes qui figuraient dans l'inventaire.

a. L'on portera naturellement à *l'actif* du bilan, lors du règlement des écritures, le solde de la totalité des marchandises, tel qu'il aura été obtenu d'après l'inventaire, en y comprenant les produits bruts, les matériaux et les articles à demi-fabriqués. Par rapport aux ustensiles et aux outils, que l'on veuille bien consulter l'arrêté du compte F sous la rubrique I.

b. Quant au règlement des *livres du caissier*, nous renvoyons aux observations déjà faites pages 160 et 162, sous la rubrique *b.*, observations qui sont relatives à l'arrêté et au report à nouveau des écritures du journal-caisse.

c. On fermera et l'on ouvrira à nouveau les comptes spéciaux du grand-livre, en suivant la série alphabétique des lettres qui les désignent. D'après les exemples donnés au sujet du fonds de réserve, pages 161 et 162, l'on verra comment il y aura lieu de procéder à l'égard du compte A.

Dans le bilan, le fonds de réserve figurera naturellement parmi les articles du *passif*.

d. L'arrêté à nouveau du compte B, Formulaire n° 3, doit évidemment avoir lieu en additionnant chaque article passé en dernier lieu, colonne 8, aux comptes spéciaux de chaque sociétaire; car, comme nous l'avons déjà signalé, la créance des membres relative aux intérêts inscrits à la colonne n° 9 n'est payable que tout autant que les bénéfices le permettront. Dans le bilan, les parts sociales figurent au *passif*.

e. Par rapport au règlement du compte C, nous renvoyons aux observations que renferme la page 163, à la lettre *g*, et quant au règlement les intérêts dus pour les emprunts aux explications données à la page suivante, lettre *h*.

f. Relativement au compte D, il y a lieu, avant tout, de fixer les sommes *restant encore dues* pour livraisons de marchandises brutes, ce qui se fera en arrêtant les comptes spéciaux des divers individus, ainsi que le compte d'effets relatifs à la subdivision D. L'on aura alors à porter l'excédant que présentera la colonne 7, par rapport à la colonne 5, dans cette dernière colonne, comme solde, et l'on fera ensuite l'addition de tous les soldes ainsi obtenus. Le total est la somme que la Société a encore à rembourser pour les articles bruts et les matériaux, soit comme simple dette commerciale, soit comme dette garantie par lettre de change, et ce total, qui devra être conforme à l'excédant de la colonne 3 sur la colonne 5, sera porté au folio du débit dans le livre de contrôle relatif au compte D, Formulaire n° 8. Les soldes des comptes individuels donneront le montant de la simple créance, le solde du compte d'effets, celui de la créance sous forme de lettre de change, et ce dernier chiffre devra être exactement semblable à la somme marquée sur le carnet d'échéances, Formulaire n° 7. Le montant intégral de la dette figurant au compte D devra être compris dans l'actif du bilan. L'on passera, cela va sans dire, en détail, à nouveau les soldes à la colonne 7 du compte D au grand livre, et en bloc à la colonne 3 du livre de contrôle, relatif au compte D, Formulaire n° 8.

g. On obtient le *déchet* sur les matières premières, en ajoutant au solde de ces mêmes marchandises qu'aura présenté l'inventaire de la précédente année, le montant des articles de cette catégorie qui auront été vendus dans le courant de l'année, et en retranchant du total le solde existant d'après le dernier inventaire. On trouve le montant des marchandises brutes écoulées pendant l'année, en ajoutant les chiffres de la colonne 9 à ceux de la colonne 7 du débit du compte D, Formulaire n° 4, et en déduisant ensuite les chiffres de la colonne 11 du même compte, ainsi que les soldes de la précédente année inscrits sur les comptes personnels, en tant que dettes pour marchandises. Le Livre de contrôle relatif au compte D, Formulaire n° 8, après soustraction du solde de la précédente année et de l'escompte indiqué dans la colonne, doit naturellement donner le montant même des marchandises vendues durant l'année. Le déchet pour l'année sur les marchandises brutes ne doit pas être porté dans le Bilan, mais bien au crédit du compte de bénéfices.

h. La liquidation du compte E, articles manufacturés, se fait en arrêtant tous les comptes spéciaux compris sous cette rubrique, attendu que tout comme pour le compte D, l'excédant de la colonne 5 à la colonne 7, Formulaire n° 5, est porté en tant que solde dans cette dernière colonne, et les différents soldes ainsi obtenus sont additionnés ensemble. Le total représente les *créances commerciales* que possède la Société à raison des livraisons faites, et ce total, sauf les sommes qui n'étant que partiellement recouvrables auront été fixées à un chiffre trop élevé, ou sauf les créances sur la rentrée desquelles l'on ne peut compter et qui, par cette raison, doivent être exclues, figurera parmi les articles de *l'actif* du Bilan.

Il faudra également comprendre dans cet actif des traites fournies par la Société coopérative sur ses clients et qu'elle aura encore en portefeuille. Elles représentent les créances que possède la Société sous forme de lettres de change. D'après le Livre de contrôle relatif au compte E, Formulaire n° 9, il faut considérer ces *dettes actives ou créances pour marchandises livrées* comme formées par le solde de la colonne 10 sur la colonne 8, de même que cela a lieu pour ledit compte E au grand-livre.

i. Mais en ce qui concerne le règlement du compte E, une vérification des plus rigoureuses est indispensable à l'égard de la solvabilité des personnes sur lesquelles sont fournies les traites que la Société a déjà escomptées chez son banquier, et pour l'acquittement desquelles à l'échéance elle se trouve être garante en raison de son endos. Dans la mesure où de cette vérification, qui aura pour base le carnet des échéances, Formulaire n° 7, des doutes se produiront quant à l'exactitude à payer de la part de tel ou tel accepteur, une somme proportionnelle, inscrite sous le titre « *d'Engagements par suite d'endossements,* » sera portée dans le *passif* du bilan, ainsi qu'au *Crédit du compte de bénéfices.* Si, plus tard, il arrive que les craintes de la Société à l'égard des accepteurs n'étaient pas fondées, on augmentera, la prochaine année, les bénéfices dans la proportion de la réduction qui aura été faite.

k. Enfin, le règlement du compte E donnera de son côté *le montant des ventes réalisées dans le cours de l'année,* et cela en retranchant des sommes provenant des comptes personnels sous la rubrique E, Formulaire n° 5, les sommes fournies par les soldes reportés de l'année précédente et le montant des pertes résultant de l'escompte, d'après la colonne 9. Ledit chiffre des ventes de l'année devra également être obtenu par le règlement du livre de contrôle relatif au compte E, Formulaire n° 9, si l'on soustrait, d'une part, de la somme de la colonne 8 le solde de l'année précédente, conformément au report qui en a été fait, et, d'autre part, les pertes indiquées dans la colonne 12. Le montant des ventes annuelles ainsi obtenu ne devra pas naturellement être compris dans le bilan, mais il formera, par contre, l'article le plus important au débit du compte de bénéfices. Pour les Sociétés coopératives de production qui ont, comme entreprise secondaire, une branche relative aux achats de matières premières, ou bien encore qui, par des raisons particulières, vendent des lots isolés d'articles de matières premières (dans lequel cas il est facile d'établir le montant des sommes auxquelles s'élèvent ces ventes, en faisant le relevé de la colonne 5 du crédit du livre de contrôle relatif au compte D, Formulaire n° 8 , il faudra ajouter au montant des ventes de l'année, inscrit au crédit du compte de bénéfices, le montant des ventes des produits bruts et des matériaux.

l. Le règlement du compte F, ustensiles et outils. a lieu de la même manière que pour le règlement du compte d'inventaire, ainsi que nous l'avons expliqué, page 162, lettre *d*, et pages 172 à 173. Les ustensiles et l'outillage seront, conformément aux indications données plus haut, et si toutefois il en existe au moment de l'inventaire, rangés parmi les articles figurant à *l'actif* du bilan, et le tant pour cent d'amortissement, à défalquer pour l'année, sera porté au crédit du compte de bénéfices.

m. Le règlement du compte G, *Frais généraux*, a lieu pourvu que l'on ait eu soin au préalable de séparer au débit et au crédit les articles non encore liquidés de ceux qui ont déjà été réglés, de façon à ce que l'on n'ait évidemment, tant au débit qu'au crédit, que le solde des premiers, de la même manière que s'il s'agissait des écritures relatives au fonds de réserve, sauf que du solde que l'on obtiendra, il faudra, pour avoir le montant des frais généraux afférents à l'année dont il s'agira, retrancher le solde de la précédente année, qui avait été reporté à nouveau au crédit du Formulaire n° 6, colonne n° 3. Le reste que l'on aura alors devra figurer au crédit du compte de bénéfices.

L'on devra, par contre, ranger dans les articles du passif du bilan le solde de la colonne 5, par rapport à la colonne 3 du folio du débit du compte G, attendu que ces frais généraux relatifs à l'année en question ne sont pas encore liquidés ; par contre, ce même solde de ladite colonne 5, s'il est au folio du crédit dudit compte, devra être placé parmi les articles inscrits à l'actif du bilan.

Si donc, en guise d'exemple, pour l'article ainsi libellé : *Excédant payé pour droits de patente*, dont il a été passé écriture au débit du Formulaire n° 6, la Société venait à recevoir avis que ce surplus lui sera remboursé, comme toutefois elle n'en a pas encore touché le montant, celui-ci figurera à titre de créance parmi les articles à l'actif.

n. Relativement au règlement du compte H, *Prêts en espèces*, qui ne contient d'ordinaire que le compte d'une seule personne ou d'une seule Compagnie, agissant en qualité de banquier de la Société, nous renvoyons aux observations émises à la page 170, lettre *q*, et à l'exemple y relatif, page 238. Le total des intérêts échus en faveur de la Société, d'après ce compte, sera porté au débit du compte de bénéfices, et les intérêts restant dus à la Société devront, à la fin de l'année, être rangés parmi les articles de l'actif du bilan.

D'après l'exposé que nous venons de faire, le règlement des écritures du journal-caisse et du grand-livre, pour lequel règlement les registres de contrôle tenus par le gérant fournissent les éléments nécessaires de vérification, donne sans peine la base du bilan et du compte de bénéfices.

A *l'actif du bilan* figureront les articles indiqués par les lettres a, b, h, l (Ustensiles et outillage), éventuellement aussi ceux désignés par la lettre m (Soldes au débit du compte de frais généraux) et par la lettre n (Intérêts arriérés sur prêts).

Le *passif du bilan* comprendra par contre les écritures désignées par les lettres c, d, e (Emprunts et intérêts encore dus sur ceux-ci), f et occasionnellement i et m (Frais généraux non encore liquidés).

On passera au débit du compte de bénéfices : les articles indiqués par les lettres k et n (les intérêts échus, compte D); par contre, on inscrira au crédit les sommes sous la rubrique e, g, l (usure pour les intérêts et l'outillage), celles désignées par les lettres m et i, ces dernières s'il y a lieu toutefois.

L'excédant de l'actif sur le passif forme *le bénéfice* de l'entreprise et doit, si les écritures sont exactes, être égal à l'excédant du débit sur le crédit au compte de bénéfices.

Les *modifications dans la tenue des livres*, que l'augmentation des membres de la direction portés de deux à trois entraîne avec soi, n'influent d'aucune manière sur les mesures nécessaires pour procéder aux règlements des comptes ni sur l'établissement du compte de bénéfices.

Le livre d'atelier, Formulaire n° 14, qui n'est

qu'un registre supplémentaire, présente une récapitulation des comptes D et E du grand-livre, analogue à celle que l'on trouve plus en détail dans les livres de contrôle qui ont trait à ces deux comptes.

Le *bilan*, aussi bien que le *compte de bénéfice*, dressés l'un et l'autre par les soins de la direction, doivent, même quand ils présentent des résultats en apparence tout à faits satisfaisants et qui répondent pleinement à l'attente légitime des intéressés, être examinés avec le soin le plus minutieux par le *réviseur* ou, s'il y en a une, par la *délégation*. On comparera et collationnera l'un et l'autre avec les différents comptes et les documents à l'appui, et, non content de vérifier matériellement les calculs, on s'assurera que les articles portés à l'actif existent réellement, et que le passif ne contient que ceux qui résultent positivement de la comptabilité.

Quant à la répartition des bénéfices, les contrats conclus avec les membres de la direction, de même que les paragraphes 55 et 56 des statuts-types *sub* A prescrivent les mesures à prendre (et, sous ce rapport, la colonne 9 du Formulaire n° 3, compte B, fournit de prime abord une base sûre) en ce qui concerne l'évaluation des intérêts à prélever en vue des parts sociales d'après les chiffres que donnera la dite colonne. Pour l'*extra-dividende* auquel ont droit les parts sociales, on prendra comme point de départ le bilan de la précédente année, en y ajoutant le dividende et le boni de l'année courante. Par contre, on fixera le montant du *boni* à allouer aux ouvriers à gages d'après le chiffre des *salaires* et des *appointements* payés pendant l'année, tel que ce chiffre résultera du *journal auxiliaire des salaires et des appoin-*

tements, Formulaire n° 13, qui devra être conforme au *carnet des salaires* dont chaque ouvrier est porteur, Formulaire n° 10.

Dès que l'assemblée générale aura, après délibération, pris une décision relativement au partage des bénéfices, le caissier portera sur les comptes spéciaux compris sous la rubrique B, *les intérêts, extra-dividende et boni* auxquels les membres auront droit, et il en fera autant sur *leurs carnets de quittances*. C'est lui encore qui sera chargé de payer intégralement et en espèces le boni qui revient aux ouvriers employés par l'association, mais qui n'en sont pas encore membres.

APPENDICE AU CHAPITRE PREMIER

Les modèles d'actes dont suit l'énonciation et qui font partie du chapitre premier de la deuxième division de cet ouvrage, depuis la page 214 jusqu'à la page 224, conviennent également à la Société coopérative de production.

1° *Modèle de procès-verbal d'une assemblée générale;*

2° *Modèle de procès-verbal d'une séance de la direction et de la délégation réunies;*

3° *Contrat d'une Société coopérative avec la direction.*

ANNEXE N° 4.

Statuts pour la réglementation d'une Société d'épargne établie en vue de la fondation d'une Société coopérative de production.

Les soussignés, dans le but de préparer les voies à la fondation d'une Société coopérative de production, se sont constitués en Société ayant pour objet principal de réunir le capital nécessaire à l'entreprise énoncée ci-dessus.

A cet effet, ils ont stipulé entre eux ce qui suit :

§ 1er. — Le contrat sera définitivement arrêté le
     année

§ 2. — L'*association* a lieu exclusivement entre ouvriers de (indiquer la spécialité industrielle) et l'on se réserve la faculté d'admettre, au moment où commencera l'entreprise projetée et dans la mesure où l'on aura besoin de leurs services, les comptables et les négociants.

L'admission dépendra de la décision des directeurs, à l'égard desquels la personne refusée aura le droit d'en appeler à l'assemblée générale.

Le membre admis sera tenu de signer le présent contrat.

§ 3. — La somme pour la réunion de laquelle chaque membre s'engage à contribuer, pendant la période précitée, est fixée à thalers...... Elle sera payable ou intégralement ou par versement.

D'au moins : *a*....thalers, lors de l'admission ;
    —   *b*....gros d'argent, chaque semaine.

§ 4. — Les affaires de la Société seront gérées :

a. Par un *comité de direction* de cinq membres.

b. Par l'*assemblée générale*.

§ 5. — La direction se compose :

1° D'un **gérant** ;

2° D'un **substitut** ;

3° D'un **premier caissier** ;

4° D'un **second caissier** ;

5° D'un **membre** remplissant les fonctions d'adjoint.

Elle est élue chaque fois pour une année, et elle est rééligible. La direction administre les affaires de la Société, conformément aux décisions prises à la majorité des membres présents à ses séances, qui ont régulièrement lieu à la fin de chaque semaine et à des heures fixes, dans un local désigné d'avance. La présidence appartient au gérant, et, dans le cas où il serait empêché, au substitut. Pour la validité des décisions, la présence de trois membres au moins est nécessaire.

La direction représente la Société vis-à-vis des tiers et engage celle-ci pour les transactions auxquelles trois des membres qui la composent auront pris part, dans les limites de la procuration contenue dans les présents statuts.

La direction est autorisée pour la Société :

1° A recevoir tous fonds et toutes valeurs monétaires et à en donner quittance;

2° A intenter des actions ou à entrer en arrangements au sujet de celles qui seraient intentées; à prendre, en général, relativement aux procès les mesures nécessaires; à accepter des compromis, à prêter serment ou à déférer au serment; à arrêter, au besoin, d'une manière définitive, les décisions à suivre; à employer tous les moyens de droit permis, enfin, à se substituer un tiers quelconque dans tous les cas que nous venons d'énumérer en lui conférant des pouvoirs spéciaux.

§ 6. La direction est tenue :

a. De se régler, pour tout ce qui concerne la gestion des affaires de la Société, d'après les dispositions contenues dans les présents statuts, ainsi que d'après les décisions de l'assemblée générale et les instructions approuvées par celle-ci. Faute de ce faire, ceux des membres de la direction qui, par des agissements en opposition, auront contribué à causer des dommages à la Société, seront tenus de les réparer de leurs propres deniers, chacun d'eux étant à cet égard solidaire de ses collègues ;

b. De présenter à la fin de chaque trimestre un relevé sommaire de la situation générale de la Société au point de vue financier, en y comprenant l'effectif des parts sociales et les placements à intérêt.

Les deux caissiers sont chargés conjointement d'une façon toute spéciale :

a. De toucher, dans les séances hebdomadaires de direction ou à des époques qui seront, du reste, fixées, les versements des sociétaires sur leurs parts sociales d'épargnes, et d'en donner quittance ;

b. De verser, sur-le-champ, l'argent provenant de l'effectif des quotités ci-dessus mentionnées chez le banquier désigné par l'assemblée générale, et de produire les reçus relatifs aux versements de ce genre dans les séances de la direction ;

c. De dresser les listes ainsi qu'il aura été prescrit, et de tenir chacun, toutefois séparément, à raison du contrôle qu'ils sont appelés à exercer l'un sur l'autre, les livres qui concerneront les versements des sociétaires et les dépôts chez les banquiers, et, de plus, de porter les premiers au crédit du compte spécial ouvert à chaque membre de l'association ;

d. De préparer, à la fin de chaque trimestre, les éléments nécessaires pour l'exposé trimestriel de la situation que la direction est tenue de présenter, et enfin,

e. De dresser, à la fin de l'année, le relevé détaillé des écritures relatives à la gestion de tout l'exercice, en indiquant la situation financière au point de vue collectif, et celle des parts sociales auxquelles chaque membre aura droit.

Les relevés auxquels il est fait allusion à la lettre *d*, ainsi que ceux servant à la comptabilité de l'année, mentionnés sous la lettre *e*, devront être remis à la direction en corps, c'est-à-dire siégeant au complet. Celle-ci les collationnera avec les écritures et, après vérification des pièces à l'appui, les soumettra à l'assemblée générale avec les propositions qu'il y aura lieu de faire.

Le *gérant* et son *substitut* sont plus particulièrement chargés d'exercer une surveillance incessante sur le maniement des fonds en caisse, tandis que l'*adjoint*, dans le cas d'empêchement de l'un des deux caissiers, devra remplacer celui-ci dans ses fonctions.

La direction en masse, de même que tout membre de celle-ci, pourront, au gré de l'assemblée générale, être en tout temps révoqués de leurs fonctions et remplacés par d'autres personnes. Dans ce cas, les membres destitués seront tenus, sans qu'il leur soit accordé de délai, de remettre sur-le-champ tous les soldes de caisse, livres, listes et autres papiers concernant la Société, qui pourraient se trouver entre leurs mains, soit aux successeurs que l'assemblée générale aura nommés à leur place, soit à des commissaires désignés à cet effet.

Les deux employés chargés de la caisse recevront, à titre de rétribution, pour les soins de leur gestion, un traitement prélevé sur les sommes effectivement versées à la caisse et suivant qu'il sera stipulé dans le contrat à passer avec eux.

§ 7. — C'est à la direction qu'il appartient *de convoquer l'assemblée générale*, qui aura régulièrement lieu à la fin de chaque trimestre, en vue de l'exposé des affaires de la Société et de leur expédition, ainsi que des réclamations et des propositions quelconques que l'on pourrait avoir à faire. La direction est également autorisée à recourir, en tout temps, à cette mesure, du moment où l'intérêt de la Société lui paraîtra l'exiger et, de plus, elle y sera obligée du moment où l'un de ses membres, fût-il seul, ou bien encore le   des sociétaires en feront la demande par écrit, en indiquant l'objet de la délibération.

Au cas où, en présence d'une proposition de cette nature, l'assemblée ne serait pas convoquée dans les vingt-quatre heures pour l'époque la plus rapprochée, par les soins de la direction, le premier venu parmi cinquante-neuf membres, de même que le groupe des signataires de ladite motion, seront autorisés à y procéder d'eux-mêmes, en motivant la convocation par le fait de l'ajournement. Dans l'un et l'autre cas, il est indispensable d'en aviser les directeurs.

L'*invitation* aura lieu au moyen d'une *circulaire* manuscrite adressée aux sociétaires, ou par avis inséré dans les feuilles publiques désignées à cet effet par l'assemblée générale, en notifiant toutefois l'objet sur lequel devront porter les délibérations. Cette invitation devra être faite au moins huit jours avant l'époque fixée pour ladite réunion. Ce n'est que dans les cas urgents que ce délai sera de   jours seulement.

La présidence de l'assemblée générale revient de droit au gérant ; toutefois, sur la proposition, autorisée en tout temps, qui pourra en être faite, et après décision de ladite assemblée, elle pourra être dévolue à tout autre membre de la Société.

L'ordre du jour sera fixé par la direction, ou si

la convocation de l'assemblée générale est faite par
d'autres, il le sera alors par ces derniers. Mais on y
devra faire figurer toutes propositions ou toutes questions qui auraient été formulées par écrit et assez à
temps pour précéder l'envoi de l'invitation, peu importe qu'elles soient dues à l'initiative d'un seul directeur ou qu'elles émanent du   des sociétaires.

Les décisions prises en assemblée générale par les
membres présents à celle-ci auront, en ce qui concerne la Société, même à l'égard des membres qui
n'y auraient pas assisté, force obligatoire, pourvu que
les sociétaires qui s'y seront rendus aient été régulièrement convoqués et qu'en même temps la publication de l'ordre du jour ait eu lieu.

Les décisions arrêtées par l'assemblée seront enregistrées, en y ajoutant la date de la réunion, dans le
livre des délibérations confié à la garde de la direction, et sur lequel les membres présents à la séance
apposeront leurs signatures pour confirmer l'authenticité de ces résolutions.

§ 8. — L'assemblée générale est juge souverain
pour toutes les affaires de la Société, sauf le cas où
l'expédition en est formellement réservée à la direction, soit par les statuts actuels, soit par délibération
spéciale de la Société.

L'assemblée générale, en dehors des cas qui lui
sont spécialement réservés par les présents statuts,
est appelée à se prononcer dans les circonstances suivantes :

1° Quand il y aura lieu de modifier les présents
statuts ou de décider de la dissolution de la Société ;

2° Quand il s'agira de nommer ou de révoquer la
direction en masse, ou les membres qui la composent

pris individuellement, quand aussi il sera question de fixer la rétribution à allouer auxdits fonctionnaires ;

3° Pour les poursuites judiciaires à exercer contre les directeurs et pour l'élection d'un fondé de pouvoirs commis à cet effet ;

4° Dans les cas où l'on aura à juger les contestations entre les sociétaires relativement au sens des dispositions statutaires ou des décisions prises par la Société, de même que lorsqu'il y aura lieu de se prononcer au sujet des réclamations formulées contre la gestion des directeurs ;

5° Chaque fois qu'il s'agira de sociétaires à exclure :

6° Quand il faudra désigner la maison de banque ou un dépositaire spécial pour le placement des fonds à intérêt ;

7° Lorsqu'il sera question de commencer les opérations de la Société projetée ;

8° A l'époque de l'apurement des écritures relatives à la comptabilité annuelle et à la décharge de la responsabilité administrative des directeurs.

Dans l'hypothèse où l'assemblée aurait des doutes au sujet de la régularité des comptes qui lui sont soumis et de leur vérification par le Comité de direction, elle peut, en tout temps, sans que la proposition ait été portée, à cet effet, par avance à l'ordre du jour, décider qu'il sera nommé un ou plusieurs *vérificateurs*, auxquels la direction devra remettre tous les livres et tous les papiers, et fournir tous les éléments de renseignements nécessaires pour que, sur le rapport fait par lesdits vérificateurs, l'assemblée puisse statuer dans les réunions qui auront lieu ultérieurement.

§ 9. — Sur les intérêts provenant du placement

des sommes versées pour constituer le fonds d'épargne, on retiendra d'abord le montant nécessaire pour
couvrir les frais généraux de l'opération et notamment pour la rétribution des directeurs. Quant au
solde qui restera alors, il sera réparti parmi les membres, d'après le chiffre de leurs parts d'épargnes.
Aussi longtemps que ces parts n'auront pas atteint,
pour chaque sociétaire, au chiffre réglementaire, les
intérêts ne devront pas être payés intégralement aux
membres, mais retenus pour être reportés sur leurs
quotités.

§ 10. — Si la fondation de la Société coopérative
de production n'a pas lieu dans les six semaines qui
suivront la période fixée par le premier paragraphe,
tout sociétaire cessera, à partir de ce moment, d'être
lié par les présents statuts, et chacun des membres
du groupe pourra exiger le remboursement complet
de la part lui appartenant dans le fonds d'épargnes, y
compris les intérêts qu'elle aura rapportés, si, toutefois, après le payement des pertes qui auront pu se
produire, il existe un solde. La Société ne pourra se
refuser à ce payement que par la dissolution, qui aurait pour conséquence la liquidation suivant les formes légales.

Si, par contre, avant l'expiration du dernier délai
indiqué ci-dessus ou même plus tôt, il a été procédé
à l'établissement d'un atelier coopératif de production, alors la totalité des membres, parmi ceux qui
forment la Société d'épargnes, dont les parts sociales
dans le fonds commun auront atteint au moins aux
trois quarts du chiffre réglementaire, seront *autorisés*
et même *obligés* à adhérer à la nouvelle entreprise en
y apportant lesdites parts sociales, et devront se sou-

mettre au contrat d'association conclu dans ce cas par la majorité des ayants-droit de participer à la nouvelle Société. Dans les stipulations de cet acte, il y aura alors lieu de prendre les dispositions nécessaires à amener le complet payement des sommes qui seraient encore dues pour parfaire les quotités sociales.

De plus, la majorité des membres auxquels appartiendra de droit la qualité de sociétaire aura à décider si les individus dont les quotités successivement accumulées n'atteignent pas les trois quarts de la part sociale réglementaire, seront admis à faire partie de la Société coopérative :

a. Soit, tout de suite, en qualité de sociétaires, soit transitoirement et jusqu'à complet payement de leurs parts sociales en qualité :

b. D'associés commanditaires, et, dans ce cas, avec droit de participer aux bénéfices et obligation de supporter les pertes des opérations dans la mesure du chiffre de leurs apports. Les intéressés seront, de leur côté, tenus de se conformer à cette décision.

Si un sociétaire meurt avant l'ouverture de l'atelier coopératif, ses héritiers pourront se dégager du présent contrat, et la Société d'épargnes sera tenue de rembourser dans ce cas auxdits légataires, dans le délai de quatre semaines après avis de retrait, la part sociale laissée dans le fonds d'épargnes par le testateur, en y ajoutant les intérêts dus jusqu'à la fin de la dernière année, à moins que ladite part ne se soit trouvée englobée dans les pertes de l'entreprise. La Société ne peut se soustraire à cette obligation que par sa dissolution en vue de liquider. De son côté, la

Société a, dans ce but, le droit de notification à l'égard des héritiers.

Si les engagements établis par les présents statuts n'étaient pas exécutés et s'il se produisait des agissements contraires aux intérêts de la Société, l'exclusion d'un ou de plusieurs membres pourra être prononcée par l'assemblée générale. Dans ce cas, le payement intégral de la part sociale revenant au membre exclu n'en aura pas moins lieu dans la forme précédemment indiquée.

ANNEXE N° 5

STATUTS-TYPES (1)

A. — *Concernant les Sociétés coopératives à personnel restreint avec une direction composée de deux membres et sans Comité de délégation.*

Statuts du groupe de production la..............
à X.............
(Société coopérative enregistrée.) (2)

Raison sociale, siège, objet de l'entreprise.

§ 1er. — Les soussignés se sont réunis ensemble sous la raison :

La.............. à X........... Société pour la production de.............
(Société coopérative enregistrée.)

---

(1) On appliquera, en outre, sur le contrat d'association le timbre exigé par la loi, en Prusse, de 15 gros d'argent.

(2) L'addition légalement obligatoire des mots : *Société coopérative enregistrée*, quelle que soit d'ailleurs la raison de commerce, fait que la rédaction ci-dessus paraît la meilleure pour éviter des répétitions inutiles.

L'objet de l'entreprise est la fabrication et la vente
des......... pour le compte collectif et aux risques
communs. Le siége de la Société est à X..........

Durée de la Société.

§ 2. — Le présent acte d'association stipule une
première durée de...... années, à partir du........
de la présente jusqu'au......... de l'année 18.. Une
dissolution antérieure à cette époque ne pourra avoir
lieu qu'en vertu des paragraphes 35, nº 2 et 33,
lettre *a*.

Capital de la Société.

§ 3. — Le capital de la Société sera formé au moyen
des mises des sociétaires et de leurs quotes-parts des
bénéfices, conformément aux dispositions énoncées
plus loin, et il se partagera en :

1º *Capital des sociétaires* formé de l'avoir ou des
parts sociales de chaque membre dans l'entreprise
qui auront été versées à la caisse de la Société;

2º *Capital appartenant en propre à l'association coopérative*, c'est-à-dire à la collectivité, et servant de
fonds de réserve de l'entreprise.

Le rapport exigé par la loi entre ces deux éléments
constitutifs sera spécifié dans les paragraphes qui suivront.

ORGANISATION ET DIRECTION DES AFFAIRES DE
LA SOCIÉTÉ COOPÉRATIVE. — ORGANES DE LADITE
SOCIÉTÉ.

§ 4. — La Société coopérative dont il s'agit ici administre elle-même ses affaires avec le concours de tous ses membres. Elle a pour organes :

1° La direction ;

2° Le réviseur ;

3° L'assemblée générale.

A. — DE LA DIRECTION

A. — *Composition et nomination.*

§ 5. — La direction se compose :

1° Du gérant ;

2° Du caissier.

Elle est élue, au scrutin et par tour de scrutin distinct, à la majorité des voix, en assemblée générale, parmi les sociétaires mêmes, la première fois pour une année et dans la suite pour deux ans.

Si, pour chaque élection, la majorité n'est pas obtenue au premier tour de scrutin, alors les deux candidats qui auront eu le plus de suffrages seront seuls l'objet d'un second tour de scrutin. Dans le cas où les votes se balanceraient, le tirage au sort décidera. La réélection des mêmes individus après la période assignée à leurs fonctions est autorisée.

B. — *Validation.*

§ 6. — La validation des fonctions des directeurs résultera du procès-verbal dressé à l'occasion des actes électoraux de l'assemblée générale.

Les nominations devront être notifiées sans retard au tribunal de commerce, au moyen de la remise d'une double copie du procès-verbal relatif à l'élection. Cette remise devra être faite personnellement par les deux membres de la direction. Les deux élus devront de plus joindre à ladite copie une déclaration écrite constatant l'acceptation de leur nomination et devront apposer sur ce document, en présence du magistrat, leurs signatures, ou bien remettre celles-ci légalisées dans les formes prescrites.

c. — *Signature sociale.*

§ 7. — La signature elle-même sera obtenue de la manière suivante. Les signataires ajouteront à la raison sociale de l'association coopérative leurs noms et signatures. Toutefois, la signature n'aura d'effet légal à l'égard de la Société que si elle est donnée conjointement par les deux membres composant la direction, ou bien encore par l'un de ceux-ci et, en cas d'empêchement de l'un des directeurs, par le fondé de pouvoir désigné à cet effet, en vertu du paragraphe 18 des présents statuts.

D. — *Pouvoirs de la direction et mode de fonctionnement.*

§ 8. — La direction a qualité pour représenter la Société coopérative judiciairement et extrajudiciairement avec tous les pouvoirs qui lui sont conférés par la législation coopérative du 1 juillet 1868, paragraphes 17 et suivants.

§ 9. — Elle gère en toute liberté les affaires de la Société coopérative, sauf les restrictions qui pourront être apportées par les présents statuts ou par les décisions ultérieures de la Société et sauf les cas réservés à l'approbation de l'assemblée générale.

§ 10. — Comme toutefois ces restrictions n'empêchent pas vis-à-vis des tiers la validité légale des engagements contractés, pour le compte de l'association coopérative, par la direction (voir la loi sur les Sociétés coopératives du 4 juillet 1868, §§ 21 et 27), les membres de la direction sont solidairement responsables de tous les dommages qu'ils auraient contribué à causer à la Société en outrepassant leurs pouvoirs.

§ 11. — La direction répond, en outre, vis à-vis de la Société coopérative de tous les dommages causés intentionnellement ou par négligence.

§ 12. — Les membres de la direction expédient les affaires de la Société, au fur et à mesure qu'elles se présentent, en séance commune, et les deux directeurs devront se concerter et être d'accord pour toute mesure relative aux intérêts de la Société.

§ 13. — La direction, conformément aux obligations qui lui incombent, assure aux affaires de la Société une marche régulière et doit surtout prendre soin que la comptabilité soit exacte et les livres bien tenus; elle veillera également à assurer la conservation en bon état des fournitures et approvisionnements en magasin, tant en matériel brut qu'en produits manufacturés, ainsi que celle des soldes en caisse et des documents qui pourront exister.

§ 14. — Le *gérant* est spécialement chargé :

a. — D'ouvrir les lettres que l'on recevra et d'y répondre, après s'être préalablement entendu avec le caissier qui signera, en même temps que lui, toute la correspondance de la Société; de garder en lieu sûr toutes les lettres adressées à la Société ainsi que les copies de celles qui auront été expédiées par lui, en ayant soin de les coter par ordre de dates.

b. — **De répartir les travaux entre les sociétaires**

et les ouvriers auxiliaires; de prendre les mesures nécessaires à la conservation des existences en magasin, soit de matières brutes, soit de produits façonnés; de veiller à leur bon entretien, et, de plus. de faire livrer, sur les premières, aux membres de l'atelier coopératif les quantités indispensables pour l'exécution des travaux dont ceux-ci seront chargés.

Le *caissier* enfin devra :

c. — Recevoir toutes les sommes dues, prendre les mesures de sécurité voulues pour la conservation des soldes en caisse et des documents importants qui pourraient exister, enfin faire sur les fonds en caisse tous payements, mais non sans autorisation écrite du gérant.

§ 15. — Les membres de la direction sont collectivement chargés de l'achat et de la vente des marchandises, de l'acceptation des commandes, du payement des salaires relatifs aux travaux. Ils sont responsables de la propreté et du bon ordre dans les ateliers de la Société coopérative. Ils prennent, en outre, part à la tenue des livres de façon à contrôler réciproquement leurs écritures.

Si l'un des directeurs s'aperçoit d'irrégularités dans l'administration de son collègue ou de déficit, il est tenu, après s'être concerté avec le réviseur, d'en donner immédiatement connaissance à l'assemblée générale et, au besoin, de recourir aux mesures indispensables à la sécurité des intérêts de la Société.

§ 16. — A la fin de chaque trimestre, il sera préparé par les soins de la direction, qui s'adjoindra à cet effet le réviseur, un relevé, d'après les livres, de la situation financière et commerciale de la Société. Les directeurs procéderont, en outre, à la vérification des soldes existant en argent ou valeurs, des documents, titres de créances, marchandises et matériaux, en vue du rapport à rédiger pour l'assemblée générale.

§ 17. — La direction devra prendre un soin tout particulier de faire faire auprès du Tribunal de commerce les notifications voulues ainsi que les publications relatives aux objets énoncés dans les paragraphes 4, 6, 18, 23, 25, 36, 41, 48 et 51 de la loi sur les associations coopératives du 4 juillet 1868, comme aussi de satisfaire aux obligations qui lui sont imposées par les paragraphes 26, 31, 52, 56 à 58 de la loi. Dans le cas contraire, la direction deviendra passible des pénalités, surtout pécuniaires, édictées par ladite loi, paragraphes 66 à 68, relativement à la non exécution des obligations en question, et sans que de ce chef la caisse de la Société coopérative soit tenue à aucun remboursement. La remise au tribunal de commerce du présent contrat d'association et la communication des décisions de la Société prises ultérieurement en vue de modifier ou de compléter les statuts. ainsi que les notifications relatives à l'effectif des sociétaires, devront être faites personnellement par les deux directeurs.

Le *contrat d'association* (*les statuts*) sera communiqué dans l'original même que la Société, sur la demande qu'elle en fera, pourra retirer. En tout cas, on y devra annexer une copie à la main ou à la presse du même acte. Les *décisions de la Société* devront être communiquées par double.

§ 18. — Dans les cas d'empêchement *permanent* de l'un des membres de la direction, l'on convoquera une assemblée générale dans le but d'élire un substitut, au besoin un remplaçant. La validation de l'élection du substitut aura lieu au moyen de la remise au tribunal d'une double copie de la décision de l'assemblée générale.

Pour les cas d'empêchement *passager*, la direction, avec l'assentiment de l'assemblée générale pourra, au moyen d'une procuration écrite, charger un fondé de pouvoirs de remplacer le membre empêché et de signer pour lui. La communication de la nomination de ce fondé de pouvoirs, au Tribunal de commerce, n'est pas obligatoire.

§ 19. — Tout *changement définitif* dans le personnel de la direction ou *toute substitution durable* ou toute cessation de ces dernières fonctions de substitut, doivent être notifiés au tribunal de commerce personnellement et collectivement par la direction, peu importe que celle-ci soit renouvelée en tout ou en partie, c'est-à-dire aussi par les remplaçants et les anciens gérants qui seraient rentrés dans leurs fonctions, pour que l'enregistrement sur le rôle officiel des Sociétés coopératives, en vue de la validation des pouvoirs et de la signature des nouveaux fonctionnaires puisse avoir lieu.

E. — *Révocation des membres de la direction de leur emploi.*

§ 20. — La direction en masse, de même que chacun des membres de celle-ci, pourront, à tous moments, par décision de l'assemblée générale, être révoqués de leur charge. Les individus révoqués n'auront droit à une indemnisation que dans la mesure des stipulations du contrat passé entre eux et la Société.

F. — *Traitement des membres de la direction.*

§ 21. — A l'égard de la rétribution à allouer aux membres de la direction pour les soins qu'exige l'administration, un contrat spécial sera conclu avec les personnes dont il s'agira par la Société coopérative réunie en assemblée générale. Cet acte sera signé au nom de la Société par le *réviseur.*

B. — *Du Réviseur.*

§ 22. — Le réviseur sera, en tant que fontionnaire de la Société coopérative, élu chaque fois par l'assemblée générale d'après le paragraphe 30 de la loi sur les associations coopératives du 4 juillet 1868. Cette élection aura, en réalité, lieu la première fois à l'époque de la fondation de la Société, plus tard elle se fera toujours dans la réunion générale, où le réviseur sera tenu de communiquer son rapport sur la vérification relative à la régularité de la comptabilité annuelle.

§ 23. — Les obligations du *réviseur* sont les suivantes :

1° Il prête son concours à la direction pour l'établissement des relevés trimestriels et de l'inventaire. Il vérifie la comptabilité générale de l'année, pour laquelle révision il est autorisé à s'adjoindre un expert pris en dehors des membres de la Société ;

2° Il convoque et préside, en cas d'empêchemont du gérant, l'assemblée générale, et il a, de plus, la faculté de prendre cette mesure spontanément sans l'adhésion de la direction ;

3° Il communique, dans les réunions trimestrielles,

les rapports sur les affaires de la Société, et dans l'assemblée générale tenue à la fin de l'année, le rapport relatif à la comptabilité de cette même année.

Dans cette occasion il a, en même temps, à formuler les propositions relatives au dividende et à l'approbation des actes administratifs de la direction. En cas de désaccord, cette dernière aurait le droit d'émettre des contre-propositions.

Le *réviseur* est autorisé à examiner en tout temps les livres et les documents de la Société, à vérifier les soldes de toute nature. Il a la faculté de décider, à tous moments, que l'on procédera à une vérification extraordinaire des fonds en caisse ou des existences en magasin.

Une rémunération pour les soins de surveillance administrative pourra être accordée, à la fin de chaque année, au réviseur par décision de l'assemblée générale.

Le réviseur est responsable des seuls dommages qui, dans l'exercice des devoirs de sa charge, auraient été causés à la Société, de son fait, par suite de mauvais desseins ou d'excessive négligence.

C. — DE L'ASSEMBLÉE GÉNÉRALE

A. — *Droit de participer aux délibérations.*

§ 24. — Les droits qui appartiennent aux membres de la Société coopérative, en ce qui concerne les intérêts de celle-ci, sont exercés par eux en assemblée générale.

Chacun a donc, dans les décisions à prendre à l'égard desdits intérêts, droit à *une* voix. Ce droit n'est transmissible, d'aucune façon, à un tiers.

B. — *Convocation et invitation.*

§ 25. — Le droit de *convoquer l'assemblée générale* appartient à la direction et au besoin au réviseur. (Voir § 23, n° 2.)

L'avis de convocation ou l'*invitation* relative aux réunions se fera au moyen d'un *écriteau* ou affiche placé dans le local de la Société; d'ordinaire, elle sera apposée deux jours avant la séance qui doit avoir lieu et elle sera signée par le *gérant*, ou si l'invitation émane du *réviseur*, par ce dernier.

Dans le cas où la totalité des coopérateurs ne travailleraient pas dans le même local, cette invitation aura lieu au moyen d'une *circulaire* manuscrite que les membres invités seront tenus de signer.

Dans les cas urgents et avec l'assentiment de la totalité des coopérateurs, l'on pourra convoquer à plus bref délai une assemblée générale, pourvu toutefois que l'invitation puisse être portée à la connaissance de tous.

§ 26. — Dans l'avis ou la lettre d'invitation, l'on devra exposer sommairement les propositions et autres objets qui seront soumis aux délibérations, c'est-à-dire que l'on y donnera un résumé très concis de *l'ordre du jour*.

C. — *Assemblées générales ordinaires.*

§ 27. — Les assemblées générales ont régulièrement lieu à la fin de chaque trimestre, en vue de l'expédition des affaires de la Société coopérative et pour la communication du relevé trimestriel de la situation commerciale et financière de la Société coopérative.

Après l'expiration de la dernière période trimestrielle qui coïncide avec la fin de l'année, conformément aux prescriptions, auront lieu le dépôt réglementaire des comptes annuels, l'approbation des actes de la direction, la répartition des bénéfices, etc., etc., ainsi qu'il est dit paragraphes 50 et suivants.

D. — *Assemblées générales extraordinaires.*

§ 28. — De plus, dans les occasions pressantes, il sera toujours licite de convoquer l'assemblée générale; bien plus la direction de même que le réviseur y seront tenus si le....... des coopérateurs en fait la proposition par écrit, en indiquant l'objet des délibérations.

E. — *Ordre du jour.*

§ 29. L'*ordre du jour* sera fixé par la direction ou par le réviseur, suivant que la convocation émanera de celui-ci ou de celle-là. Il devra toutefois comprendre toutes les propositions qui seront formulées, avant l'expédition de la Circulaire de convocation par écrit, soit par le réviseur, soit par un membre de la direction, soit enfin par le quart des coopérateurs.

F. — *Présidence.*

§ 30. De même que précédemment, selon que la convocation émanera de l'un ou de l'autre, la présidence de l'assemblée générale reviendra de droit au gérant ou au réviseur; cependant elle pourra, à tout moment, par décision de l'assemblée générale, être transmise à tout autre membre qu'il plaira à celle-ci de désigner. La nomination du *secrétaire* chargé de

la rédaction des procès-verbaux sera, à chaque séance.
au choix de celui qui présidera.

a. — Mode de votation.

§ 31. — Le vote aura lieu par levée des mains;
mais, pour l'admission ou l'exclusion d'un sociétaire
et pour les élections, il devra toujours se faire au
scrutin.

b. — Délibération.

§ 32. — Les décisions prises à la majorité des
membres présents à une assemblée générale auront
pour la Société coopérative force obligatoire, du moment où la convocation sera faite régulièrement et
que, par suite, on aura pu avoir connaissance, par
l'ordre du jour, du but de la réunion.

§ 33. — Cette règle ne comporte d'autre exception
que :

a. — Lorsqu'il s'agit de *l'exclusion* d'un ou de
plusieurs sociétaires (§ 39), *de l'augmentation des parts
sociales* (§ 44), *de la dissolution de la Société coopérative* avant l'expiration des années formant la durée
pour laquelle elle a été fondée. Dans tous ces cas, le
consentement des deux tiers des membres est indispensable ;

b. — *Pour les modifications des présents statuts*,
l'admission des nouveaux membres et les cas où il
s'agira de congédier tels ou tels anciens sociétaires
avant la période de délai établie pour la sortie par le
paragraphe 37. Dans toutes ces circonstances, il faut
que l'autorisation soit donnée par les cinq sixièmes
des sociétaires ;

e. — Pour la prorogation, enfin, de la Société coopérative au delà du temps stipulé par le contrat d'association. Dans cette dernière hypothèse l'adhésion de tous les membres est indispensable.

§ 34. — Les *procès-verbaux* dressés à l'occasion des délibérations de l'assemblée générale et contenant la marche des débats sur les points essentiels, et notamment sur les propositions faites et les décisions prises, seront inscrits, à la date de chaque assemblée générale, sur un registre spécial, ou *Livre des procès-verbaux*, et seront signés par tous les membres présents à la réunion à laquelle ces documents se rapporteront, puis confiés à la garde de la direction. Conjointement à ce livre des procès-verbaux, l'écriteau appendu dans le local de la Société, ou l'exemplaire de l'affiche, au besoin aussi la circulaire en vertu de laquelle aura eu lieu la convocation (§ 25), seront également conservés. Sur l'écriteau ou l'affiche en question, les directeurs, ou, s'il y a lieu, le réviseur, suivant que l'avis émanera de l'un ou des autres, devront marquer le jour et l'heure où soit l'écriteau soit l'affiche auront été apposés dans l'atelier, ou bien encore enlevés, et ils ajouteront à cette mention leurs signatures respectives.

I.—*Affaires soumises aux décisions de l'assemblée générale.*

§ 35. — Les affaires ci-après restent réservées aux décisions de l'assemblée générale :

1° Modifications ou additions complémentaires *aux présents statuts;*

2° *Dissolution* et liquidation de la Société coopérative;

3° *Décisions relatives à la conclusion des contrats de location et autres*, ainsi qu'à l'acquisition et à l'aliénation *des meubles* faisant partie de l'inventaire de l'établissement, dans le cas où ceux-ci coûteraient plus de..... thalers;

4° Acquisition, aliénation de *biens-fonds ou immeubles* et acceptation des charges qui pourraient les grever;

5° *Élection et rétribution* des directeurs et du réviseur;

6° *Nomination* d'employés pour le service de la Société et réglementation de leur traitement;

7° *Poursuites en demande judiciaire* contre les membres de la direction, le réviseur et tout fonctionnaire quelconque nommé, à quelque titre que ce soit, à un emploi de la Société;

8° *Révocation* desdits fonctionnaires de leurs charges;

9° Décisions des *contestations* relatives au sens et au contenu des présents statuts ou des résolutions arrêtées par la Société;

10° Rédaction des *instructions* à donner à la direction relativement aux affaires générales de la Société, et plus particulièrement à l'égard *de l'établissement d'un tarif pour les salaires des travaux faits dans l'atelier;* de plus, décisions à prononcer en dernier ressort au sujet des *plaintes* formulées contre l'administration de la Société ou contre les mesures prises par la direction, ou enfin contre les agissements du réviseur;

11° Détermination du système à suivre dans les achats et fixation de la quantité maximum des marchandises soit à acheter, soit à garder en magasin, de même que du maximum des sommes à y consacrer, et surtout des crédits qu'il pourra être permis de contracter dans ce cas;

12° Fixation du chiffre maximum des crédits à accorder à chaque client et décision à prendre au sujet du placement des capitaux inactifs provenant des soldes en caisse;

13° Répartition, à la fin de l'année, des bénéfices résultant des opérations, et approbation à donner à la gestion des directeurs;

14° Admission, renvoi et exclusion de la Société d'un ou de plusieurs membres;

15° Adhésion aux ligues ou syndicats coopératifs, et autorisation de s'en détacher;

16° Allocation de frais de voyage et déboursés extraordinaires, du moment où ces derniers dépassent le chiffre de..... thalers;

Obtention de la qualité de sociétaire et circonstances qui y mettent fin.

§ 36. — Les nouveaux membres admis par l'assemblée générale seront tenus de signer soit les présents statuts, soit une déclaration d'adhésion.

§ 37. — *La libre sortie* d'un sociétaire avant l'expiration du temps prescrit par les statuts pour la durée du contrat d'association ne peut être permise qu'à la fin de chaque année commerciale, et à la condition qu'avis en sera donné par écrit à la direction au moins deux ans à l'avance.

§ 38. — *La qualité de sociétaire cesse, en outre, d'exister* :

1° A la mort d'un membre, dans lequel cas les héritiers ne sont tenus de se considérer comme sociétaires que jusqu'à la fin de l'année commerciale dans le courant de laquelle le décès a eu lieu ;

2° *Par suite d'exclusion*, dans lequel cas on perd la qualité de membre, du jour même où il a été statué à cet égard ;

§ 39. — L'*Exclusion* pourra être proposée par la direction ou sur demande du .... des sociétaires :

1° Par suite d'actes d'improbité commis au préjudice de la Société ;

2° En raison de la non exécution des engagements statutaires ;

3° En conséquence d'interdiction légale venant à enlever à un sociétaire l'administration de ses propres biens, enfin, par suite de maladie prolongée ou pour toute autre cause de nature à rendre un membre incapable de prendre part aux affaires de la Société.

§ 40. — *Le membre qui aura cessé de faire partie* de la Société, peu importe *qu'il s'en soit retiré de sa propre volonté ou qu'il en ait été exclu*, de même que ses héritiers, ne pourront réclamer que le montant de la part sociale qui se trouvera engagée dans l'entreprise, y compris toutefois le dividende de l'année commerciale complétement écoulée à l'époque ou la qualité de sociétaire aura cessé d'exister ; mais ils ne sauraient prétendre à aucune part dans le capital de l'association, surtout en ce qui concerne le fonds de réserve. Le membre exclu n'a surtout aucun droit au dividende de l'année avant la fin de laquelle l'exclusion aura été prononcée.

Le payement intégral des parts sociales et, au besoin, des dividendes, aux membres qui ne font plus partie du groupe ainsi qu'à leurs héritiers, aura lieu le troisième mois après la clôture de l'exercice de l'année dans le cours de laquelle ou avec la fin de laquelle l'exclusion aura été prononcée.

§ 41. — La Société coopérative ne saurait se soustraire au susdit payement, dans le cas où sa situation financière serait mauvaise, *qu'en recourant à la dissolution et à la liquidation.* Toutefois, les membres qui ne feraient plus partie de l'association se verraient alors dans l'obligation de permettre la retenue des sommes leur revenant dans la mesure où celles-ci devraient, d'après les statuts, contribuer au payement des dettes contractées par la Société.

Dans toute hypothèse, les ex-membres continueront à être solidairement responsables sur la totalité de leurs biens personnels, vis-à-vis des créanciers de la Société, pendant les deux années qui suivront l'époque où ils auront cessé d'en faire partie, pour tous les engagements contractés par celle-ci jusqu'à ladite époque, conformément aux dispositions du paragraphe 63 de la loi sur les Sociétés coopératives du 4 juillet 1868.

Une immixtion dans les affaires de la Société, à raison de la clause ci-dessus, ne leur en est pas moins absolument interdite.

Droits et Devoirs des Sociétaires.

§ 42. — Les membres de la Société ont le droit :

a. — De voter en assemblée générale dans toutes les délibérations et pour toutes les élections qui auront lieu;

b. — De réclamer leurs parts dans les bénéfices de l'entreprise dans la mesure autorisée par les dispositions du paragraphe 55.

§ 43. — Les membres s'engagent par contre :

a. — A faire les mises de fonds exigées par le paragraphe 44 pour la formation des parts sociales dans l'entreprise;

b. — A acquitter un droit d'entrée destiné au fonds de réserve, d'après les dispositions du paragraphe 48, ce dont les membres fondateurs sont exemptés toutefois;

c. — A ne pas agir en opposition aux présents statuts, ni aux décisions et aux intérêts de la Société; surtout à ne fonder aucun établissement de même genre ou analogue, ni seul, ni avec le concours d'autres personnes, enfin à ne participer à aucune entreprise de même nature, ni en avançant des fonds, ni en exécutant des travaux;

d. — A répondre solidairement sur tous leurs biens pour les engagements contractés par la Société, au cas et dans la mesure où le capital social n'y suffirait pas, important peu d'ailleurs que lesdits engagements soient antérieurs à l'admission des individus dans le groupe, ou qu'ils n'aient été pris que pendant le temps où ceux-ci en faisaient partie.

Parts sociales des Membres.

§ 44. — La part sociale de chaque membre est fixée au chiffre de..... thalers. Il sera versé, comme à-compte sur ladite part, au moment de l'admission même, une somme qui ne devra pas être moindre de..... thalers, et le reste sera payable au moyen de cotisations mensuelles dont le chiffre ne pourra être inférieur à..... thalers, et par l'accumulation, en outre, des parts de bénéfices, conformément au paragraphe 55.

§ 45. — En outre, jusqu'à ce qu'on ait atteint le chiffre réglementaire voulu pour la part sociale de chaque membre, les *dividendes* afférents à ladite part sur les bénéfices nets seront retenus, et conjointement avec les versements faits à valoir sur ladite part, portés, à chaque fin d'année, au crédit des sociétaires dans un compte spécial.

§ 46. — Tout membre est pourvu d'un livret spécial où la direction marque les augmentations et, en cas de perte, les diminutions qu'a subies la part sociale appartenant audit membre. Celle-ci ne pourra, sous quelque prétexte que ce soit, être retirée de la caisse, pas plus qu'il ne pourra, d'aucune façon, en être disposé tant qu'on fera partie de la Société : ainsi toute cession, toute mise en gage, toute charge quelconque venant à la grève, sont absolument nulles vis-à-vis de la Société, à l'égard de laquelle elle répond des obligations du propriétaire. C'est là un point qu'il ne faut pas négliger de signaler sur le livret sus-mentionné.

Fonds de Réserve.

§ 47. — Le capital dont il est question, lettre *b*, paragraphe 3, et qui appartient collectivement à la Société coopérative, sert de *fonds de réserve* pour le payement des pertes éventuelles de l'entreprise, toutes les fois que les revenus des opérations n'y suffiront pas.

Ce fonds est formé au moyen *des droits* d'entrée qu'acquittent les nouveaux membres et des parts sur les bénéfices nets établis par le paragraphe 55 ; il devra, grâce à des accumulations successives, être porté jusqu'à 10 0/0 du capital appartenant en propre à chaque sociétaire et dans le cas de déductions provenant de pertes, il sera de nouveau ramené à ce même chiffre.

§ 48. — De temps à autre l'on fixera, par délibération de la Société, à nouveau les droits d'admission qui devront être acquittés dès que l'on sera reçu membre.

§ 49. — Ce n'est qu'après épuisement complet du fonds de réserve, dans les deux cas de perte ou de liquidation, que l'on pourra recourir, pour les dettes du groupe, aux parts sociales des membres, le restant de ces quotités restant entre les mains de la Société jusqu'au moment de la dissolution de celle-ci.

Système de Comptabilité.

§ 50. — L'année commerciale partira du..... pour finir au..... Aussitôt arrivée à son terme, il sera procédé, par les soins de la direction et avec le concours du réviseur :

1° A la constatation et à la vérification des soldes existants en caisse, des valeurs et titres de créances, des existences en magasin, tant de produits bruts et de matériaux que d'articles manufacturés ;

2° Au règlement des livres et écritures.

§ 51. — La direction sera, dans le cas ci-dessus, tenue de remettre au réviseur, au plus tard dans le délai de quatre semaines, tous les éléments de la comptabilité de l'année ; faute de ce faire, le réviseur sera autorisé à convoquer sur-le-champ l'assemblée générale, qui aura le droit de faire procéder à la vé-

rification en question par les soins de personnes nom-
mées à cet effet et aux frais des directeurs.

§ 52. — Le relevé de la comptabilité annuelle
devra :

1° Être divisé en deux parties distinctes, c'est-à-dire
en *Compte de magasin* et en *Compte de caisse*, devant
se contrôler mutuellement;

2° Comprendre tous les articles de *Débit* et de *Crédit*
de l'année, tant ceux relatifs au compte de magasin
que ceux relatifs au compte de caisse, conformément
aux subdivisions principales introduites dans la tenue
des livres;

3° Contenir un compte spécial de *Bénéfices et de
Pertes*;

4° Et le *Bilan* de la situation financière de la Société
coopérative à la fin de l'année.

§ 53. — Au *Bilan* l'on fera figurer à l'*Actif* :

1° Le solde de caisse en espèces ou valeurs effectives;

2° Le montant de la valeur des matières brutes et
des matériaux estimés d'après leurs prix d'achat;

3° Les produits manufacturés d'après leurs prix de
fabrication;

4° Les prix des ustensiles sous déduction de.....
par an;

5° Les créances recouvrables ou dettes actives;

6° Les immeubles qui pourraient exister également
d'après leurs prix d'achat ou même de revient, ou
d'après les sommes qui y auront été consacrées.

Tous les objets désignés sous les numéros 2 à 6 ne
devront, en aucun cas, être estimés au-dessus de la
valeur qu'ils auront à l'époque du bilan. Il faudra
surtout exclure de celui-ci les créances non recouvra-

bles, et quant aux autres, il y aura lieu de les réduire dans la mesure où elles paraîtront recouvrables. ,

Au *Passif* l'on portera par contre :

1° Les parts sociales des membres ;

2° Le fonds de réserve ;

3° Les fonds étrangers provenant d'emprunts, s'il y a lieu ;

4° Les dettes éventuelles de la Société pour les marchandises qu'elle pourra avoir achetées à crédit.

5° Les frais généraux qui ne seraient pas encore liquidés.

L'excédant de l'Actif sur le Passif forme le Bénéfice net.

§ 54. — La *vérification* des écritures est confiée aux soins du réviseur, qui aura à se procurer les bases nécessaires à cet effet, par l'inspection des livres et des documents justificatifs et par la constatation des soldes en caisse et des existences en magasin.

Il devra ensuite, au plus tard dans l'espace de..... semaines, présenter un rapport à l'assemblée générale au sujet des résultats de la vérification faite. Enfin, il aura à faire les propositions relatives soit à la décharge de la responsabilité des directeurs, soit aux mesures qu'il jugera nécessaires de prendre dans l'intérêt de l'entreprise.

Répartition des Bénéfices.

§ 55. — Sur les bénéfices nets il sera d'abord prélevé pour le fonds de réserve, tant que celui-ci n'aura pas atteint au chiffre établi par le paragraphe 47, alinéa 2, ou lorsque par suite de pertes sur les opérations, il sera descendu au-dessous du chiffre en question, un prorata qui sera fixé par une décision de l'assemblée générale, mais qui ne sera ni inférieur au 5 0/0, ni supérieur au 10 0/0 de la totalité des bénéfices. Ensuite il sera alloué aux sociétaires, suivant le montant des versements portés à compte de leurs parts sociales, un intérêt qui pourra s'élever jusqu'à 5 0/0. L'excédant qu'on obtiendra alors devra être réparti :

(1/2) MOITIÉ entre les sociétaires, au prorata du chiffre des versements dont il vient d'être question, à titre d'*extra-dividende*, et

(1/2) MOITIÉ entre les *ouvriers* et *employés* au service de la Société coopérative, y compris, bien entendu, les membres sociétaires et en prenant pour base du partage *les salaires* et *les traitements* payés durant l'année. Cette *moitié* constitue la part que l'on alloue sous le nom de *boni*.

§ 56. — Aussi bien l'*intérêt* que l'*extra-dividende* ne seront payables qu'en raison de chaque thaler, fraction non comprise, formant le montant auquel sera arrivée la part sociale, et ils seront l'un et l'autre ajoutés à celle-ci jusqu'à ce qu'elle ait atteint son chiffre réglementaire (paragraphe 44). Avant ce moment, le sociétaire ne pourra toucher ni l'un ni l'autre. De plus :

a. — L'*Intérêt* est calculé d'après le nombre de mois entiers durant lesquels le montant de la part en question aura été retenu, pendant l'année, dans la caisse de la Société, par contre :

b. — L'*Extra-dividende* n'est alloué que sur les sommes que, durant l'entière année commerciale, on aura pu faire valoir, de sorte que les sommes qui auront été recueillies dans le courant de l'année où l'on arrêtera les écritures, ne serviront de base que pour la prochaine.

c. — Tous les ouvriers, membres ou non, qui à la fin de l'année se trouveront encore employés dans l'atelier coopératif auront droit au *boni*, pourvu toutefois qu'ils aient déjà travaillé durant six mois au moins.

Dissolution de la Société coopérative et solidarité des sociétaires.

§ 57. — La dissolution de la Société coopérative a lieu :

1° Quand la durée pour laquelle le contrat d'association a été conclu, est expirée ;

2° Avant la fin de cette période à la suite d'une décision de l'assemblée générale (§ 33 *a*) ;

3° Quand le concours des créanciers est déclaré ouvert en ce qui concerne le capital de la Société coopérative ;

4° Après un arrêté judiciaire, dans les cas spécifiés par le paragraphe 34 de la loi sur les associations coopératives.

§ 58. — *La déclaration de faillite relativement au capital de la Société coopérative* sera prononcée par le tribunal de commerce sur la notification, obligatoire en ce qui concerne les directeurs, de la suspension des payements. Cette déclaration ne saurait avoir pour effet la mise en faillite des membres à l'égard de leur fortune privée.

§ 59. — Bien plus, les créanciers de la Société coopérative ne sont autorisés qu'après la clôture de la faillite de la Société, et en tant qu'ils auront justifié de la légitimité de leurs créances, à exercer un recours contre les membres individuels solidairement responsables vis-à-vis d'eux pour les pertes qu'ils pourraient avoir à supporter. A l'effet d'éviter les complications qui pourraient en résulter, la direction est tenue de ne pas négliger les démarches indispensables en vue de l'introduction de la procédure prescrite par les paragraphes 52 et suivants de la loi sur les Sociétés coopératives.

§ 60. — *La liquidation de l'actif de la Société coopérative*, par suite de dissolution de la Société coopérative a généralement lieu, hors le cas faillite, d'après les principes contenues dans les paragraphes 40 et suivants, par les soins de la direction ou par ceux de *liquidateurs* désignés par décision de l'assemblée générale.

Les notifications et les publications de la Société coopérative. — Les feuilles désignées à cet effet.

§ 61. — Toutes les notifications et publications relative, y compris la convocation de l'assemblée générale, doivent être émises sous la raison commerciale du groupe et signées par les deux membres de la direction.

Ce n'est que dans le cas où *soit la lettre, soit l'avis de convocation* pour l'assemblée générale émanerait du *réviseur*, que l'un et l'autre devront porter la signature de ce dernier.

§ 62. — Pour la publication des notifications qui concerne la Société, surtout dans les cas où cette publicité est de par la loi obligatoire (§§ 26 et 36 de la loi sur les associations coopératives du 4 juillet 1868)

la Société coopérative fera usage du journal le......
Si cette feuille cessait de paraître, la direction sera
autorisée à en désigner une autre, mais elle devra,
à cet effet, demander à l'assemblée générale l'approbation indispensable. Les notifications qui n'ont de
rapport qu'aux affaires intérieures de la Société, et
qui ne regardent que les sociétaires, seront généralement portées à la connaissance de ceux-ci au moyen
d'un écriteau placé dans le local de l'établissement
coopératif.

Ratification des statuts.

§ 63. — Les présents statuts se trouveront ratifiés
du moment où les membres présents à l'assemblée
générale les auront acceptés dans ladite réunion et y
auront apposé leurs noms et leurs signatures. De la
part des sociétaires qui n'auraient pu assister à la
séance, ainsi que de toutes les personnes qui adhéreront ultérieurement, il suffira d'une déclaration écrite
d'adhésion.

Contestations relatives aux statuts et aux décisions de la Société.

§ 64. — Toutes les contestations relatives au sens
des dispositions spéciales des présents statuts, de
même que celles qui auraient trait aux résolutions
ultérieurement prises par la Société, seront jugées en
dernier ressort et valablement par l'assemblée générale. Aucun appel n'est permis à un membre, quel
qu'il soit, et la voie légale lui demeure surtout fer-
mée en pareille circonstance.

STATUTS-TYPES

B. — *Concernant les Sociétés coopératives à personnel nombreux, avec une direction composée de trois membres et un comité de délégation.*

I. Sont conservés les paragraphes 1 à 3, 26, 27, 31 à 33, 36 à 49, 52, 53, 56 à 60, 62 à 64 des précédents statuts, désignés sous la rubrique A.

II. Les paragraphes 4 à 23 des statuts sous la rubrique A sont remplacés par les dispostitions suivantes.

ORGANISATION ET DIRECTION DES AFFAIRES DE LA SOCIÉTÉ COOPÉRATIVE

Ses organes.

§ 4. — La Société coopérative administre de par elle-même ses affaires avec le concours de tous ses membres. Ses organes sont :

1° La direction ;

2° La délégation (Conseil d'administration ou de surveillance) ;

3° L'assemblée générale.

A. — DE LA DIRECTION

a. — Composition. — Élection. — Validation.

§ 5. — La direction se compose :

1° Du gérant;

2° Du chef de magasin ;

3° Du trésorier.

Elle est nommée en assemblée générale parmi les

membres mêmes de la Société, par vote distinct pour chaque fonctionnaire. L'élection a lieu, du reste, au scrutin de liste, à la majorité absolue des voix et sous la condition de notification réciproque de la part des élus et des électeurs. Cette notification, soit de démission, soit de renvoi des fonctions, devra être signifiée six mois à l'avance. Si la majorité n'est pas obtenue au premier tour de scrutin, l'élection restera circonscrite au deux candidats qui auront eu le plus de suffrages. Dans le cas de parité des voix, le tirage au sort décidera. La réélection des mêmes personnes, après l'expiration de la période assignée à leurs fonctions, est permise.

La validation des nominations aura lieu au moyen du procès-verbal relatif à l'assemblée générale tenue à l'occasion desdites élections. Les choix devront être notifiés sur-le-champ au tribunal de commerce, par la remise de deux copies du procès-verbal des élections. Cette remise devra être faite personnellement par les membres de la direction agissant comme corps constitué. Ils auront de plus à présenter une déclaration à l'effet de constater leur acceptation des fonctions conférées, et ils auront à la signer de leurs noms en présence des magistrats, ou à faire parvenir au tribunal leurs signatures dûment légalisées.

b. — Signature pour la Société coopérative.

§ 6. — La signature sera donnée de la sorte. Les signataires ajouteront à la raison de la Société coopérative leurs noms et la mention des fonctions dont ils sont investis. Toutefois, la signature n'a d'effet légal, en ce qui concerne la Société, que tout autant qu'elle sera donnée conjointement par deux des membres de la direction. (§ 19 de la loi sur les Sociétés coopératives.)

c. — Pouvoirs et gestion des Directeurs en général.

§ 7. — La direction représente la Société coopérative judiciairement et extrajudiciairement, avec tous les pouvoirs qui lui sont conférés par la loi sur les Sociétés coopératives du 4 juillet 1868, paragraphes 17 et suivants.

Elle dirige d'une façon indépendante les affaires de la Société coopérative, sauf les limites imposées par les présents statuts ou qui le seront par les décisions ultérieures de la Société, et sauf les points où elle est tenue de recourir *à l'approbation de la délégation (Conseil de surveillance, etc.)* ou *de l'assemblée générale.* (§§ 17, 20, 21 de la loi sur les Sociétés coopératives.)

Pour tout préjudice résultant : soit de ce que les directeurs auront outrepassé les limites assignées à leur mandat, soit d'intentions malveillantes ou de négligence, ils seront solidairement responsables vis-à-vis de la Société et cela sur tous leurs biens sans exception. (§ 19 de la loi sur les Sociétés coopératives.)

§ 8. — La direction, conformément à ses engagements, doit faire en sorte que les affaires de la Société suivent une marche conforme aux statuts, et doit prendre soin que les livres soient tenus régulièrement et que l'inspection puisse s'en faire sans difficultés, que le bilan soit établi à la fin de l'année, ainsi que le veut le paragraphe 26 de la loi sur les Sociétés coopératives, en observant, d'ailleurs, les règles hacées à cet égard par le Code général de commerce pour l'Allemagne. Elle devra arrêter les mesures nécessaires pour assurer la conservation en bon état des existences en magasin, des documents et titres appartenant à l'association, et veiller à ce que les soldes de caisse ne soient pas détournés.

Les membres de la direction expédient les affaires courantes de la Société coopérative à la majorité des voix, sous la présidence du gérant. Les séances auront lieu ou à des époques régulières ou bien par suite de convocation du gérant, mais sous la condition d'indiquer l'objet de la réunion. Pour toutes les mesures réglementaires relatives aux intérêts de la Société, il faut que deux des directeurs au moins soient d'accord.

§ 9. — Les affaires qui relèvent principalement de la direction sont l'achat des matières brutes et des matériaux indispensables à la fabrication, la vente des produits manufacturés, l'acceptation des commandes, la fixation du chiffre des salaires à payer aux ouvriers conformément au tarif dressé d'accord avec la délégation, enfin la préparation des relevés trimestriels qui doivent être soumis à l'assemblée générale, de même que l'établissement prescrit par les règlements des comptes annuels, y compris le bilan.

La direction doit, d'une façon toute particulière, veiller à ce que les notifications exigées par les paragraphes 4, 6, 18, 23, 25, 36, 41, 48 et 51 de la loi sur les Sociétés coopératives soient régulièrement adressées au tribunal de commerce et à ce que, en outre, les publications relatives aux objets indiqués dans les mêmes paragraphes aient lieu en temps voulu. Elle sera également tenue de remplir les obligations qui lui sont imposées par les paragraphes 26, 31, 52, 56 à 58 de la loi. Dans le cas contraire, elle sera passible des pénalités édictées par les paragraphes 66 à 68 de cette même loi pour la non-exécution des prescriptions que celle-ci renferme, et soumise surtout à des amendes sans que la caisse de la Société soit tenue, de ce chef, à aucune indemnité. Le dépôt au tribunal de commerce du *présent contrat d'association conjointement au rôle des membres*, ainsi que la remise de tous les actes relatifs aux décisions prises par la Société pour modifier ou compléter les statuts, devront être faits par les directeurs en personne.

C'est l'original dudit contrat ou des statuts qui devra être déposé, et on y joindra une copie du même à la main ou à la presse; quant aux résumés des décisions de la Société, ces résumés devront être remis par duplicata.

d. — *Devoirs spéciaux de chaque membre de la Direction.*

§ 10. — En outre des fonctions qui leur sont communes, chacun des membres du Comité de direction a des obligations qui le concernent spécialement.

Le *gérant* tient la correspondance; est chargé de surveiller les travaux des sociétaires et des ouvriers auxiliaires, au dedans et au dehors de l'atelier; doit, de plus, faire la répartition desdits travaux et livrer à chaque travailleur la quantité de matériaux dont il aura besoin.

Le gérant devra, en outre, tenir les livres de contrôle, tant ceux relatifs aux écritures du chef de magasin qu'à celles du trésorier; il prend part, avec ces deux employés, conformément aux statuts, à tous les règlements d'affaires ainsi qu'à toutes les vérifications concernant la caisse ou le magasin, en ayant soin de se renseigner sur les soldes de la première et sur les existences du second.

Toutes les fois qu'il constatera des déficits ou des irrégularités, soit dans le maniement des fonds en caisse, soit dans l'administration du magasin, il sera obligé d'en donner immédiatement connaissance à la délégation, afin que celle-ci puisse recourir aux mesures nécessaires pour y porter remède et pour garantir les intérêts de la Société.

§ 11. — Le chef de magasin veille à la conservation de toutes les fournitures en magasin, ainsi qu'à celle des articles fabriqués et tient un registre exact de toutes les *Entrées* et les *Sorties* de marchandises ouvrées ou non ouvrées.

§ 12. — Le caissier reçoit et est chargé de garder toutes les sommes payées à la caisse de la Société et, de plus, doit tenir, conformément aux instructions qui lui sont données pour la marche des affaires, les livres nécessaires soit pour les *Recettes*, soit pour les *Dépenses*.

Il ne devra toutefois payer sur les fonds en caisse aucune dépense, si ce n'est contre mandat ou bon de caisse signé par deux des membres de la direction. Il pourra être l'un des deux cosignataires.

Il faut, aussi bien pour les quittances que pour tout acte qui, par le fait de la signature, constitue une obligation de droit, outre la signature du caissier, celle d'un des deux autres membres de la direction.

§ 13. — Dans les cas d'*empêchement momentané du trésorier ou du chef de magasin, le gérant remplira* leurs fonctions et si, à son tour, ce dernier se trouvait dans le même cas, c'est le chef de magasin qui le remplacera.

Mais s'il s'agissait d'*un empêchement durable*, par exemple de la démission ou du décès de l'un des membres de la direction, le Comité de délégation devra, en vue du remplacement qu'on ne saurait éviter, prendre les mesures d'urgence et faire procéder dans ces deux derniers cas à une élection supplémentaire. Les notifications relatives à la nomination des remplaçants intérimaires qu'aura choisis la délégation devront être faites par les nouveaux fonctionnaires, auxquels se joindront les anciens membres de la direction. Tous se rendront personnellement auprès du tribunal de commerce pour y opérer collectivement et en vue de la validation de leurs pouvoirs, le dépôt de la double minute de la décision prise, en cette circonstance, par les délégués et, de plus, les susdits remplaçants auront à se conformer aux prescriptions du paragraphe 6 des présents statuts, relatives à la signature sociale. Dans le cas où le directeur, qui se trouvait empêché, rentrerait en charge, il sera tenu, ainsi que ses anciens collègues, d'observer les mêmes formalités que nous venons d'indiquer en raison de la cessation des fonctions intérimaires.

*c. — Révocation des membres de la direction
de leur emploi.*

§ 14. — La direction, en masse, de même que chaque membre de celle-ci, pris individuellement, pourront, en tout temps, être révoqués de leurs fonctions par décision de l'assemblée générale, et les personnes révoquées n'auront droit à une indemnité que dans la mesure des stipulations du contrat passé entre elles et la Société. (§ 17 de la loi sur les Sociétés coopératives.)

Les membres de la direction seront également tenus de se soumettre *à la suspension provisoire* qui pourrait être prononcée par la délégation, sauf décision définitive de l'assemblée qui statue en pareil cas.

f. — Traitement des membres de la direction et cautionnement qu'ils auront à fournir.

§ 15. — Les membres de la direction auront droit à un traitement qui sera fixé par le contrat passé avec eux.

Le chef de magasin et le caissier ou trésorier seront tenus de fournir un cautionnement à la Société coopérative ; les clauses particulières en seront réglées, d'accord avec la délégation, sous réserve d'approbation de la part de l'assemblée générale.

g. — Employés, Fondés de pouvoirs, Commissions.

§ 16. — Du consentement de l'assemblée générale des *employés*, des *fondés de pouvoirs*, ou même des *commissions* composées de plusieurs membres pourront être nommés pour l'expédition d'affaires spéciales ou, s'il y a lieu, pour la gestion d'une ou plusieurs branches de l'entreprise. Relativement aux mesures de cette nature, de même qu'au choix des personnes à investir des fonctions de ce genre et à la rétribution à leur allouer, la direction et la délégation, après délibération en séance commune, auront à soumettre à l'assemblée générale, les projets nécessaires.

B. — DE LA DÉLÉGATION
(CONSEIL DE SURVEILLANCE OU D'ADMINISTRATION)

a. — *Composition et nomination.*

§ 17. — La *délégation (Conseil de surveillance ou d'administration)* se compose de quatre à six membres, qui sont choisis parmi les sociétaires et élus en assemblée générale pour deux ans par une seule et même élection.

Chaque année, une partie des membres du Comité de délégation se retirera et sera remplacée par voie de nouvelle élection. Dans la première année, c'est le tirage au sort qui désignera les membres sortants: plus tard, ce sera la date de l'entrée en fonctions, laquelle servira aussi à régler la durée de deux ans de ces mêmes fonctions.

La réélection des mêmes individus, après l'expiration du temps assigné à leurs fonctions, est permise. (§ 28 de la loi sur les Sociétés coopératives.)

b. — *Fonctionnement.*

§ 18. — *La délégation* confère à l'un de ses membres la place de *Président*, à un autre les fonctions de *Secrétaire* et, en même temps, à chacun de ceux-ci, pour le cas d'empêchement, *un Substitut*. Elle arrête ses résolutions à la majorité des assistants à ses séances, et lesdites décisions sont exécutoires si le plus grand nombre des membres qui composent le Comité se trouvent présents.

Les séances de la délégation se tiennent dans un local désigné à cet effet, et elles ont lieu soit à des époques fixes, soit à la suite de convocations de la part du président. Dans ce cas, l'on devra faire parvenir l'invitation d'y assister assez à temps pour qu'il soit possible aux membres d'y obtempérer. Dans les convocations à des réunions de la seconde catégorie, ce n'est que dans le cas où les décisions à prendre seraient obligatoires à l'égard des absents qu'il est nécessaire de mentionner dans la lettre d'avis l'objet des délibérations. Les *procès-verbaux* relatifs aux séances de la délégation, dans lesquels l'on devra reproduire exactement et pour ainsi dire mot pour mot, les décisions prises, devront être signés de tous les membres qui assisteront à la séance et confiés ensuite à la garde du président.

La direction, de même que le tiers des membres de la délégation pourront, en tout temps, exiger la convocation d'une réunion des délégués en indiquant, par écrit, l'objet sur lequel porteront les discussions, et le président sera tenu de faire droit à cette demande dans le plus bref délai possible.

c. — Révocation des membres de la Délégation de leur emploi.

§ 19. — Les membres de la délégation pourront, en tout temps, être révoqués de leurs fonctions, s'ils perdent la libre disposition de leurs biens ou leurs droits civils, s'ils ne remplissent pas leurs obligations vis-à-vis de la Société, s'ils en arrivent à se trouver en procès avec celle-ci, s'ils se rendent coupables d'actes d'improbité à son égard. Une simple décision de l'assemblée générale suffira à cet effet. En pareille circonstance, c'est à la direction ou autres membres de la délégation qu'appartient l'initiative des propositions à faire. Elles peuvent même émaner d'un simple membre de la Société, pourvu qu'elles soient présentées par écrit à la délégation et appuyées par les signatures du..... au moins des sociétaires.

d. — *Devoirs et pouvoirs de la Délégation.*

§ 20. — La délégation exerce une surveillance continue sur les actes de l'administration des directeurs et, à cet effet, elle est autorisée à examiner, à tous moments, les livres et les papiers, de même qu'à vérifier l'état de la caisse et à inspecter le magasin, ainsi qu'à prendre toutes mesures nécessaires à la sauvegarde des intérêts de la Société, dans les cas où des irrégularités viendraient à éveiller son attention.

Elle peut provisoirement éloigner, jusqu'à ce qu'il ait été statué à cet égard par l'assemblée générale qui devra être convoquée dans le plus bref délai, les membres de la direction de la gestion des affaires et elle devra, en attendant, prendre les dispositions nécessaires pour que l'administration des intérêts de la Société n'ait pas à souffrir d'interruption en nommant des remplaçants. En ce qui concerne les notifications à faire auprès du tribunal de commerce, ainsi que la validation, la signature, les pouvoirs et les obligations desdits remplaçants, les prescriptions contenues dans le paragraphe 13 restent maintenues en pareil cas.

La délégation devra, en outre, contrôler les relevés trimestriels dressés par les directeurs, et relatifs à la situation de l'entreprise. Par l'inspection des livres et la vérification des soldes et existences, elle se mettra en possession des éléments indispensables pour ses appréciations.

Elle devra surtout prendre part, à la fin de l'exercice annuel, à la rédaction de l'inventaire. Celui-ci comprendra le relevé des soldes de caisse, le recensement des marchandises, de même que l'effectif des titres de créances, avec procès-verbal qui sera dressé à cette occasion. La délégation révisera ensuite le relevé des comptes de l'année, ainsi que le bilan qui auront été établis par les soins de la direction, et collationnera les résultats qu'ils présenteront avec les écritures, comparant également les existences en magasin, les soldes en caisse. Enfin, elle fera à ce sujet un rapport à l'assemblée générale et, suivant la situation, soumettra à celle-ci un plan de répartition des bénéfices. (§ 29 de la loi sur les Sociétés coopératives.)

§ 21. — La délégation représente en outre la Société coopérative dans les contrats qui sont conclus avec les membres de la direction, de même que dans les procès dirigés contre ceux-ci.

La ratification des pouvoirs, laquelle est indispensable pour ce dernier objet, sera obtenue par la remise d'une copie de la décision prise à cet égard par l'assemblée générale et du double du procès-verbal relatif à la nomination des membres de la délégation. (Voir §§ 35 et 17.) Cette remise devra être faite par la majorité du Comité des délégués.

§ 22. — La direction est tenue d'obtenir *l'assentiment préalable de la délégation* dans les cas suivants :

1° Pour la conclusion des contrats de location et de tous autres dont l'objet dépasse..... thalers ;

2° Pour l'acquisition et l'aliénation des pièces et outils faisant partie de l'inventaire ;

3° Pour les allocations concernant des frais de

voyage ou des indemnités journalières à accorder aux membres de la Société chargés de la gestion de certaines opérations particulières ;

4° Pour d'autres frais extraordinaires, du moment où leur montant s'élève au-dessus de..... thalers.

§ 23. — La direction et la délégation réunies en séances communes, dans lesquelles les membres des deux organes jouissent du même droit de suffrage, auront à se prononcer sur les affaires énumérées ci-après :

1° Sur le chiffre des sommes à consacrer aux achats de produits bruts et de matériaux voulus pour les travaux, ainsi que sur les conditions auxquelles les opérations de ce genre devront avoir lieu ;

2° Sur les prix de vente des articles fabriqués et sur les crédits à accorder aux acheteurs ;

3° Sur le placement à intérêt des soldes de caisse inactifs et sur les négociations d'emprunts dans les limites fixées par l'assemblée générale ;

4° Sur la rédaction des instructions administratives et plus spécialement de celles relatives à la tenue des livres, ainsi qu'à un tarif concernant le mode de fixation des salaires pour les travaux et leurs taux.

Pour que les délibérations d'une séance commune aux membres des deux organes en question soient valables, la présence de la majorité des membres de l'un ou de l'autre est indispensable. La préséance appartient de droit au président de la délégation. Celui-ci doit faire les convocations au moyen d'une circulaire indiquant l'ordre du jour, et cela sur la simple proposition de convocation faite soit par la direction, soit par deux des membres de la délégation, pourvu qu'on énonce dans la demande l'objet des délibérations.

III

LE PARAGRAPHE 35 DES STATUTS SOUS LA RUBRIQUE A, DEVRA ÊTRE RÉDIGÉ EN LA FORME SUIVANTE :

La convocation de l'assemblée générale sera d'ordinaire le fait de *la délégation*, toutefois *la direction* pourra également y procéder d'elle-même si la première traînait les choses en longueur.

Pour l'*invitation* l'on aura recours, *soit* :

1° A l'apposition d'un écriteau dans le local et dans les ateliers de la Société et, en outre, au cas où tous les membres ne seraient pas employés dans l'établissement coopératif, à une *circulaire manuscrite* que devront signer les sociétaires convoqués par ce moyen ;

2° A une insertion publiée une fois seulement dans le journal désigné pour les notifications de la Société coopérative.

Dans des cas d'urgence, l'invitation peut avoir lieu pour une date plus rapprochée, à la condition toutefois qu'elle puisse être portée à la connaissance de tous les sociétaires.

IV

L'ON AJOUTERA A LA FIN DU PARAGRAPHE 33, SOUS LA RUBRIQUE A, LA CLAUSE SUIVANTE :

« De même l'on devra conserver l'exemplaire original du journal où sera inséré l'avis d'invitation. »

V

LA RÉDACTION DU PARAGRAPHE 35 DES STATUTS, SOUS LA RUBRIQUE A, DEVRA ÉGALEMENT ÊTRE MODIFIÉE COMME IL SUIT :

Sont soumises aux décisions de l'assemblée générale :

1° Le complément ou la modification *des présents statuts* de la Société coopérative ;

2° La *dissolution* et la liquidation de ladite Société ;

3° L'acquisition et l'aliénation de *propriétés foncières ou immobilières* et l'acceptation de charges de nature à les grever ;

4° L'élection des directeurs, des délégués, des commissions et de fondés de pouvoirs, de même que la fixation des traitements à leur allouer et des cautionnements à exiger d'eux ;

5° La *nomination* d'employés au service de la Société et le règlement de leurs appointements ;

6° Les *instances judiciaires* contre les membres de la direction et de la délégation et contre tout employé à un titre quelconque ;

7° La *révocation* de tous fonctionnaires de leurs charges ;

8° La décision *des contestations* relatives au sens et au contenu des présents statuts et des résolutions ultérieures de la Société ;

9° Le jugement en dernier ressort de toutes les *plaintes* formulées contre les actes administratifs et les décisions des directeurs, des délégués, ou des commissions et des fondés de pouvoirs ;

10° La fixation du chiffre maximum des achats de produits bruts et des quantités à tenir en magasin, de même que la fixation du maximum des sommes à consacrer auxdits achats ou des crédits à contracter de ce chef ;

11° La répartition des bénéfices à la fin de l'année et l'approbation de la gestion des directeurs ;

12° L'admission, le renvoi et l'exclusion d'un ou plusieurs membres.

13° L'adhésion aux ligues ou syndicats coopératifs et l'autorisation de s'en séparer.

VI

a. — AUX PARAGRAPHES 28, 29, 50, 52, 54, 61 DES STATUTS, SOUS LA RUBRIQUE A, SUBSTITUER AU MOT « RÉVISEUR » CELUI DE « DÉLÉGATION. »

b. — AU PARAGRAPHE 31, REMPLACER LE MOT DE « RÉVISEUR » PAR CELUI DE « PRÉSIDENT DE LA DÉLÉGATION. »

c. — AU PARAGRAPHE 61, AU LIEU DE « SOUS LA SIGNATURE DE CEUX-CI », METTRE « SOUS LA SIGNATURE DU PRÉSIDENT DE LA DÉLÉGATION. »

ANNEXE N° 6

Contrat (1)

Entre..... (raison sociale) et les commanditaires de la même.

Entre les parties soussignées :

---

(1) Apposer le timbre exigé par la loi, en Prusse, de 15 gros d'argent.

1° D'une part la Société coopérative (insérer ici la raison sociale) représentée par ses directeurs, et

2° D'autre part, MM. A., B., C. (intercaler ici les noms) il a été conclu le contrat suivant :

§ 1. — Les personnes désignées sous le numéro 2 adhèrent, en qualité de commanditaires, à la Société coopérative fondée en ..... 187., ainsi qu'en témoignent les statuts stipulés à la même date, et qui est ici désignée sous le numéro 1. Cette adhésion a lieu aux termes des articles 250 à 265 du Code général de commerce pour l'Allemagne.

§ 2. — Lesdits adhérents s'engagent en cette qualité :

1° A verser de leur côté à la caisse de la Société les mises exigées, d'après le paragraphe 24, sous la lettre *a*, pour l'augmentation du capital d'exploitation de la Société (indiquer ici la raison commerciale) ; de plus à se laisser retenir les quotes-parts qui leur reviendraient sur les bénéfices des opérations et à consentir à ce que ces quote-parts soient ajoutées auxdites mises aussi longtemps que ces dernières n'auront pas atteint le chiffre réglementaire fixé pour les parts sociales des membres ;

2° A adhérer en qualité de membres à la Société (raison commerciale) dès que l'assemblée des coopérateurs, jointe auxdits commanditaires, en aura ainsi décidé ;

3° La Société (raison de celle-ci) accorde auxdits commanditaires *les droits* suivants :

1° De participer à l'élection de la, *direction* et du *Conseil d'administration* ;

2° De décider avec les sociétaires au sujet de l'admission ou de l'exclusion des commanditaires ;

3° De prendre part, dans la même proportion que les membres de la Société et d'après le chiffre des cotisations versées, aux bénéfices de l'entreprise avec obligation de supporter proportionnellement les pertes ;

4° D'assister aux assemblées générales de la Société coopérative, mais avec voix délibérative seulement.

§ 4. — Pour rendre possible *aux commanditaires* l'exercice des droits qui leur sont conférés par le paragraphe 3, lettres *a* et *b*, avant que la Société prenne une résolution au sujet des points que renferme ledit paragraphe, ceux-ci seront discutés dans une séance préparatoire tenue par les coopérateurs et les commanditaires réunis ensemble, et dans laquelle ces derniers auront un droit de vote égal à celui des premiers.

Les coopérateurs s'engagent à maintenir, sans y apporter de restriction aucune dans l'assemblée générale, les décisions qui auront été prises dans la précédente séance préparatoire par les deux groupes réunis.

La convocation, la fixation de l'ordre du jour et la présidence desdites séances, communes aux deux groupes, seront réglementées d'une façon absolument conforme aux prescriptions des statuts relatives à l'assemblée générale. Il en sera de même en ce qui concerne le mode de votation, la marche des délibérations, la rédaction des procès-verbaux, etc.

L'admission, le renvoi ou l'exclusion des *commanditaires* ne peuvent avoir lieu qu'avec les deux tiers des voix des membres présents aux susdites séances.

§ 5. — Les commanditaires ci-désignés renoncent au droit de signifier leur sortie de la Société pour le laps de temps auquel est fixée la durée de la Société d'après les statuts, de même que, d'autre part, la Société coopérative ci-soussignée renonce également pour le même laps de temps à signifier la résiliation aux commanditaires du présent contrat.

Ce n'est que dans le cas où la Société coopérative ne remplirait pas les engagements stipulés dans le présent contrat en faveur des commanditaires, que ces derniers sont autorisés à signifier la résiliation du contrat, même avant l'époque indiquée ci-dessus, avec le droit d'exiger que la liquidation et le remboursement intégral des fonds qu'ils posséderaient dans la caisse sociale aient lieu dans les quatre semaines qui suivront la signification. La Société coopérative ne pourra se soustraire à cette exigence qu'en liquidant.

§ 6. — Dans le cas *de décès* de l'un des commanditaires, ses héritiers seront de ce fait, ainsi que la Société (raison commerciale), vis-à-vis des héritiers, autorisés les uns et les autres, à la fin de l'exercice de l'année où la mort aura eu lieu, à s'affranchir des stipulations du présent contrat.

§ 7. — *L'exclusion* d'un commanditaire pourra, en tout temps, s'il ne remplit pas les engagements auxquels il est tenu en vertu du présent contrat, être décidée en séance commune aux deux groupes, sur la proposition de la direction. Nonobstant la faculté de recourir à cette mesure, la Société n'en conservera pas moins le droit d'obliger par les voies légales le récalcitrant à remplir ses engagements.

§ 8. — Si un commanditaire ou ses héritiers, ainsi qu'il en est fait mention aux paragraphes 4, 6 et 7, se décident à résilier, il lui sera, ou s'il y a lieu à ses héritiers, remboursé ses versements dans les mêmes délais et aux mêmes conditions qui ont été établis pour le remboursement des parts sociales aux héritiers des sociétaires décédés, exclus ou qui se sont retirés de l'association. Il en sera de même à l'égard du dividende de la dernière année.

§ 9. — A l'expiration du temps pour lequel est établie, d'après les statuts, la Société coopérative, de même qu'au cas de dissolution de ladite Société antérieurement à ladite époque, les commanditaires cesseront, en vertu du présent contrat, d'en faire partie, et leurs droits et engagements n'existeront plus à dater de ce moment. Les rapports qui pourraient alors avoir éventuellement lieu entre les deux groupes devront être fixés, soit par de nouvelles stipulations, soit par la prolongation du présent contrat, auquel toutefois aucun commanditaire ne pourra être astreint d'adhérer, quelle que soit la décision des autres membres de son groupe.

X....., le.....

La ..... (raison sociale)

P..., gérant ; C..., trésorier, en leur qualité de directeurs.

Aux noms des commanditaires A....... R....... T....., U....., W.....

ANNEXE N° 7

Procuration *

La Société coopérative la..... donne, par la présente, pour le cas où l'un des deux directeurs soussi-

---

gués serait momentanément empêché dans l'exercice de ses fonctions, à M. A... M..., membre de ladite Société, procuration ;

A l'effet de représenter, conformément aux dispositions relatives à cette éventualité et contenues dans le contrat d'association du..... 187., le directeur empêché de la sorte et cela pour toute la durée dudit empêchement, dans tous les actes de ses fonctions, et de signer légalement avec l'autre directeur pour la... (raison sociale).

Le présent acte de procuration pour servir à constater la validité des pouvoirs conférés au susdit, et, à cet effet, est délivré entre ses mains pour toute la durée de ses fonctions intérimaires.

B....., le..... 18...

(Raison commerciale de la Société coopérative.)

La Direction :

N..., gérant. — O..., trésorier.

ANNEXE N 8

FORMULAIRE DE TENUE DES LIVRES

FORMULAIRE Nº 1.

Série des numéros.	DATE des encaissements.	NOM et DOMICILE du payeur.	NATURE des RECETTES	Fº du Grand-Livre.	MONTANT des RECETTES			COMPTE A — Fonds de réserve			COMPTE B — Parts sociales.		
					Thalers.	Gr. d'arg.	Pfennige.	Thalers.	Gr. d'arg.	Pfennige.	Thalers.	Gr. d'arg.	
507	4 janv.	Sociét. Starke.	Cotisations de janvier.........	7	2	—	—	—	—	—	2	—	—
508	5 »	— Mandel.	Droit d'entrée...	3	3	—	—	3	—	—	—	—	—
509	5 »	Dito.	Versé à-compte sur sa part sociale.........	10	50	—	—	—	—	—	50	—	—
510	5 »	Saran et fils, de notre ville.	Escompte pour payement comptant.........	20	2	—	—	—	—	—	—	—	—
511	6 »	Gerndt, négoc., de notre ville.	Une garniture de meubles érable.	27	210	—	—	—	—	—	—	—	—
512	7 »	Schraube, entrepreneur de bâtisses, de notre ville.	Payement de 12 châssis pour fenêtres........	32	40	—	—	—	—	—	—	—	—
513	7 »	Société d'avances et de crédit, de n/ville.	Son remboursement en compte courant........	49	61	22	6	—	—	—	—	—	—
514	8 »	La même.	Escompte de l'effet nº 72 sur Schrauber......	32	110	—	—	—	—	—	—	—	—
515	10 »	Bandow, de n/ville.	Une vieille machine à raboter.	40	26	—	—	—	—	—	—	—	—
516	12 »	Perception des patentes.	Payé en trop....	44	2	15	—	—	—	—	—	—	—

...AISSE

...TTES

LES SOMMES ENCAISSÉES SE RÉPARTISSENT ENTRE LES

COMPTE C			COMPTE D			COMPTE E			COMPTE F			COMPTE G			COMPTE H			COMPTA-BILITÉ			OBSERVATIONS.
...prunts ...tractés.			Produit brut et matériaux.			Articles fabriqués.			Ustensiles et outillage.			Frais généraux.			Remboursements sur prêts et intérêts.			Articles courants.			
Thalers.	Gr. d'arg.	Pfennige	Thalers.	Gr. d'arg.	Pfennige	Thalers.	Gr. d'arg.	Pfennige	Thalers.	Gr. d'arg.	Pfennige	Thalers.	Gr. d'arg.	Pfennige	Thalers.	Gr. d'arg.	Pfennige	Thalers.	Gr. d'arg.	Pfennige	
			2																		
						210															
						40															
															61	22	6				
						140															
									26												
												2	15								

FORMULAIRE N° 2.

LES

Numéros de série.	DATE des payements	NOM et DOMICILE de l'encaisseur.	NATURE des DÉPENSES	Numéros des pièces et documents.	F° du Grand-Livre.	MONTANT des DÉBOURS			COMPTE A — Fonds de réserve			COMPTE B — Parts sociales.		
						Thalers.	Gr.d'arg.	Pfennige	Thalers.	Gr.d'arg.	Pfennige	Thalers.	Gr.d'arg.	Pfennige
421	4 janv.	Les sociétaires et auxiliaires.	Payements des salaires hebdomadaires, du 30 décembre au 4 janv.	390	44	42	7	9	—	—	—	—	—	—
22	5 »	Saran et C°. de notre ville	300 planches de sapin........	391	20	150			—	—	—	—	—	—
423	7 »	M. Berndt, de notre ville.	Sa trait. sur la Société	392	24	200			—	—	—	—	—	—
24	8 »	Société d'avances et de prêts, de notre ville.	Escompte sur l'effet n° 72...	393	32	1	22	6	—	—	—	—	—	—
425	10 »	Brandow, de notre ville.	Achat d'une machine perfectionnée, à raboter......	394	40	75			—	—	—	—	—	—
426	10 »	Busch, de notre ville.	Effet n° 60....	395	24	31	5		—	—	—	—	—	—
427	10 »	A. Ritter, de notre ville.	Une caisse de colle, avec les frais de poste.	396	18	20	5		—	—	—	—	—	—

CAISSE

DÉPENSES

SOMMES PAYÉES SE RÉPARTISSENT ENTRE LES																					OBSERVATIONS.
COMPTE C			COMPTE D			COMPTE E			COMPTE F			COMPTE G			COMPTE H			GÉNÉRALITÉS			
Remboursements sur emprunts et intérêts sur ceux-ci.			Produits bruts et matériaux.			Articles fabriqués.			Ustensiles et outillage.			Frais généraux.			Prêts.			Articles courants, etc.			
Thalers.	Gr. d'arg.	Pfennige.	Thalers.	Gr. d'arg.	Pfennige.	Thalers.	Gr. d'arg.	Pfennige.	Thalers.	Gr. d'arg.	Pfennige.	Thalers.	Gr. d'arg.	Pfennige.	Thalers.	Gr. d'arg.	Pfennige.	Thalers.	Gr. d'arg.	Pfennige.	
												42	7	9							
			150																		
			200																		
						1	22	6													
									75												
						31	5														
			20	5																	

FORMULAIRE N° 3.

COMPTE PARTS

DATES	Numéro du carnet des Sociétaires.	DÉTAILS	Numéro du Journal-Caisse.	ENCAISSEMENTS			Intérêts jusqu'à la fin de l'année calculés à 5 0/0.		
				Thaler.	Gr. d'arg.	Pfennige.	Thaler.	Gr. d'arg.	Pfennige.
		Folio 7 du Grand-Livre.							
		Le sociétaire STARKE, de notre ville.							
1872 mars 1er	5	Somme reportée	—	200	—	—	10	—	—
» » 10	»	Cotisations de mars et avril.	13	4	—	—	—	5	6
872 avril 30	»	Cotisations de mai	64	2	—	—	—	2	6
872 mai 25	»	Cotisations de juin, juillet et août.................	108	6	—	—	—	6	9
872 août 28	»	Cotisations de septembre à décembre inclusivement..	329	8	—	—	—	6	—
1873 janv. 4	»	Cotisations de janvier.....	507	2	—	—	—	—	3
		Folio 10 du Grand-Livre.							
		Le sociétaire MANDEL, de notre ville.							
3 janv. 5	9	Son versement............	506	50	—	—	—	6	3

SOCIALES

PAYEMENTS			SOMMES						EN INTÉRÊTS EXTRA-DIVIDENDES ET BONI il a été payé comptant			TOTAUX			REMARQUES
			En capital.			Créances éventuelles pour intérêts calculés à 5 0/0.			pour l'année.	Conformément au Journal-Caisse.					
7			8			9			10	11		12			13
Thaler.	Gr. d'arg.	Pfennige	Thaler.	Gr. d'arg.	Pfennige	Thaler.	Gr. d'arg.	Pfennige			Thaler.	Gr. d'arg.	Pfennige		
—	—	—	200	—	—	10	—	—							
—	—	—	204	—	—	10	5	6							
—	—	—	206	—	—	10	8	—							
—	—	—	212	—	—	10	14	9							
—	—	—	220	—	—	10	20	9							
—	—	—	222	—	—	10	21	—							
—	—	—	50	—	—	—	6	3							

COMPTE

FORMULAIRE N° 4.

PRODUITS BRUTS

| DATES | DÉTAILS | Numéro du Journal-Caisse | DOIT | | | | | |
| | | | Montant suivant détail. | | | Montant en bloc. | | |
1	2	3	Thalers.	Gr. d'arg.	Pfennige	Thalers.	Gr. d'arg.	Pfennige
	Folio 20 du Grand-Livre.							
	SARAN et fils, de notre ville, négociants en bois de meubles.							
1873								
Janv. 3	Livré 300 planches sapin.							
» 5	(Livraison payée le 3 courant)....	422	150	—	—	150	—	—
» 12	Livré 50 feuilles acajou pr meubles	—	—	—	—	—	—	—
» 12	Livré 70 feuilles bois de noyer ondulé........	—	—	—	—	—	—	—
» 12	Livré 100 feuilles bois de noyer lisse.	—	—	—	—	—	—	—
» 14	Remis le montant en notre billet à ordre, accepté, n° 73, à trois mois de date....................	—	84	5	—	84	5	—
	Etc., etc.							

COMPTE

FORMULAIRE N° 5.

PRODUITS

| DATES | DÉTAILS | Numéro du Journal-Caisse | DOIT | | | | | |
| | | | Montant détaillé. | | | Montant en bloc. | | |
1	2	3	Thalers.	Gr. d'arg.	Pfennige	Thalers.	Gr. d'arg.	Pfennige
	Folio 32 du Grand-Livre.							
	L'entrepreneur de constructions SCHRAUBER, de notre ville.							
1873								
Janv. 6	Reçu par lui 12 châssis fenêtres....	—	180	—	—	180	—	—
» 7	A payé comptant sur la livraison du 6 janvier.........................	512	—	—	—	—	—	—
» 8	A payé en son acceptation à deux mois de date, n° 72.	514	—	—	—	—	—	—

D

ET MATÉRIAUX

AVOIR								Numéro du Journal-Caisse	Frais de transport acquittés.			Numéro du Journal-Caisse	Escompte à déduire pour payement comptant.			REMARQUES
Montant suivant détail. 6				Montant en bloc. 7				8	9			10	11			12
Thalers.	Gr. d'arg.	Pfennige		Thalers.	Gr. d'arg.	Pfennige			Thalers.	Gr. d'arg.	Pfennige		Thalers.	Gr. d'arg.	Pfennige	
150	—	—		150	—	—			—	—	—	510	2	—	—	
26	15	—		—	—	—			—	—	—					
32	20	—		—	—	—			—	—	—					
25	—	—		—	—	—			—	—	—					
—	—	—		84	5	—			—	—	—					

E

FABRIQUÉS

AVOIR								Numéro du Journal-Caisse	Perte à l'escompte sur les effets.			REMARQUES
Montant détaillé. 6				Montant en bloc. 7				8	9			10
Thalers.	Gr. d'arg.	Pfennige		Thalers.	Gr. d'arg.	Pfennige			Thalers.	Gr. d'arg.	Pfennige	
—	—	—		—	—	—						
40	—	—		40	—	—						
140	—	—		140	—	—		443	1	22	6	

COMPTE G. —

FORMULAIRE N° 6.

DATES	RECETTES	Inscrits en compte.			Numéros du Journal-Caisse.	PAYÉ			REMARQUES
1	2	3			4	5			6
	Folio 11 du Grand-Livre.	Thaler.	Gr. d'arg.	Pfennige		Thaler.	Gr. d'arg.	Pfennige	
11 janvier.	Impositions payées en trop.........	2	15	—		—	—	—	
12 —	Reçu de la perception des patentes.	—	—	—	516	2	15	—	

CARNET D'ÉCHÉANCES

FORMULAIRE N° 7.

Numéros des effets sur le Copie des effets.	DATE de l'émission.	NOMS ET DOMICILES des ACCEPTEURS.	JOUR de l'échéance.	MONTANT de l'acceptation pour le compte de la Société.			TOTAL de l'effet.		
				Thaler.	Gr. d'arg.	Pfennige	Thaler.	Gr. d'arg.	Pfennige
65	7 oct. 72	La Société............	7 janv. 73	200	—	—	—	—	—
66	20 oct. 72	Anton, entrepreneur de bâtisse, de notre ville...............	3 janv. 73	—	—	—	230	—	—
12	8 janv. 73	Schauber, entrepreneur de bâtisse, de notre ville..........	8 mars 73	—	—	—	140	—	—

...RAIS GÉNÉRAUX

DATES	DÉBOURS	Inscrits en compte.			Numéros du Journal-Caisse.	PAYÉ			REMARQUES
1	2	3			4	5			6
		Thaler.	Gr. d'arg.	Pfennige		Thaler.	Gr. d'arg.	Pfennige	
janvier.	Salaires payés pour les travaux de l'atelier à 7 ouvriers pour les semaines du 30 décembre 1872 au 4 janvier 1873............	42	7	9	421	42	7	9	

...OUR LES EFFETS

SI L'EFFET EST ENDOSSÉ PAR LA SOCIÉTÉ			PERTE à raison de l'endos de la Société.			JOUR de la perte.	REMARQUES (Faire remarquer si l'effet es domicilié et où.)
Nom et domicile du cessionnaire.	Date de l'endos	Escompte déduit.					
		Thaler.	Gr. d'arg.	Pfennige	Thaler.	Gr. d'arg.	Pfennige	
Société de prêts et d'avances, de notre ville.......	25 oct.	2	2	6	—	—	—		L'effet été payé a cédantBennett.
Société de prêts et d'avances, de notre ville.......	8 janv.	1	22	6	—	—	—		

LIVRE DE CONTROLE

FORMULAIRE N° 8.

DATES	RECETTES	SOMMES portées en compte.			Numéros du Journal-Caisse.	SOMMES payées.			Numéros du Journal-Caisse.	ESCOMPTE acquis pr payement au comptant.			REMARQUES.
1	2	3			4	5			6	7			8
		Thaler.	Gr. d'arg.	Pfennige		Thaler.	Gr. d'arg.	Pfennige		Thaler.	Gr. d'arg.	Pfennige	
3 janv.	300 planches sapin........	150	—	—									
3 janv.	Payement pr livraison ci-dessus........	—	—	—	422	150	—	—	510	2	—	—	
11 —	1 quint. colle.	20	5	—	427	20	5	—					
12 —	50 plaques acajou de diverses provenances, pour meubles.....	26	15	—									
	(Et ainsi de suite.)												

...ELATIF AU COMPTE D

DATES	DÉPENSES	SOMMES portées en compte.			Numéros du Journal-Caisse.	SOMMES payées.			REMARQUES
		Thalers.	Gr. d'arg.	Pfennige.		Thalers.	Gr. d'arg.	Pfennige.	
1	2	3			4	5			6
janv.	40 planches sapin, livrées à l'atelier coopératif............	20	—	—		—	—	—	
—	10 livres de colle, livrées à l'atelier....	2	—	6		—	—	—	
—	20 plaques lisses, bois de noyer pour meubles, à l'atelier..	5	—	—		—	—	—	
—	25 plaques lisses, bois d'acajou pour meubles, à l'atelier..	13	7	6		—	—	—	

LIVRE DE CONTROL

FORMULAIRE N° 9.

		ENTRÉES DES MARCHANDISES				DATES	Numéros
DATES	Numéros des articles	DÉSIGNATION des marchandises.	PRIX de ventes.				
			Thalers.	Gr. d'arg.	Pfennige		
1	2	3	4			5	
5 janvier.	210	1 secrétaire noyer, pour dames..............	42	—	—	6 janvier.	
5 —	211	1 secrétaire petit modèle.	32	—	—	6 —	
6 —	212	1 sopha érable..........	35	—	—	6 —	
6 —	213	1 table ronde érable.....	30	—	—	6 —	
6 —	214	1 table de jeu érable	26	—	—	6 —	
6 —	215	1 secrétaire érable.......	64	—	—	6 —	
6 —	216	1 métier à filer l'argent, en érable............	55	—	—	6 —	
7 —	217 à 219	3 toilettes à lavabos, en acajou, à 18 thalers....	54	—	—	6 —	
7 —	220	12 châssis de fenêtres...	180	—	—		
						7 —	
						8 —	

...ELATIF AU COMPTE E

SORTIES DES MARCHANDISES

DÉTAILS	Perte en compte comme montant de la vente			Numéros du J.-Caisse.	Payé sur le montant des ventes.			Numéros du J.-Caisse.	Pertes subies.			REMARQUES
7	8			9	10			11	12			13
	Thalers.	Gr. d'arg.	Pfennige		Thalers.	Gr. d'arg.	Pfennige		Thalers.	Gr. d'arg.	Pfennige	
...opha érable, à M. ...erndt, négociant, ...e notre ville.....	55	—	—									
...ble ronde érable, ...u même	30	—	—									
...ble à jeu érable, ...même	26	—	—									
...crétaire érable, ...même........	64	—	—									
...étier à filer l'ar-...nt, en érable, au ...ême........	55	—	—	510	210	—	—					
...hâssis de fenêtre. ...rauber, de notre ...le........	180	—	—									
...auber, payement ...mptant sur pré-...dente livraison..	—	—	—	511	40	—	—					
...uber, par son ac-...ptation à 2 mois, ...72........	—	—	—	513	140	—	—	424	1	22	6	

JOURNAL AUXILIAIRE POUR LE[S]

FORMULAIRE N° 10.

Numéro de série	NOMS des ouvriers.	Jour du payement.	Première semaine du trimestre.			Jour du payement.	Deuxième semaine du trimestre.			Jour du payement.	Troisième semaine du trimestre.			Jour du payement.	Quatrième semaine du trimestre.			ON A ALLOUÉ A T...						
			Thal.	G. arg.	Pfen.		Thal.	G. arg.	Pfen.		Thal.	G. arg.	Pfen.		Thal.	G. arg.	Pfen.	Jour du payement. Thal.	G. arg.	Pfen.	Jour du payement.	Thal.		
1	Ed. Kahle, gérant...																	28 déc. 7	15	—	4 janv.			
2	Théophile Soiffert...																	" 6	10	—	"			
3	Alb. Adam.............																	" 6	8	6	"			
4	Gustave Schroder....																	" 6	20	—	"			
5	Adrien Starke.........																	" 6	10	—	"			
6	Auguste Galisch.....																	" 6	15	—	"			
7	Robert Parlow........																	" 6	7	6	"			
8	François Hermann...																	" 2	15	—	"			
																		28 déc. 48	10	—	4 janv. 48			

...LAIRES ET LES TRAITEMENTS

...ALAIRES OU D'HONORAIRES

du trimestre.	Jour du payement.	Huitième semaine du trimestre.	Jour du payement.	Neuvième semaine du trimestre.	Jour du payement.	Dixième semaine du trimestre.	Jour du payement.	Onzième semaine du trimestre.	Jour du payement.	Douzième semaine du trimestre.	Jour du payement.	Treizième semaine du trimestre.		Totaux du trimestre.	REMARQUES
G.arg. Pfenn.	Thal.	G.arg. Pfenn.	Thal.	G.arg. Pfenn.	Thal.	G.arg. Pfenn.	Thal.	G.arg. Pfenn.	Thal.	G.arg. Pfenn.	Thal.	G.arg. Pfenn.	Thal. G.arg. Pfenn.		

Le numéro 5, par suite de maladie, est resté trois jours de la sixième semaine sans prendre part aux travaux de l'atelier.

Le numéro 6 a reçu congé et a cessé, le 23 décembre, de prendre part aux travaux.

FORMULAIRE N° 11.

DATE de la commande.	NOM ET DOMICILE du commettant.	NOM ET DOMICILE de la personne pour le compte de laquelle la commande a été faite.	SPÉCIFICATION DÉTAILLÉE des marchandises commandées.	DÉLAI de la livraison.	DATE de la livraison.	MODE de livraison.
1er déc.	rndt, négociant de notre ville.	Pour son compte.	Un ameublement complet en érable, composé de : 1 sopha. 1 table ronde. 1 table à jouer. 1 secrétaire. 1 métier à filer l'argent.	24 déc. 72.	6 janv. 73.	Par la ...ture de l'
déc. 72.	Lange, maçon plaçeur, de notre ville.	Pour le compte de Schrauber, en preneur de bâtisses.	12 châssis fenêtres.	7 janv. 73.	7 janv. 73.	Par ... de ... Arnold.

CARNET DE SALAIRE DE GUSTAVE SCHRODER

FORMULAIRE N° 12.

LIVRE DES TRAVAUX N° 4. Exercice 18.., Trimestre ...	SOMMES			SIGNATURE du gérant autorisant le caissier à payer.	DATE du payement.	SIGNATURE du caissier pour cons- tatation du payement
	Thalers.	Gr. d'arg.	Pfennige			
B... a gagné : pour les travaux de la 1re semaine. »						
— 2e semaine. »						
— 3e semaine. »						
— 4e semaine. »						
— 5e semaine. »	6	20		Ed. Kahle.	28 déc. 1872	Théoph. Seiffert.
— 6e semaine. »	6	12	6	Ed. Kahle.	4 janv. 1873	Théoph. Seiffert.
— 7e semaine. »						
— 8e semaine. »						

JOURNAL AUXILIAIRE POUR

FORMULAIRE N° 13.

Numéros de série.	NOM du Sociétaire.	Janvier.			Février.			Mars.			Avril.			Mai.			Juin.		
		Jour du payement.	Sommes		Jour du payement.	Sommes		Jour du payement.	Sommes		Jour du payement.	Sommes		Jour du payement.	Sommes		Jour du payement.	Sommes	
			Thal.	G.arg.	Pfenn.	Thal.	G.arg.	Pfenn.	Thal.	G.arg.	Pfenn.	Thal.	G.arg.	Pfenn.	Thal.	G.arg.	Pfenn.	Thal.	G.arg.	Pfenn.

LIVRE

FORMULAIRE N° 14.

	ENTRÉES — PRODUITS BRUTS ET MATÉRIAUX				
Dates.	Spécification détaillée des matières premières reçues dans les ateliers.	Prix d'achat.			Dates.	Numéro de la pièce.
		Thal.	G.arg.	Pfenn.		

LES QUOTITÉS DES SOCIÉTAIRES

Juillet.			Août.			Septemb.			Octobre.			Novemb.			Décemb.			REMARQUES
Jour du payement.	Sommes		Jour du payement.	Sommes		Jour du payement.	Sommes		Jour du payement.	Sommes		Jour du payement.	Sommes		Jour du payement.	Sommes		
Thal.	G. arg.	Pfenn.	Thal.	G. arg.	Pfenn.	Thal.	G. arg.	Pfenn.	Thal.	G. arg.	Pfenn.	Thal.	G. arg.	Pfenn.	Thal.	G. arg.	Pfenn.	

D'ATELIER

SORTIES — ARTICLES FABRIQUÉS

Spécification des articles manufacturés livrés au magasin coopératif.	Prix de vente.			Signature du chef de magasin certifiant que lesdits articles manufacturés ont été reçus par le magasin.
	Thal.	G. arg.	Pfenn.	

APPENDICE

Législation française.

Nous donnons ci-après le texte de la loi française de 1867 sur les Sociétés à capital variable.

Nous avions pensé à faire annoter le présent Manuel par un de nos légistes, versé dans les questions juridiques qui y sont abordées. Mais les circonstances présentes, le mouvement coopératif renaissant, les tendances vers les Sociétés de production que nous avons eu occasion de remarquer dans les Chambres syndicales d'ouvriers et dans les Sociétés de consommation, nous faisant considérer comme urgente la publication de ce Manuel, ne nous en ont pas laissé le temps.

D'ailleurs, l'intervention d'un légiste, pour indiquer avec autorité les différences existant entre les deux législations et les modifications qui doivent s'ensuivre dans les actes constitutifs des Sociétés, n'aurait pas dispensé les ouvriers du recours aux lumières spéciales d'un homme de loi.

Il suffira, par conséquent, d'emprunter aux modèles de statuts et d'actes donnés par le Manuel toutes les clauses qu'il paraîtra utile d'insérer dans les projets, laissant ensuite au légiste français qui devra être consulté, le soin d'éliminer du projet à lui soumis toutes les clauses qui seraient contraires à la loi française, et d'y ajouter celles que cette loi aura prescrites.

***

Loi sur les Sociétés, adoptée par le Corps législatif le 24 juillet 1867, et promulguée le 29 juillet 1867.

TITRE Ier

DES SOCIÉTÉS EN COMMANDITE PAR ACTIONS

ART. 1er. Les Sociétés en commandite ne peuvent diviser leur capital en actions ou coupons d'actions de moins de cent francs, lorsque ce capital n'excède pas deux cent mille francs, et de moins de cinq cents francs, lorsqu'il est supérieur.

Elles ne peuvent être définitivement constituées qu'après la souscription de la totalité du capital social et le versement, par chaque actionnaire, du quart au moins du montant des actions par lui souscrites.

Cette souscription et ces versements sont constatés par une déclaration du gérant dans un acte notarié.

A cette déclaration sont annexés la liste des souscripteurs, l'état des versements effectués, l'un des doubles de l'acte de Société, s'il est sous seing privé, et une expédition, s'il est notarié et s'il a été passé devant un notaire autre que celui qui a reçu la déclaration.

L'acte sous seing privé, quel que soit le nombre des associés, sera fait en double original, dont l'un sera annexé, comme il est dit au paragraphe qui précède, à la déclaration de souscription du capital et de versement du quart, et l'autre sera déposé au siége social.

2. Les actions ou coupons d'actions sont négociables après le versement du quart.

3. Il peut être stipulé, mais seulement par les statuts constitutifs de la Société, que les actions ou coupons d'actions pourront, après avoir été libérés de moitié, être convertis en actions au porteur par délibération de l'assemblée générale.

Soit que les actions restent nominatives après cette délibération, soit qu'elles aient été converties en actions au porteur, les souscripteurs primitifs qui ont aliéné les actions et ceux auxquels ils les ont cédées avant le versement de moitié restent tenus au payement du montant de leurs actions pendant un délai de deux ans, à partir de la délibération de l'assemblée générale.

4. Lorsqu'un associé fait un apport qui ne consiste pas en numéraire, ou stipule à son profit des avantages particuliers, la première assemblée générale fait apprécier la valeur de l'apport ou la cause des avantages stipulés.

La Société n'est définitivement constituée qu'après l'approbation de l'apport ou des avantages, donnée par une assemblée générale, après une nouvelle convocation.

La seconde assemblée générale ne pourra statuer sur l'approbation de l'apport ou des avantages qu'après un rapport qui sera imprimé et tenu à la disposition des actionnaires, cinq jours au moins avant la réunion de cette assemblée.

Les délibérations sont prises par la majorité des actionnaires présents. Cette majorité doit comprendre le quart des actionnaires et représenter le quart du capital social en numéraire.

Les associés qui ont fait l'apport ou stipulé des avantages particuliers soumis à l'appréciation de l'assemblée, n'ont pas voix délibérative.

A défaut d'approbation, la Société reste sans effet à l'égard de toutes les parties.

L'approbation ne fait pas obstacle à l'exercice ultérieur de l'action qui peut être intentée pour cause de dol ou de fraude.

Les dispositions du présent article, relatives à la vérification de l'apport qui ne consiste pas en numéraire, ne sont pas applicables au cas où la Société a laquelle est fait ledit apport est formée entre ceux seulement qui en étaient propriétaires par indivis.

5. Un conseil de surveillance, composé de trois actionnaires au moins, est établi dans chaque Société en commandite par actions.

Ce conseil est nommé par l'assemblée générale des actionnaires immédiatement après la constitution définitive de la Société et avant toute opération sociale.

Il est soumis à la réélection aux époques et suivant les conditions déterminées par les statuts.

Toutefois, le premier conseil n'est nommé que pour une année.

6. Ce premier conseil doit, immédiatement après sa nomination, vérifier si toutes les dispositions contenues dans les articles qui précèdent ont été observées.

7. Est nulle et de nul effet à l'égard des intéressés toute Société en commandite par actions constituée contrairement aux prescriptions des articles 1, 2, 3, 4 et 5 de la présente loi.

Cette nullité ne peut être opposée aux tiers par les associés.

8. Lorsque la Société est annulée, aux termes de l'article précédent, les membres du premier conseil de surveillance peuvent être déclarés responsables, avec le gérant, du dommage résultant, pour la Société ou pour les tiers, de l'annulation de la Société.

La même responsabilité peut être prononcée contre ceux des associés dont les apports ou les avantages n'auraient pas été vérifiés et approuvés conformément à l'article 4 ci-dessus.

9. Les membres du conseil de surveillance n'encourent aucune responsabilité en raison des actes de la gestion et de leurs résultats.

Chaque membre du conseil de surveillance est responsable de ses fautes personnelles, dans l'exécution de son mandat, conformément aux règles du droit commun.

10. Les membres du conseil de surveillance vérifient les livres, la caisse, le portefeuille et les valeurs de la Société.

Il font, chaque année, à l'assemblée générale, un rapport dans lequel ils doivent signaler les irrégularités et inexactitudes qu'ils ont reconnues dans les inventaires, et constater, s'il y a lieu, les motifs qui s'opposent aux distributions des dividendes proposés par le gérant.

Aucune répétition de dividendes ne peut être exercée contre les actionnaires, si ce n'est dans le cas où la distribution en aura été faite en l'absence de tout inventaire ou en dehors des résultats constatés par l'inventaire.

L'action en répétition, dans le cas où elle est ouverte, se prescrit par cinq ans, à partir du jour fixé pour la distribution des dividendes.

Les prescriptions commencées à l'époque de la promulgation de la présente loi, et pour lesquelles il faudrait encore, suivant les lois anciennes, plus de cinq ans, à partir de la même époque, seront accomplies par ce laps de temps.

11. Le conseil de surveillance peut convoquer l'assemblée générale et, conformément à son avis, provoquer la dissolution de la Société.

12. Quinze jours au moins avant la réunion de l'assemblée générale, tout actionnaire peut prendre, par lui ou par un fondé de pouvoir, au siége social, communication du bilan, des inventaires et du rapport du conseil de surveillance.

13. L'émission d'actions ou de coupons d'actions d'une Société constituée contrairement aux prescriptions des articles 1, 2 et 3 de la présente loi, est punie d'une amende de cinq cents à dix mille francs.

Sont punis de la même peine :

Le gérant qui commence les opérations sociales avant l'entrée en fonctions du conseil de surveillance;

Ceux qui, en se présentant comme propriétaires d'actions ou de coupons d'actions qui ne leur appartiennent pas, ont créé frauduleusement une majorité factice dans une assemblée générale, sans préjudice de tous dommages-intérêts, s'il y a lieu, envers la Société ou envers les tiers;

Ceux qui ont remis les actions pour en faire l'usage frauduleux.

Dans les cas prévus par les deux paragraphes précédents, la peine de l'emprisonnement de quinze jours à six mois peut, en outre, être prononcée.

14. La négociation d'actions ou de coupons d'actions dont la valeur ou la forme serait contraire aux dispo-

sitions des articles 1, 2 et 3 de la présente loi, ou pour lesquels le versement du quart n'aurait pas été effectué conformément à l'article 2 ci-dessus, est punie d'une amende de cinq cents à dix mille francs.

Sont punies de la même peine toute participation à ces négociations et toute publication de la valeur desdites actions.

15. Sont punies des peines portées par l'article 405 du Code pénal, sans préjudice de l'application de cet article à tous les faits constitutifs du délit d'escroquerie :

1° Ceux qui, par simulation de souscriptions ou de versements ou par publication, faite de mauvaise foi, de souscriptions ou de versements qui n'existent pas, ou de tous autres faits faux, ont obtenu ou tenté d'obtenir des souscriptions ou des versements;

2° Ceux qui, pour provoquer des souscriptions ou des versements, ont, de mauvaise foi, publié les noms de personnes désignées, contrairement à la vérité, comme étant ou devant être attachées à la Société à un titre quelconque;

3° Les gérants qui, en l'absence d'inventaires ou au moyen d'inventaires frauduleux, ont opéré entre les actionnaires la répartition de dividendes fictifs.

Les membres du conseil de surveillance ne sont pas civilement responsables des délits commis par le gérant.

16. L'article 463 du Code pénal est applicable aux faits prévus par les trois articles qui précèdent.

17. Des actionnaires représentant le vingtième au moins du capital social peuvent, dans un intérêt commun, charger à leur frais un ou plusieurs mandataires de soutenir, tant en demandant qu'en défendant, une action contre les gérants ou contre les membres du conseil de surveillance, et de les représenter, en ce cas, en justice, sans préjudice de l'action que chaque actionnaire peut intenter individuellement en son nom personnel.

18. Les Sociétés antérieures à la loi du 17 juillet 1856, et qui ne se seraient par conformées à l'article 15 de cette loi, seront tenues, dans un délai de six mois, de constituer un conseil de surveillance, conformément aux dispositions qui précèdent.

A défaut de constitution du conseil de surveillance

dans le délai ci-dessus fixé, chaque actionnaire a le droit de faire prononcer la dissolution de la Société.

19. Les Sociétés en commandite par actions antérieures à la présente loi, dont les statuts permettent la transformation en Société anonyme autorisée par le gouvernement, pourront se convertir en Société anonyme dans les termes déterminés par le titre II de la présente loi, en se conformant aux conditions stipulées dans les statuts pour la transformation.

20. Est abrogée la loi du 17 juillet 1856.

TITRE II

DES SOCIÉTÉS ANONYMES

21. A l'avenir, les Sociétés anonymes pourront se former sans l'autorisation du gouvernement.

Elles pourront, quel que soit le nombre des associés, être formées par un acte sous seing privé, fait en double original.

Elles seront soumises aux dispositions des articles 29, 30, 32, 33, 34 et 36 du Code de commerce (1) et aux dispositions contenues dans le présent titre.

22. Les Sociétés anonymes sont administrées par un

---

(1) Art. 29 du Code de commerce. La *Société anonyme* n'existe point sous un nom social; elle n'est désignée par le nom d'aucun des associés.

Art. 30. Elle est qualifiée par la désignation de l'objet de son entreprise.

Art. 32. Les administrateurs ne sont responsables que de l'exécution du mandat qu'ils ont reçu. Ils ne contractent, à raison de leur gestion, aucune obligation personnelle ni solidaire relativement aux engagements de la Société.

Art. 33. Ces associés ne sont passibles que de la perte du montant de leur intérêt dans la Société.

Art. 34. Le capital de la Société anonyme se divise en actions et même en coupons d'actions d'une valeur égale.

Art. 36. La propriété des actions peut être établie par une inscription sur les registres de la Société.

Dans ce cas, la cession s'opère par une déclaration de transfert inscrite sur les registres, et signée de celui qui fait le transfert ou d'un fondé de pouvoir.

ou plusieurs mandataires à temps, révocables, salariés ou gratuits, pris parmi les associés.

Ces mandataires peuvent choisir parmi eux un directeur, ou, si les statuts le permettent, se substituer un mandataire étranger à la Société et dont ils sont responsables envers elle.

23. La Société ne peut être constituée si le nombre des associés est inférieur à sept.

24. Les dispositions des articles 1, 2, 3 et 4 de la présente loi sont applicables aux Sociétés anonymes.

La déclaration imposée au gérant par l'article 1er est faite par les fondateurs de la Société anonyme; elle est soumise, avec les pièces à l'appui, à la première assemblée générale, qui en vérifie la sincérité.

25. Une assemblée générale est, dans tous les cas, convoquée, à la diligence des fondateurs, postérieurement à l'acte qui constate la souscription du capital social et le versement du quart du capital, qui consiste en numéraire. Cette assemblée nomme les premiers administrateurs; elle nomme également, pour la première année, les commissaires institués par l'article 32 ci-après.

Ces administrateurs ne peuvent être nommés pour plus de six ans : ils sont rééligibles, sauf stipulation contraire.

Toutefois, ils peuvent être désignés par les statuts, avec stipulation formelle que leur nomination ne sera point soumise à l'approbation de l'assemblée générale. En ce cas, il ne peuvent être nommés pour plus de trois ans.

Le procès-verbal de la séance constate l'acceptation des administrateurs et des commissaire présents à la réunion.

La Société est constituée à partir de cette acceptation.

26. Les administrateurs doivent être propriétaires d'un nombre d'actions déterminé par les statuts.

Ces actions sont affectées en totalité à la garantie de tous les actes de la gestion, même de ceux qui seraient exclusivement personnels à l'un des administrateurs.

Elles sont nominatives, inaliénables, frappées d'un timbre indiquant l'inaliénabilité et déposées dans la caisse sociale.

27. Il est tenu, chaque année au moins, une assemblée générale à l'époque fixée par les statuts. Les statuts déterminent le nombre d'actions qu'il est nécessaire de posséder, soit à titre de propriétaire, soit à titre de mandataire, pour être admis dans l'assemblée, et le nombre de voix appartenant à chaque actionnaire, eu égard au nombre d'actions dont il est porteur.

Néanmoins, dans les assemblées générales, appelées à vérifier les apports, à nommer les premiers administrateurs et à vérifier la sincérité de la déclaration des fondateurs de la Société, prescrite par le deuxième paragraphe de l'article 24, tout actionnaire, quel que soit le nombre des actions dont il est porteur, peut prendre part aux délibérations avec le nombre de voix déterminé par les statuts, sans qu'il puisse être supérieur à dix.

28. Dans toutes les assemblées générales, les délibérations sont prises à la majorité des voix.

Il est tenu une feuille de présence ; elle contient les noms et domicile des actionnaires et le nombre d'actions dont chacun d'eux est porteur.

Cette feuille, certifiée par le bureau de l'assemblée, est déposée au siége social et doit être communiquée à tout requérant.

29. Les assemblées générales qui ont à délibérer dans des cas autres que ceux qui sont prévus par les deux articles qui suivent, doivent être composées d'un nombre d'actionnaires représentant le quart au moins du capital social.

Si l'assemblée générale ne réunit pas ce nombre, une nouvelle assemblée est convoquée dans les formes et avec les délais prescrits par les statuts et elle délibère valablement, quelle que soit la portion du capital représenté par les actionnaires présents.

30. Les assemblées qui ont a délibérer sur la vérification des apports, sur la nomination des premiers administrateurs, sur la sincérité de la déclaration faite par les fondateurs, aux termes du paragraphe 2 de l'article 24, doivent être composées d'un nombre d'actionnaires représentant la moitié au moins du capital social.

Le capital social, dont la moitié doit être présentée pour la vérification de l'apport, se compose seulement des apports non soumis à vérification.

Si l'assemblée générale ne réunit pas un nombre d'actionnaires représentant la moitié du capital social, elle ne peut prendre qu'une délibération provisoire. Dans ce cas, une nouvelle assemblée générale est convoquée. Deux avis, publiés à huit jours d'intervalle, au moins un mois à l'avance, dans l'un des journaux désignés pour recevoir les annonces légales, font connaître aux actionnaires les résolutions provisoires adoptées par la première assemblée, et ces résolutions deviennent définitives si elles sont approuvées par la nouvelle assemblée, composée d'un nombre d'actionnaires représentant le cinquième au moins du capital social.

31. Les assemblées qui ont à délibérer sur des modifications aux statuts ou sur des propositions de continuation de la Société au-delà du terme fixé pour sa durée, ou de dissolution avant ce terme, ne sont régulièrement constituées et ne délibèrent valablement qu'autant qu'elles sont composées d'un nombre d'actionnaires représentant la moitié au moins du capital social.

32. L'assemblée générale annuelle désigne un ou plusieurs commissaires, associés ou non, chargés de faire un rapport à l'assemblée générale de l'année suivante sur la situation de la Société, sur le bilan et sur les comptes présentés par les administrateurs.

La délibération contenant approbation du bilan et des comptes est nulle, si elle n'a été précédée du rapport des commissaires.

A défaut de nomination des commissaires par l'assemblée générale, ou en cas d'empêchement ou de refus d'un ou de plusieurs des commissaires nommés, il est procédé à leur nomination ou à leur remplacement par ordonnance du président du tribunal de commerce du siège de la Société, à la requête de tout intéressé, les administrateurs dûment appelés.

33. Pendant le trimestre qui précède l'époque fixée par les statuts pour la réunion de l'assemblée générale, les commissaires ont droit, toutes les fois qu'ils le jugent convenable dans l'intérêt social, de prendre communication des livres et d'examiner les opérations de la Société.

Ils peuvent toujours, en cas d'urgence, convoquer l'assemblée générale.

34. Toute Société anonyme doit dresser, chaque semestre, un état sommaire de sa situation active et passive.

Cet état est mis à la disposition des commissaires.

Il est, en outre, établi chaque année, conformément à l'article 9 du Code de commerce, un inventaire contenant l'indication des valeurs mobilières et immobilières et de toutes les dettes actives et passives de la Société.

L'inventaire, le bilan et le compte des profits et pertes sont mis à la disposition des commissaires le quarantième jour, au plus tard, avant l'assemblée générale. Ils sont présentés à cette assemblée.

35. Quinze jours au moins avant la réunion de l'assemblée générale, tout actionnaire peut prendre, au siége social, communication de l'inventaire et de la liste des actionnaires, et se faire délivrer copie du bilan résumant l'inventaire et du rapport des commissaires.

36. Il est fait annuellement, sur les bénéfices nets, un prélévement d'un vingtième au moins, affecté à la formation d'un fonds de réserve.

Ce prélévement cesse d'être obligatoire lorsque le fonds de réserve a atteint le dixième du capital social.

37. En cas de perte des trois quarts du capital social, les administrateurs sont tenus de provoquer la réunion de l'assemblée générale de tous les actionnaires, à l'effet de statuer sur la question de savoir s'il y a lieu de prononcer la dissolution de la Société.

La résolution de l'assemblée est, dans tous les cas, rendue publique.

A défaut par les administrateurs de réunir l'assemblée générale, comme dans le cas où cette assemblée n'aurait pu se constituer régulièrement, tout intéressé peut demander la dissolution de la Société devant les tribunaux.

38. La dissolution peut être prononcée sur la demande de toute partie intéressée, lorsqu'un an s'est écoulé depuis l'époque où le nombre des associés est réduit à moins de sept.

39. L'article 17 est applicable aux Sociétés anonymes.

40. Il est interdit aux administrateurs de prendre ou de conserver un intérêt direct ou indirect

dans une entreprise ou dans un marché fait avec la Société ou pour son compte, à moins qu'ils n'y soient autorisés par l'assemblée génerale.

Il est, chaque année, rendu à l'assemblée générale un compte spécial de l'exécution des marchés ou entreprises par elle autorisés, aux termes du paragraphe précédent.

41. Est nulle et de nul effet à l'égard des intéressés toute Société anonyme pour laquelle n'ont pas été observées les dispositions des articles 22, 23, 24 et 25 ci-dessus.

42. Lorsque la nullité de la Société ou des actes et délibérations a été prononcée aux termes de l'article précédent, les fondateurs auxquels la nullité est imputable et les administrateurs en fonctions au moment où elle a été encourue, sont responsables solidairement envers les tiers, sans préjudice des droits des actionnaires.

La même responsabilité solidaire peut être prononcée contre ceux des associés dont les apports ou les avantages n'auraient pas été vérifiés et approuvés conformément à l'article 24.

43. L'étendue et les effets de la responsabilité des commissaires envers la Société sont déterminés d'après les règles générales du mandat.

44. Les administrateurs sont responsables, conformément aux règles du droit commun, individuellement ou solidairement suivant les cas, envers la Société ou envers les tiers, soit des infractions aux dispositions de la présente loi, soit des fautes qu'ils auraient commises dans leur gestion, notamment en distribuant et en laissant distribuer sans opposition des dividendes fictifs.

45. Les dispositions des articles 13, 14, 15 et 16 de la présente loi sont applicables en matière de Sociétés anonymes, sans distinction entre celles qui sont actuellement existantes et celles qui se constitueront sous l'empire de la présente loi. Les administrateurs qui, en l'absence d'inventaire ou au moyen d'inventaire frauduleux, auront opéré des dividendes fictifs, seront punis de la peine qui est prononcée dans ce cas par le numéro 3 de l'article 15 contre les gérants des Sociétés en commandite.

Sont également applicables, en matière de Sociétés

anonymes, les dispositions des trois derniers paragraphes de l'article 10.

46. Les Sociétés anonymes actuellement existantes continueront à être soumises, pendant toute leur durée, aux dispositions qui les régissent.

Elles pourront se transformer en Sociétés anonymes dans les termes de la présente loi, en obtenant l'autorisation du gouvernement et en observant les formes prescrites pour la modification de leurs statuts.

47. Les Sociétés à responsabilité limitée pourront se convertir en Sociétés anonymes dans les termes de la présente loi, en se conformant aux conditions stipulées pour la modification de leurs statuts.

Sont abrogés les articles 31, 37 et 40 du Code de commerce et la loi du 23 mai 1863 sur les Sociétés à responsabilité limitée.

TITRE III

DISPOSITIONS PARTICULIÈRES AUX SOCIÉTÉS A CAPITAL VARIABLE

48. Il peut être stipulé, dans les statuts de toute Société, que le capital social sera susceptible d'augmentation par des versements successifs faits par les associés ou l'admission d'associés nouveaux, et de diminution par la reprise totale ou partielle des apports effectués.

Les Sociétés dont les statuts contiendront la stipulation ci-dessus seront soumises, indépendamment des règles générales qui leur sont propres suivant leur forme spéciale, aux dispositions des articles suivants :

49. Le capital social ne pourra être porté par les statuts constitutifs de la Société au-dessus de la somme de deux cent mille francs.

Il pourra être augmenté par des délibérations de l'assemblée générale, prises d'année en année ; chacune des augmentations ne pourra être supérieure à deux cent mille francs.

50. Les actions ou coupons d'actions seront nominatifs, même après leur entière libération ; ils ne pourront être inférieurs à cinquante francs.

Ils ne seront négociables qu'après la constitution définitive de la Société.

La négociation ne pourra avoir lieu que par voie de transfert sur les registres de la Société, et les statuts pourront donner. soit au conseil d'administration, soit à l'assemblée générale, le droit de s'opposer au transfert.

51 Les statuts détermineront une somme au-dessous de laquelle le capital ne pourra être réduit par les reprises des apports autorisés par l'article 48.

Cette somme ne pourra être inférieure au dixième du capital social.

La Société ne sera définitivement constituée qu'après le versement du dixième.

52. Chaque associé pourra se retirer de la Société lorsqu'il le jugera convenable, à moins de conventions contraires et sauf l'application du paragraphe 1er de l'article précédent.

Il pourra être stipulé que l'assemblée générale aura le droit de décider, à la majorité fixée pour la modification des statuts, que l'un ou plusieurs des associés cesseront de faire partie de la Société.

L'associé qui cessera de faire partie de la Société, soit par l'effet de sa volonté, soit par suite de décision de l'assemblée générale, restera tenu, pendant cinq ans, envers les associés et envers les tiers, de toutes obligations existant au moment de sa retraite.

53. La Société, quelle que soit sa forme, sera valablement représentée en justice pas ses administrateurs.

54. La Société ne sera point dissoute par la mort, la retraite, l'interdiction, la faillite ou la déconfiture, de l'un des associés; elle continuera de plein droit entre les autres associés.

TITRE IV

DISPOSITIONS RELATIVES A LA PUBLICATION DES ACTES DE SOCIÉTÉ

55. Dans le mois de la constitution de toute Société commerciale, un double de l'acte constitutif, s'il est sous seing privé, ou une expédition, s'il est notarié

est déposé au greffe de la justice de paix et du tribunal de commerce du lieu dans lequel est établie la Société.

A l'acte constitutif des Sociétés en commandite par actions et des Sociétés anonymes sont annexées : 1° une expédition de l'acte notarié constatant la souscription du capital social et le versement du quart ; 2° une copie certifiée des délibérations prises par l'assemblée générale dans les cas prévus par les articles 4 et 24.

En outre, lorsque la Société est anonyme, on doit annexer à l'acte constitutif la liste nominative, dûment certifiée, des souscripteurs, contenant les noms, prénoms, qualités, demeure et le nombre d'actions de chacun d'eux.

56. Dans le même délai d'un mois, un extrait de l'acte constitutif et des pièces annexées est publié dans l'un des journaux désignés pour recevoir les annonces légales.

Il sera justifié de l'insertion par un exemplaire du journal certifié par l'imprimeur, légalisé par le maire et enregistré dans les trois mois de sa date.

Les formalités prescrites par l'article précédent et par le présent article seront observées, à peine de nullité, à l'égard des intéressés; mais le défaut d'aucune d'elles ne pourra être opposé aux tiers par les associés.

57. L'extrait doit contenir les noms des associés autres que les actionnaires ou commanditaires; la raison de commerce ou la dénomination adoptée par la Société et l'indication du siége social ; la désignation des associés autorisés à gérer, administrer et signer pour la Société; le montant du capital social et le montant des valeurs fournies ou à fournir par les actionnaires ou commanditaires ; l'époque où la Société commence, celle où elle doit finir, et la date du dépôt fait aux greffes de la justice de paix et du tribunal de commerce.

58. L'extrait doit énoncer que la Société est en nom collectif ou en commandite simple, ou en commandite par actions, ou anonyme, ou à capital variable.

Si la Société est anonyme, l'extrait doit énoncer le montant du capital social en numéraire et en autres objets, la quotité à prélever sur les bénéfices pour composer le fonds de réserve.

Enfin, si la Société est à capital variable, l'extrait doit contenir l'indication de la somme au-dessous de laquelle le capital social ne peut être réduit.

59. Si la Société a plusieurs maisons de commerce situées dans divers arrondissements, le dépôt prescrit par l'article 55 et la publication prescrite par l'article 56 ont lieu dans chacun des arrondissements où existent les maisons de commerce.

Dans les villes divisées en plusieurs arrondissements, le dépôt sera fait seulement au greffe de la justice de paix du principal établissement.

60. L'extrait des actes et pièces déposés est signé, pour les actes publics, par le notaire, et, pour les actes sous seing privé, par les associés, en nom collectif, par les gérants des Sociétés en commandite ou par les administrateurs des Sociétés anonymes.

61. Sont soumis aux formalités et aux pénalités prescrites par les articles 55 et 56 :

Tous actes et délibérations ayant pour objet la modification des statuts, la continuation de la Société au-delà du terme fixé pour sa durée, la dissolution avant ce terme et le mode de liquidation, tout changement ou retraite d'associés et tout changement à la raison sociale.

Sont également soumises aux dispositions des articles 55 et 56 les délibérations prises dans les cas prévus par les 19, 37, 46, 47 et 49 ci-dessus.

62. Ne sont pas assujettis aux formalités de dépôt et de publication les actes constatant les augmentations ou les diminutions du capital social opérées dans les termes de l'article 48, ou les retraites d'associés, autres que les gérants ou administrateurs, qui auraient lieu conformément à l'article 52.

63. Lorsqu'il s'agit d'une Société en commandite par actions ou d'une Société anonyme, toute personne a le droit de prendre communication des pièces déposées aux greffes de la justice de paix et du tribunal de commerce, ou même de s'en faire délivrer à ses frais expédition ou extrait par le greffier ou par le notaire détenteur de la minute.

Toute personne peut également exiger qu'il lui soit délivré au siège de la Société une copie certifiée des statuts, moyennant payement d'une somme qui ne pourra excéder un franc.

Enfin, les pièces déposées doivent être affichées d'une manière apparente dans les bureaux de la Société.

84. Dans tous les actes, factures, annonces, publications et autres documents *imprimés* ou *autographiés*, émanés des Sociétés anonymes ou des Sociétés en commandite par actions, la dénomination sociale doit toujours être précédée ou suivie immédiatement de ces mots, écrits lisiblement en toutes lettres : *Société anonyme* ou *Société en commandite par actions*, et de l'énonciation du montant du capital social.

Si la Société a usé de la faculté accordée par l'article 48, cette circonstance doit être mentionnée par l'addition de ces mots : *à capital variable*.

Toute contravention aux dispositions qui précèdent est punie d'une amende de cinquante francs à mille francs.

85. Sont abrogées les dispositions des articles 42, 43, 44, 45 et 46 du Code de commerce.

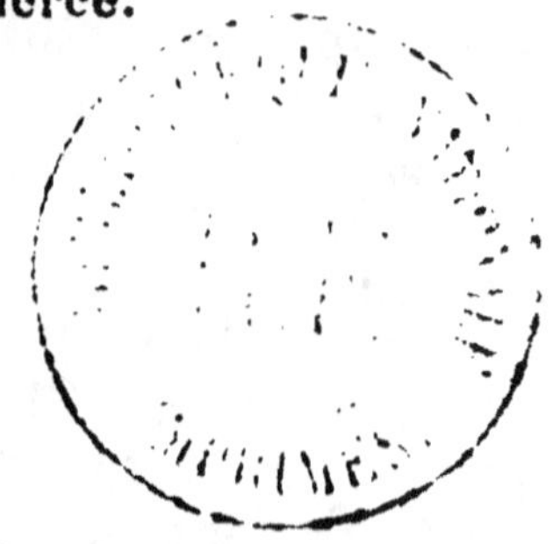

TABLE DES MATIÈRES

CHAPITRE 1er

APPENDICE DU PREMIER CHAPITRE

CHAPITRE II

APPENDICE DU PREMIER CHAPITRE

www.ingramcontent.com/pod-product-compliance
Lightning Source LLC
LaVergne TN
LVHW020130030726
842520LV00001B/96